中央高校教育教学改革基金（本科和研究生教学工程）资助
中国石油大港油田分公司与中国地质大学（武汉）产教融合项目资助

陆相页岩油地质学

Geology of Lacustrine Shale Oil

周立宏　王　华　陈长伟　蒋　恕　等编著

图书在版编目(CIP)数据

陆相页岩油地质学/周立宏等编著. —武汉：中国地质大学出版社，2024. 9. —ISBN 978-7-5625-5956-6

Ⅰ. P618.13

中国国家版本馆 CIP 数据核字第 2024TC3232 号

陆相页岩油地质学 周立宏 王 华 陈长伟 蒋 恕 **等编著**

责任编辑：周 豪 陈 琪 选题策划：陈 琪 责任校对：张咏梅

出版发行：中国地质大学出版社(武汉市洪山区鲁磨路 388 号) 邮编：430074

电 话：(027)67883511 传 真：(027)67883580 E-mail：cbb@cug.edu.cn

经 销：全国新华书店 http://cugp.cug.edu.cn

开本：787mm×1092mm 1/16 字数：368 千字 印张：14.5

版次：2024 年 9 月第 1 版 印次：2024 年 9 月第 1 次印刷

印刷：武汉中远印务有限公司

ISBN 978-7-5625-5956-6 定价：68.00 元

《陆相页岩油地质学》
编委会

主　　编：周立宏　王　华　陈长伟　蒋　恕

编　　委：黄传炎　宋舜尧　宋　宇　甘华军

杨　飞　蒲秀刚　金凤鸣　韩国猛

姜文亚　柴公权　董晓伟　官全胜

韩文中　刘国全　崔　宇　周可佳

许　静　徐雯婧　贾艳聪

序

目前我国油气对外依存度超过70%，油气安全面临严峻挑战，因此习近平总书记在油气领域作出系列重要指示批示，指出要大力提升国内油气勘探开发力度，保障国家能源安全。然而国内部分油田已经进入发展的中后期，亟待发现有规模的重大油气资源接替领域以改变增储上产能力不足的现状。美国最早利用水平井清水压裂等技术，在海相页岩层中大规模开采天然气和石油，经过20余年快速发展，2023年页岩油产量达到4.8亿t以上，占美国原油总产量的70%以上，使美国由原油进口国变为原油出口国，实现了能源独立，重塑了世界石油市场格局，这为我国油气勘探开发行业提供了有益的借鉴。

我国页岩油储层主要为陆相沉积，分布在松辽、渤海湾、准噶尔、鄂尔多斯、四川、柴达木六大盆地，盆地中—新生代陆相沉积发育多套富有机质页岩层系，不仅是常规油气的主要来源，也拥有巨大的页岩油资源潜力，自然资源部估算我国页岩油可采资源量为283亿t。我国页岩油是一个尚未充分勘探开发且具有规模建产潜力的新领域。与美国海相页岩油不同，中国陆相页岩油盆地构造复杂，具有多凹陷分割特征，储层非均质性强；多处于较低或者过高演化程度，以Ⅰ型干酪根为主，多属于黑油，气油比相对较低，含蜡量较高，压力系数相对较低，地层能量较弱，单井产量低。

目前国内页岩油已在多个盆地、多个层系取得勘探突破和效益开发，如在准噶尔盆地吉木萨尔凹陷二叠系芦草沟组、鄂尔多斯盆地三叠系延长组七段、松辽盆地白垩系青山口组一段—二段、渤海湾盆地沧东凹陷古近系孔店组二段，以及济阳坳陷博兴、牛庄和湖南等凹陷古近系沙河街组三段—四段获得一批重要发现，落实了松辽北部和准噶尔吉木萨尔-玛湖数个十亿吨级规模增储区，是最重要的增储上产接替领域。国家已经启动了新疆油田吉木萨尔凹陷、大庆油田古龙凹陷和胜利油田济阳坳陷等多个国家级陆相页岩油示范区建设。大力发展页岩油气是我国油气工业发展的必由之路，是保障能源安全的必然选择。

周立宏教授团队近年来一直致力于黄骅坳陷陆相页岩油理论认识创新和技术攻关，以探区内古近系孔店组二段、沙河街组三段和沙河街组一段下部三套页岩层系为基础，积极探索淡水—咸水环境、中低—中高成熟度、夹层型—页岩型、长英质—碳酸盐质—混合质等不同类型页岩油勘探潜力。早在2013年，该团队在官108-8井孔店组二段500m页岩层段系统取芯，开展了岩性、脆性、物性、含油性等分析，揭开了纹层型页岩油的全貌，创新提出了陆相页岩油“优势组构相-滞留烃超越效应”富集理论，建立了富集层评价方法，实现了黄骅坳陷三套主要页岩层系的勘探突破，建成我国首个十万吨级陆相页岩油效益开发示范平台，落实陆相页岩油资源量36.15亿t，引发了我国东部陆相页岩油革命，为推动我国陆相页岩油发展做了很多十分可贵的基础研究和技术探索。

周立宏教授及其团队经过两年多的酝酿及准备，撰写了《陆相页岩油地质学》，涉及陆相页岩油形成的地质条件、富集规律和评价技术等方面内容，是对现阶段陆相页岩油理论认识及勘探实践深刻思考以后的归纳和升华。本书内容丰富，结构严谨，层次分明，文字流畅简洁，基本概念、定义严谨清晰。书中提供了大量配有文字说明的图件，设计精美、图文并茂，同时有大量从中国陆相页岩油勘探开发实践中总结出来的理论和实际案例。该书无论对于在校的本科生、硕士研究生、博士研究生，还是对于相关学科的科研人员来说都是一本难得的好书。

总之，我国陆相页岩油理论认识研究和勘探实践尚处于起步阶段，尚需不同行业多学科联合攻关和相互学习借鉴。《陆相页岩油地质学》的出版发行，对推动我国陆相页岩油地质理论的持续深化和页岩油资源有效开发利用具有重要的指导意义。

编著者

2024年6月

前言

全球页岩油资源丰富，预估可采资源量为700亿～800亿t(方圆等，2019)，已成为油气资源重要的增储领域。中国陆相页岩油资源潜力巨大，近年来，相继在鄂尔多斯、准噶尔、松辽、渤海湾等含油气盆地取得了页岩油重大发现，并在页岩油储层特征及富集机理等理论与勘探开发技术上取得了重要突破。页岩油是当前乃至今后相当长时期内石油稳产上产的重要领域，对维护中国原油自给供应的能源安全形成重大支撑。

陆相页岩油能源战略地位逐年提升，以及国内各大盆地页岩油勘探实践的不断深入，推动着陆相页岩油基础研究向前发展。目前围绕陆相页岩的沉积发育背景，页岩油的富集机理、分布规律和控制因素，以及预测技术方法等逐渐形成一套新的技术理论体系。中国石油天然气股份有限公司大港油田分公司与中国地质大学(武汉)联合，借助渤海湾盆地沧东凹陷古近系孔店组二段页岩油以及歧口凹陷古近系沙河街组三段和沙河街组一段页岩油勘探重大突破实例和技术理论研究成果，并结合其他盆地页岩油研究成果，系统总结了陆相页岩油地质学理论体系，编写了本教材。本教材分为四篇十一章，各章具体内容如下：第一章介绍陆相页岩油概念及分类，第二章介绍中国陆相页岩油发展现状及潜力，第三章介绍陆相页岩油地质学的形成与发展，第四章介绍页岩沉积学特征，第五章介绍页岩有机地球化学特征，第六章介绍页岩储层特征，第七章介绍页岩油赋存状态，第八章介绍页岩油成藏模式，第九章介绍陆相页岩油评价方法，第十章介绍页岩油资源量评价方法，第十一章以沧东凹陷孔店组二段页岩油为例介绍陆相页岩油勘探实践。

本书由中国石油天然气股份有限公司大港油田分公司与中国地质大学(武汉)联合编写。第一章由周立宏、王华编写；第二章由陈长伟、黄传炎编写；第三章由蒋恕、柴公权编写；第四章由黄传炎、陈长伟编写；第五由宋宇、崔宇编写；第六章由陈长伟、蒲秀刚、贾艳聪编写；第七章由甘华军、宋舜尧、金凤鸣编写；第八章由姜文亚、董晓伟编写；第九章由韩国猛、杨飞、官全胜编写；第十章由宋舜尧、韩文中、刘国全编写；第十一章由周立宏、陈长伟、杨飞、周可佳、许静、徐雯婧编写；全书由周立宏、王华、陈长伟、蒋恕统稿。

本书在编写过程中参考了国内外诸多论文和专著的成果，对这些论文和专著的作者，特别是给予支持的大港油田各位研究专家表示感谢。对教材编写过程中，在资料收集整理和图件清绘以及文字校对工作中辛勤付出的葛卫双、张立炀、陈智涛、孙二鹏等博士研究生和王瑞文、王乃卉、卢碧娴、宁才倍、陈红锦、王雨晨、帕尔扎娜·帕尔哈提、吕贺存等硕士研究生表示衷心感谢！同时，感谢出版社责任编辑对稿件的仔细润色校对。

由于编著者水平所限，书中的表述和引文可能会有不当或遗漏之处，欢迎批评指正，以便下次出版时更正。

编著者
2024 年 8 月

目录

第一篇　绪　论

第二篇　陆相页岩油形成条件

第三篇　陆相页岩油富集规律

第四篇　陆相页岩油评价技术

第一篇　绪　论

新中国成立以来，我国一代又一代的石油地质工作者，励精图治，自力更生，在广阔富饶的神州大地上，以陆相生油理论为指导，陆续发现了大庆、胜利、大港等一个又一个新油田，为我国石油工业发展和国民经济建设做出了巨大贡献。然而，国内大多数已开发主力油田陆续进入产量递减期，石油稳产、上产难度非常大，亟待找到有规模的重大接替资源，从根本上解决中国原油稳产乃至上产的资源保障问题（邹才能等，2013；贾承造等，2018；赵文智等，2018；金之钧等，2019）。21世纪以来，美国率先在海相页岩油气取得重大突破，实现了页岩革命，油气产量十年内翻了一番，宣布了能源独立。2021年，中国的石油对外依存度已达70%以上，亟须加大国内石油安全供应。中国陆相页岩油资源潜力巨大，在厘清陆相页岩油富集机理、分布特征与开采方式以及技术取得突破的基础上，陆相页岩油将会是我国今后相当长一个时期获取稳定石油产量的重要领域，将对中国原油自给供应的长期安全形成重大支撑。

第一章 陆相页岩油概念及分类

第一节 陆相页岩油的概念

我国找油先驱潘钟祥老先生早在20世纪30年代就开始调查油页岩并提出了陆相地层可以产油的见解(Pan,1941)。新中国成立之初,从油页岩中蒸馏出来的石油被称为页岩油。近年来,随着页岩油勘探开发和基础理论研究的不断深入,其具体含义也发生了变化。目前"页岩油"一词主要包含3层含义:一是指与油页岩有关的页岩油,二是指广义页岩油,三是指狭义页岩油。

与油页岩有关的页岩油是指加工油页岩产生的石油,亦称油页岩油或干酪根油,是通过热解、加氢或热液溶解作用从油页岩中提炼得到的一种非常规石油资源。这一定义得到普遍认可,目前仍在使用。如贾承造等学者在2012年发表的"中国非常规油气资源与勘探开发前景"论文中提到,页岩油仅指与油页岩有关的石油,而页岩层系所产的轻质石油在当时被划归为致密油范畴。

广义页岩油泛指蕴藏在以富含有机质页岩为主夹砂岩或碳酸盐岩的页岩层系、具有低孔隙度和渗透率的致密含油层中的石油资源(金之钧等,2023),即生产于生油层系中各类储集层的液态烃,其开发需要使用与页岩气开发类似的水平井和水力压裂技术。较为常见的有夹层型页岩油(亦称为致密油)和纯页岩型页岩油两类。其中,夹层型页岩油指夹持于生油岩层中的低渗砂岩、碳酸盐岩、火山岩等储层的页岩油;而纯页岩型页岩油产层富含有机质,原油是滞留烃,根据岩石结构可进一步划分为纹层型和基质型两个亚类。

狭义页岩油与页岩气对应,特指来自作为源岩的泥页岩层系中的石油资源,其特点是源岩与储层同层(Li et al.,2018)。如加拿大非常规资源协会(CSUR)对致密油的分类中,第三类"shale oil play"即指狭义页岩油。这类致密油藏岩石组成主要为富含有机质的页岩,该岩层不仅是源岩,同时也是储层,其致密程度比砂岩、碳酸盐岩等储层更大。目前勘探开发的页岩油不仅包含狭义页岩油,也包含广义页岩油。美国把与细粒沉积相关的致密油和页岩油都称为页岩油。

国家标准《页岩油地质评价方法》(GB/T 38718—2020)中对页岩油定义如下:赋存于富有机质页岩层系中的石油。富含有机质页岩层系源岩内粉砂岩、细砂岩、碳酸盐岩单层厚度不大于5m,累计厚度占页岩层系总厚度比例小于30%。无自然产能或低于工业石油产量下限,需采用特殊工艺技术措施才能获得工业石油产量。

笔者综合前人对页岩油的定义,以赵文智等(2020)提出的陆相页岩油定义为参照,将页岩油定义为"埋深大于300m,镜质体反射率(R_o)大于0.5%的陆相富有机质页岩层系(可能夹薄层低渗透率砂岩或碳酸盐岩储层)中赋存的液态石油烃和多类有机质的统称,包括已形成的石油烃、各类沥青物和尚未热解转化的固体有机质"。该定义与油页岩的区别在于,后者指埋深不小于300m、含有丰度极高的尚未转化为液态石油烃的有机页岩层,其中多数有机物以固态形式存在(图1-1)。

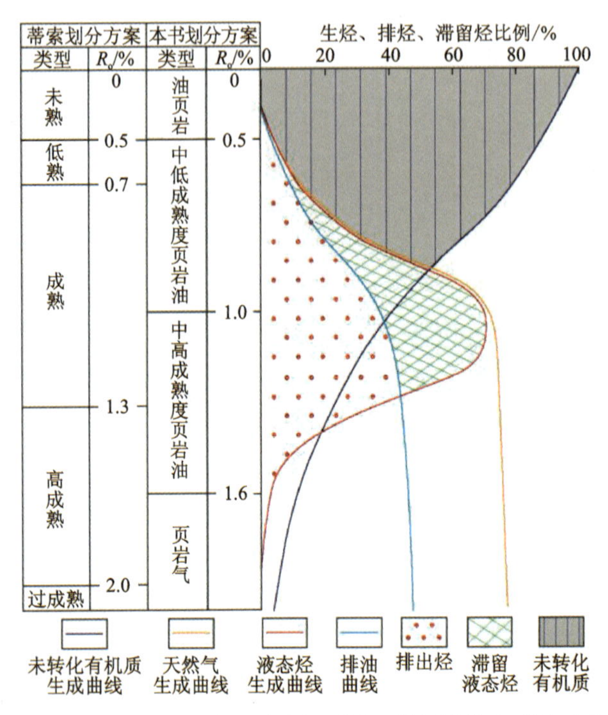

图1-1 陆相页岩Ⅰ型、$Ⅱ_1$型有机质生烃、排烃、滞留烃模式(据赵文智等,2018)

第二节 陆相页岩油和海相页岩油的区别

我国陆相页岩油和北美地区海相页岩油在地质背景、烃源岩、储层、流体、脆性与可压性特征方面存在显著差异(表1-1)。

表1-1 北美地区与中国页岩油地质特征和形成条件对比(据黎茂稳等,2019修改)

地区		北美地区		中国	
地质背景	构造背景	构造稳定	以海相为主,构造稳定,分布范围较大	晚期构造活动强烈	以陆相为主,构造活动较强,分布范围局限
	沉积背景	海相沉积		陆相沉积	
	分布范围	数万平方千米		几百平方千米至几万平方千米	
烃源岩	岩性	海相页岩	以海相页岩为主,TOC较高,成熟度较高	湖相泥页岩	湖相泥页岩,TOC变化大,成熟度较低
	有机碳丰度(TOC)/%	2~20		2~16	
	主体R_o/%	0.9~1.2		0.7~1.2	

续表 1-1

<table>
<tr><td colspan="2">地区</td><td colspan="2">北美地区</td><td colspan="2">中国</td></tr>
<tr><td rowspan="4">储层</td><td>主要岩性</td><td>页岩与碳酸盐岩、混积岩、致密砂岩互层</td><td rowspan="4">物性相对较好，孔隙度较高，连通性较好，油层较厚</td><td>泥页岩夹混积岩、碳酸盐岩、沉凝灰岩与致密砂岩</td><td rowspan="4">物性较差，孔隙度偏低，非均质性较强，油层薄</td></tr>
<tr><td>储层分布情况</td><td>分布稳定，连续性强</td><td>非均质性强</td></tr>
<tr><td>集中段厚度/m</td><td>5～20</td><td>5～10</td></tr>
<tr><td>孔隙度/%</td><td>5～12</td><td>3～10</td></tr>
<tr><td rowspan="3">流体</td><td>压力系数</td><td>1.3～1.8</td><td rowspan="3">油质轻，以超压为主</td><td>0.7～1.7</td><td rowspan="3">油质偏重，压力系数偏低</td></tr>
<tr><td>原油密度/(g·cm^{-3})</td><td>0.77～0.83</td><td>0.76～0.93</td></tr>
<tr><td>气油比/(m^3·m^{-3})</td><td>>100</td><td><100</td></tr>
<tr><td colspan="2">脆性和可压性</td><td colspan="2">脆性矿物含量高，易压裂</td><td colspan="2">脆性矿物含量低，难以压开且压开后易闭合</td></tr>
</table>

一、地质背景

北美地区页岩油主要分布于加拿大地盾及其周缘，具有稳定的地盾与克拉通背景（黎茂稳等，2019）。在稳定地盾的背景下，沉积盆地构造演化的稳定性强。页岩油主要分布在威利斯顿克拉通盆地和墨西哥湾海岸平原及陆棚区，盆地面积大，以上古生界和中生界层系为主，沉积相带分布宽缓，岩性稳定。

与北美地区海相页岩油形成条件相比，中国陆相页岩油形成的构造沉积背景复杂，主要体现在以下 3 个方面。

（1）陆块小、数量多，在中国境内 37 个陆块中，华北陆块最大，扬子和塔里木陆块次之，但华北陆块的面积（170 万 km^2）也只有北美陆块面积（2 422.8 万 km^2）的大约 1/14。

（2）沉积盆地类型多，分割性和后期活动性强。受海西、印支、燕山和喜马拉雅等多期构造活动影响，中国沉积盆地构造演化存在较大的差异性，表现为横向上具有拉张走滑、裂陷、克拉通、陆内凹陷和前陆等盆地的东西、南北差异性，纵向上具有多旋回叠置、残留叠置与单旋回盆地演化发展的差异性，从而导致陆相页岩油分布面积和层系的差异性。

（3）陆相页岩油主要分布在沉积环境变化大的陆相湖盆。受盆地类型多样与活动强度控制，发育淡水湖泊、混积湖泊与咸化湖泊等多种细粒岩石沉积体系，表现出沉积体系多样、相带变化快、岩性复杂、储盖组合样式多变等特征。

此外，存在区域性的优质致密顶底板是页岩油富集的基本条件。北美地区海相页岩层系顶底板分布面积大、稳定性好。中国湖盆面积小，陆相沉积体系相带窄、相变快，因此主要烃源岩层系的区域性致密顶底板分布面积整体较小，横向非均质性强。

二、烃源岩特征

北美地区海相烃源岩厚度为几十米，TOC 含量一般为 2%～20%，热演化程度较高，主体 R_o 为 0.9%～1.2%；中国陆相盆地烃源岩发育于淡水、半咸水至咸水环境，厚度一般为几十米至几百米，TOC 含量为 2%～16%，热演化程度为低—中等，主体 R_o 为 0.7%～1.2%。

三、储层特征

北美地区页岩油储层主要岩性为页岩与碳酸盐岩、混积岩、致密砂岩互层，分布相对稳定，连续性强，黏土矿物含量主体小于 30%，集中段厚度 5～20m，孔隙度 5%～12%，有机质孔对储集空间具有一定的贡献。

中国陆相盆地页岩油储层具有很强的地区差异性，主要岩性为泥页岩夹混积岩、碳酸盐岩、沉凝灰岩与致密砂岩。环境变化、成岩演化作用和构造改造程度差异大，导致储层横向变化大，非均质性强。咸化湖盆页岩油储层黏土矿物含量主体小于 30%，淡水湖盆页岩油储层黏土矿物含量主体为 40%～50%。集中段厚度 5～10m，孔隙度 3%～10%。储集空间以纳米—微米级孔隙和裂缝为主。其中，孔隙包括残余粒间孔、黏土矿物粒间孔、晶间孔、溶蚀孔、有机质孔和生物体腔孔等；裂缝包括构造缝、层间缝、成岩收缩缝、超压破裂缝等。

四、流体特征

北美地区海相页岩油密度主体为 0.77～0.83 g/cm^3，压力系数为 1.3～1.8，气油比通常大于 $100m^3/m^3$，油质轻，以超压为主。中国陆相页岩油密度主体为 0.76～0.93 g/cm^3，压力系数变化大，介于 0.7～1.5 之间，气油比通常小于 $100m^3/m^3$，与北美地区海相页岩油相比，油质偏重，压力系数偏低。

五、脆性与可压性特征

北美地区海相页岩沉积相对稳定连续，油层连续性较好，处于轻质油—凝析油窗口，储层品质较好，脆性矿物含量较高，易压裂，有利面积较大，单井累积产能较高。中国陆相页岩油储层具有低脆性矿物含量、高泊松比、低杨氏模量、低脆性系数、高闭合压力等特点，相较于北美地区海相页岩，更难以压开且压开后易闭合。

综上所述，中国陆相页岩油与北美地区海相页岩油在地质背景、烃源岩、储层、流体、脆性与可压性特征等方面差异明显，中国无法完全照搬北美地区海相页岩油已有的模式与技术，特别是中国陆相页岩油资源评价与有利区优选的关键参数，仍需要对可靠的、适用的表征参数和方法等开展进一步研究。

第三节　陆相页岩油分类

一、主要分类原则

前人基于成熟度演化阶段、源储结构组合、岩性组合与结构等，将陆相页岩油划分为不同类型。随着勘探与认识程度的逐渐提升，陆相页岩油的分类一直在不断演化当中（图 1-2）。

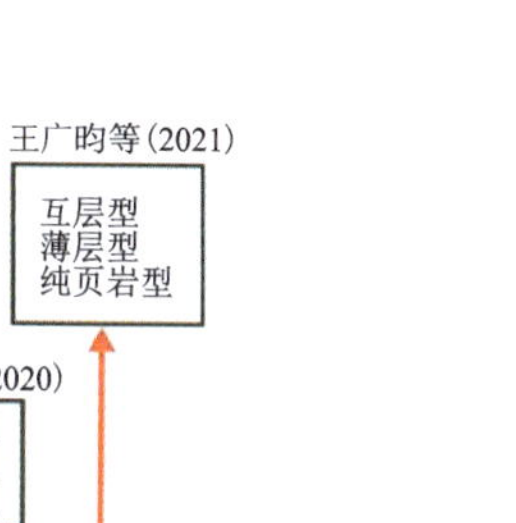

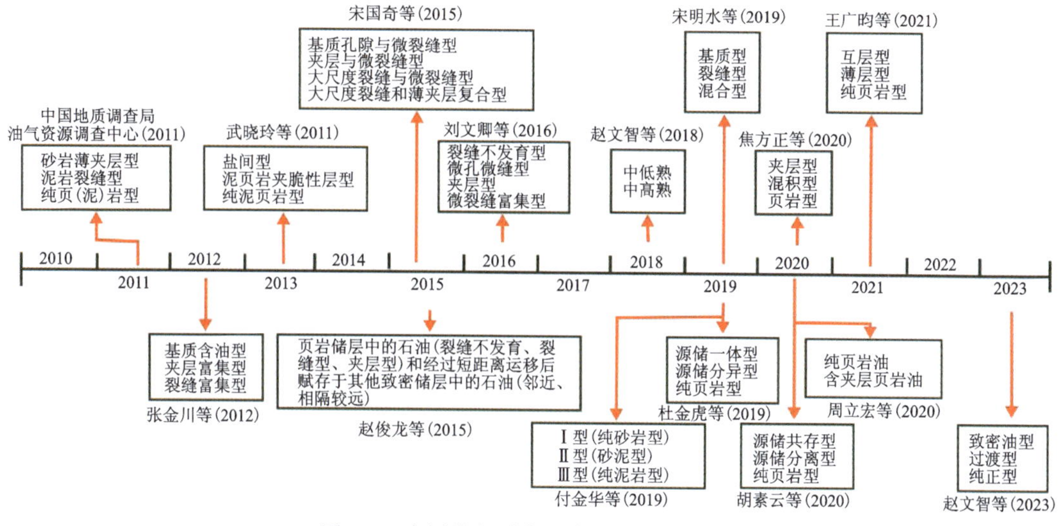

图 1-2　中国陆相页岩油分类方案变化历程

(一)成熟度演化阶段分类

在中低成熟度的陆相富有机质页岩中,滞留液态烃占总生油量最大比例约为 25%,未转化有机质可达 40%～100%,因此根据陆相页岩层系成熟度,可进一步划分出中低成熟度页岩油、中高成熟度页岩油两类(赵文智等,2018)。中低与中高成熟度的分类界限 R_o 值,目前还存在争议,但一般认为应在 0.8%～1.0%之间(金之钧等,2019)。

中高成熟度页岩油因热演化程度高,具有已生成液态烃数量多、油质较轻、可动油比例较高的特点。①页岩 R_o 值一般大于 1.0%,处于液态烃与气态烃并存窗口,以密度较小原油为主,尚未转化的有机质较少。②页岩层系受热演化程度影响,有机孔增加,孔渗条件变好,孔隙度多为 3%～8%,微裂缝、水平页理缝以及建设性成岩作用形成的次生孔隙成为液态烃赋存主要空间,因油质较轻、气油比较高、可流动性好,依靠水平井体积压裂技术可实现经济效益开发。③陆相混积岩、含碳酸盐质页岩的地层脆性矿物含量高,利用人工压裂改造技术形成有效人造缝网系统,可实现较高单井产量和单井累计采出量(EUR)。因此,利用水平井体积压裂技术,中高成熟度页岩油实现商业开采的可能性很大。

中低成熟度页岩油因热演化程度偏低,具有可转化资源潜力大、油质较稠、可动油比例较低的特征。①页岩层系热演化程度不高,R_o 值一般小于 0.8%,以密度较大原油和尚未转化固态有机质为主。②页岩层系孔隙度和渗透率低,有机质孔一般不发育,主要为黏土矿物晶间孔、碎屑矿物粒间孔、层理缝、微裂缝等原生孔隙。③滞留液态油质偏黏稠、气油比较低、可流动性较差。④页岩层系岩层塑性大、脆性矿物含量偏低,人工压裂改造难以形成有效的人造流动通道,单井产量低,很可能难以实现商业开采。因此,中低成熟度页岩油需探索新的开发方式才能实现规模效益开发。地下原位加热转化可能是解决中低成熟度富有机质页岩油资源规模开发利用的首选。

(二)源储结构组合分类

勘探实践表明,陆相页岩层系内致密储集层与烃源岩分布位置特征以及源储组合类型存在显著差异。有学者将我国陆相页岩油划分为源储分离型、源储共存型和纯页岩型3种类型(胡素云等,2020;印森林等,2022)(表1-2)。

表1-2 中国陆相页岩层系主要源储组合类型、参数及技术路线

类型	重点页岩层系	有利面积/km^2	孔隙度/%	典型单井石油(气)初始产量及累计产量	技术路线
源储分离型	鄂尔多斯盆地延长组7段中下部	20 000	6~12	阳平7井:初始产量13.39t/d,累计产量37 454t	中高成熟度页岩区,利用水平井+体积压裂开展风险勘探
	松辽盆地青山口组	20 000	5~15	龙26-平8井:初始产量26.6t/d,累计产量18 890t	
源储共存型	吉木萨尔凹陷芦草沟组	2000	8~20	吉172H井:初始产量69.46 t/d,累计产量20 542t	中高成熟度页岩区,利用水平井+体积压裂开展风险勘探
	三塘湖盆地芦草沟组	937	7~15	马芦2井:初始产量8.27m^3/d,35d累计产量124m^3	
	沧东凹陷孔店组二段	260	6~13	官东1701H井:初始产量75.9m^3/d,累计产量1812m^3	
纯页岩型	四川盆地自流井组大安寨段	20 000	4~6	正在攻关试验	中高成熟度页岩区,开展风险勘探;中低成熟度富有机质页岩区,尝试原位加热转化现场试验
	鄂尔多斯盆地延长组七段下亚段	15 000	1~3	耿295井:初始产量1.5t/d,累计产量625t	
	松辽盆地青山口组	15 000	2~6	黑197井:初始产量20.04m^3/d,累计产量310m^3	

源储分离型指页岩层系源储间互分布,源储压差是成藏富集页岩油的动力。例如松辽盆地白垩系青山口组中上段和鄂尔多斯盆地上三叠统延长组七段中上部,具有砂泥互层、泥厚砂薄、源岩储集层呈分离状且纵向距离较远的特点,夹含于页岩层系内的渗透性条带薄砂岩层物性相对较好,是页岩油的“甜点”段。

源储共存型指页岩层系发育生油层系和储油层系岩石,岩性变化迅速,源储互层频繁,“甜点”段厚度不大,但平面分布较广,聚集主要动力为生烃增压。吉木萨尔凹陷和三塘湖盆地的芦草沟组及沧东凹陷孔店组二段均已发现此种类型的页岩油。

纯页岩型指页岩包含生油岩和储集岩双重属性,滞留于页岩内的液态烃和页岩中尚未转化的有机质是主要资源类型。中高成熟度纯页岩型页岩油以半深湖—深湖相细粒沉积岩为主,具有有机质丰度高、类型丰富、纹层构造发育、黏土矿物含量高、物性差等特征。松辽盆地青山口组下段、鄂尔多斯盆地延长组七段下亚段、四川盆地下侏罗统自流井组大安寨段均已发现此种类型的页岩油。

(三)岩性组合与结构分类

陆相源内石油聚集“甜点”是指在陆相页岩烃源层系内，在整体含油背景下，相对更富含油、物性更好、更易改造，在现有经济技术条件下具商业开发价值的有利储集层分布区(段)。评价和改造石油富集的源内页岩层系有利储集层“甜点”，是陆相源内石油聚集勘探开发的主要任务，因此国内部分学者根据地质条件和沉积特征，将中国陆相页岩层系储集层“甜点”及所赋存的页岩油类型划分为夹层型、混积型和页岩型3类(焦方正等，2020)(图1-3)。

(1)夹层型储集层“甜点”可以夹砂岩、灰岩、凝灰岩或者其他岩性，砂岩型“甜点”是最重要类型，呈现多层系、多类型、大面积分布特征，石油主要是以源内薄互层“甜点段”形式富集，如鄂尔多斯盆地延长组七段湖盆中部砂岩型“甜点”、三塘湖盆地条湖组凝灰岩型“甜点”等。

(2)混积型储集层“甜点”主要是受气候韵律和水动力条件变化、不同物源混积、有机质絮凝等多因素形成的纹层状混积页岩层系，如准噶尔盆地吉木萨尔凹陷芦草沟组砂质白云质型“甜点”、渤海湾盆地沧东凹陷孔店组二段白云质型“甜点”、四川盆地侏罗系自流井组大安寨段灰质型“甜点”等。

(3)页岩型储集层“甜点”主要是纯页岩，具有效孔隙空间和一定渗流能力，既是生油层也是含油层，如松辽盆地青山口组纹层型“甜点”、页理型“甜点”等。

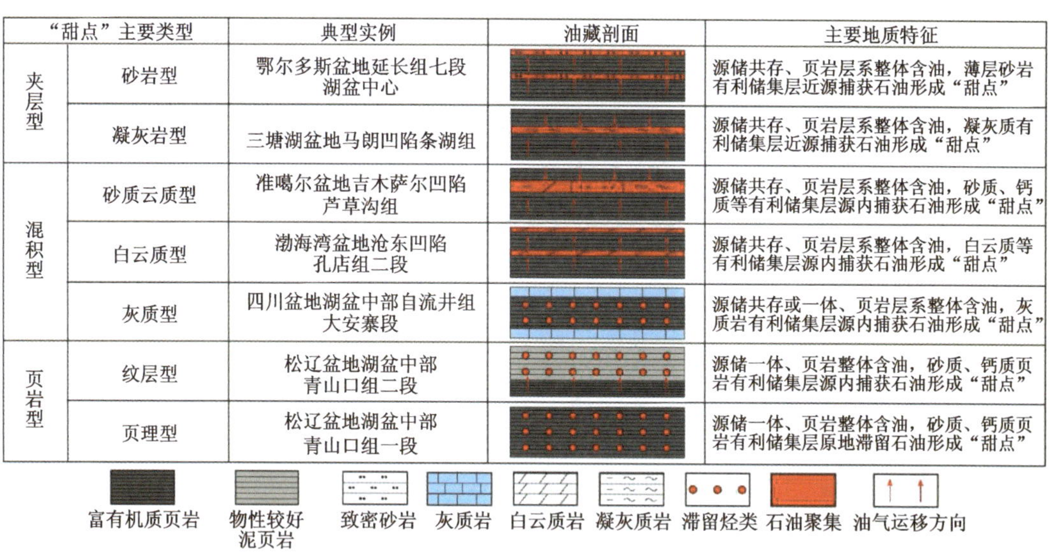

“甜点”主要类型		典型实例	油藏剖面	主要地质特征
夹层型	砂岩型	鄂尔多斯盆地延长组七段湖盆中心		源储共存、页岩层系整体含油，薄层砂岩有利储集层近源捕获石油形成“甜点”
	凝灰岩型	三塘湖盆地马朗凹陷条湖组		源储共存、页岩层系整体含油，凝灰质有利储集层近源捕获石油形成“甜点”
混积型	砂质云质型	准噶尔盆地吉木萨尔凹陷芦草沟组		源储共存、页岩层系整体含油，砂质、钙质等有利储集层源内捕获石油形成“甜点”
	白云质型	渤海湾盆地沧东凹陷孔店组二段		源储共存、页岩层系整体含油，白云质等有利储集层源内捕获石油形成“甜点”
	灰质型	四川盆地湖盆中部自流井组大安寨段		源储共存或一体、页岩层系整体含油，灰质岩有利储集层源内捕获石油形成“甜点”
页岩型	纹层型	松辽盆地湖盆中部青山口组二段		源储一体、页岩整体含油，砂质、钙质页岩有利储集层源内捕获石油形成“甜点”
	页理型	松辽盆地湖盆中部青山口组一段		源储一体、页岩整体含油，砂质、钙质页岩有利储集层原地滞留石油形成“甜点”

富有机质页岩　物性较好泥页岩　致密砂岩　灰质岩　白云质岩　凝灰质岩　滞留烃类　石油聚集　油气运移方向

图1-3　陆相源内石油聚集“甜点”主要类型及地质特征(据焦方正等，2020)

(四)其他国内页岩油分类方案

由于我国学者在对页岩油的定义及与致密油的区分等方面存在偏差，因而生产单位、研究部门、高校学者为了便于生产组织部署，均提出了地区性或区域性的分类方案(表1-3)。

表 1-3　国内不同学者提出的页岩油分类方案

关键要素	类型
赋存条件和经济可采性	基质含油型、夹层富集型和裂缝富集型
构造、沉积背景	盐间型、泥页岩夹脆性层型、纯泥页岩型
储集空间	基质孔隙与微裂缝型、薄夹层与微裂缝型、大尺度裂缝与微裂缝型、大尺度裂缝和薄夹层复合型
能源矿种及经济性	页岩储层中的石油(裂缝不发育、裂缝性、夹层型)和经过短距离运移后赋存于其他致密储层中的石油(邻近、相隔较远)
储层特征、赋存条件、源储特征	裂缝不发育型、微孔微缝型、夹层型、微裂缝富集型
岩性组合与页岩油储集空间类型	基质型、裂缝型和混合型
页岩层系岩性组合差异	源储一体型、源储分异型、纯页岩型
岩性组合等因素	多期叠置砂岩发育型(Ⅰ类)、页岩夹薄层砂岩型(Ⅱ类)和纯页岩型(Ⅲ类)
岩性组合	Ⅰ型(纯砂岩型)、Ⅱ型(砂泥型)和Ⅲ型(纯泥岩型)
源储比	互层型、薄层型、纯页岩型
夹层厚度	纯页岩油和含夹层页岩油
岩性组合与油气分布特征	致密油型、过渡型、纯正型

二、本书陆相页岩油分类

由于不同地区的地质条件差异大，目前国内外对陆相页岩油分类尚未形成统一的标准。参考国内外学者不同维度的页岩油分类方案，笔者从页岩层系中“甜点”特征出发提出了纹层型页岩油、夹层型页岩油两分方案建议。纹层型“甜点”有机质丰度高、原油滞留成藏；夹层型“甜点”夹持在页岩层系中，但其本身不具备生油能力，为原油近距离运移聚集成藏。

(一)纹层型页岩油

纹层型页岩既是生油岩也是储集岩，页岩中尚未转化的有机质及滞留于页岩内的液态烃是主要资源类型。以渤海湾盆地沧东凹陷孔店组二段、鄂尔多斯盆地延长组七段下部、松辽盆地青山口组下段为代表，主体为半深湖—深湖相细粒沉积为主的页岩层系，具有有机质丰度高、页岩层系纹层发育、黏土矿物含量较高、孔隙度较低等特征。

纹层型页岩油属于滞留油形成的自源型页岩油，受物源输入强度变化、气候周期变化、沉积速率变化等因素影响，据纹层厚度，页岩纹层可进一步划分为厘纹层(1～10cm)(图 1-4)、毫纹层(1～10mm)(图 1-5)、微纹层(1μm～1mm)(图 1-6)、纳纹层(小于等于 1μm)(图 1-7)。

图 1-4 厘纹层岩芯照片

a. 渤海湾盆地沧东凹陷官 108-8 井，2 965.6m，孔店组二段岩芯照片，左为白光，右为荧光；b. 渤海湾盆地歧口凹陷房 39X1 井，4 378.8m，沙河街组三段一亚段岩芯照片，左为白光，右为荧光。

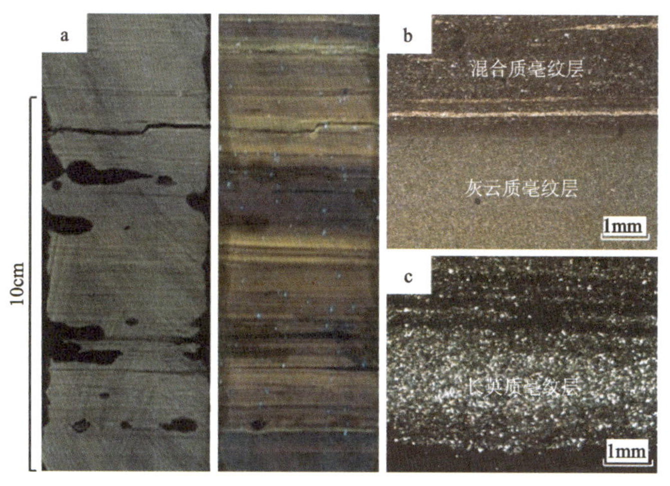

图 1-5 毫纹层岩芯/镜下照片

a. 渤海湾盆地歧口凹陷歧页 12-1-1 井，2 560.7m，沙河街组一段下亚段岩芯照片，左为白光，右为荧光；b. 歧页 12-1-1 井，4 013.9m，沙河街组三段一亚段薄片，正交偏光；c. 歧页 12-1-1 井，4 015.3m，沙河街组三段一亚段薄片，正交偏光。

我国渤海盆地沧东凹陷孔店组二段、鄂尔多斯盆地延长组七段三亚段、松辽盆地青山口组一段等均为纹层型页岩油发育层系。根据国内外学者的划分方案，结合鄂尔多斯盆地地质条件和沉积特征，付金华等(2021)认为鄂尔多斯盆地延长组七段页岩油中纹层型页岩油主要分布在湖盆中部延长组七段三亚段。延长组七段三亚段沉积时为湖盆最大湖泛期，主要发育半深湖—深湖亚相砂质碎屑流、低密度浊流、滑动-滑塌、异重力流沉积，非均质性强，厚层泥页岩夹多薄层粉细砂岩，砂质储层具有横向变化快、单层厚度薄的特点，单层砂体厚度分布在 0.1～3m 之间，平均厚度为 0.1～1.5m，其纹层厚度介于 1～10mm 之间，据上述划分标准为厘纹层和毫纹层。

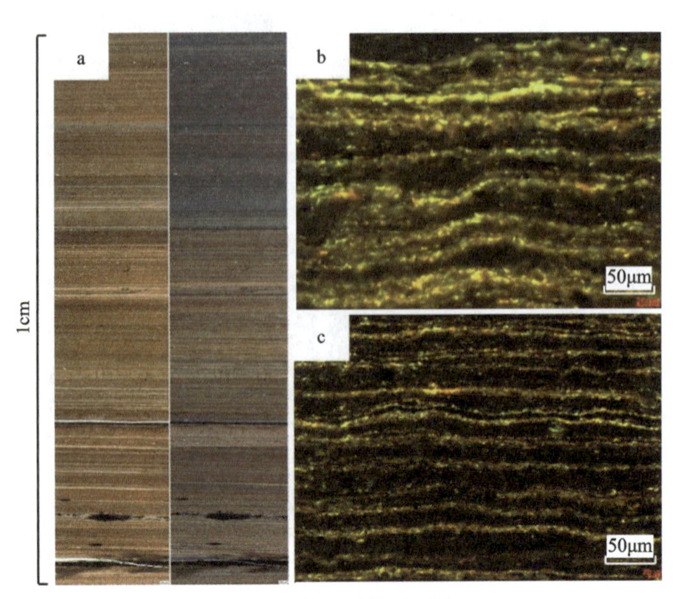

图 1-6　微纹层镜下照片

a. 沧东凹陷官 108-8 井，3 115.9m，孔店组二段薄片，左为白光，右为荧光；b. 歧页 12-1-1 井，3 992.3m，沙河街组三段一亚段薄片，正交偏光；c. 歧页 12-1-1 井，3 677.5m，沙河街组一段下亚段薄片，正交偏光。

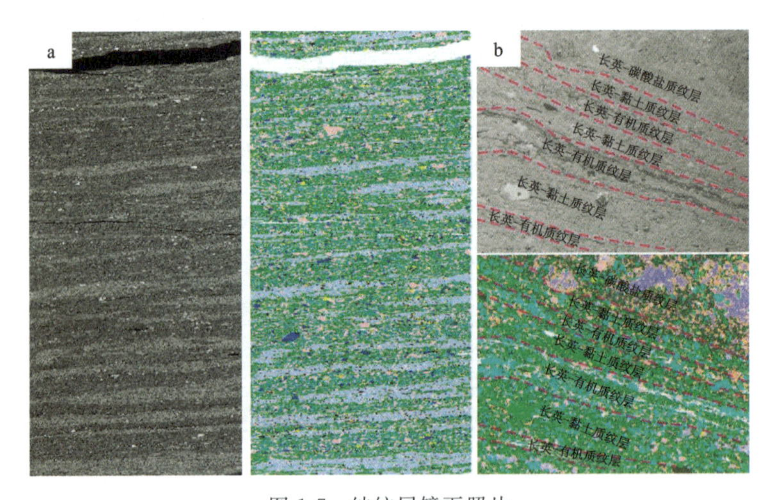

图 1-7　纳纹层镜下照片

a. 沧东凹陷官 108-8 井，3 193.5m，孔店组二段，矿物特征自动定量分析（AMICS）；b. 沧东凹陷官 108-8 井，3 216.57m，孔店组二段，矿物特征自动定量分析（AMICS）。

（二）夹层型页岩油

相对于纹层型页岩，夹层型页岩中的粉砂质泥岩、粉砂岩、粉细砂岩、碳酸盐岩以及火山岩类等夹层虽然单层厚度较薄，但孔隙度和渗透率等物性条件相对较好（张金川等，2012）。上下邻层泥页岩有机质含量高，生油窗内的富有机质页岩生油能力强，所生成的原油只需经过极短距离的运移即可进入夹层聚集。夹层的岩性较脆且易于进行储层改造，易于形成页岩

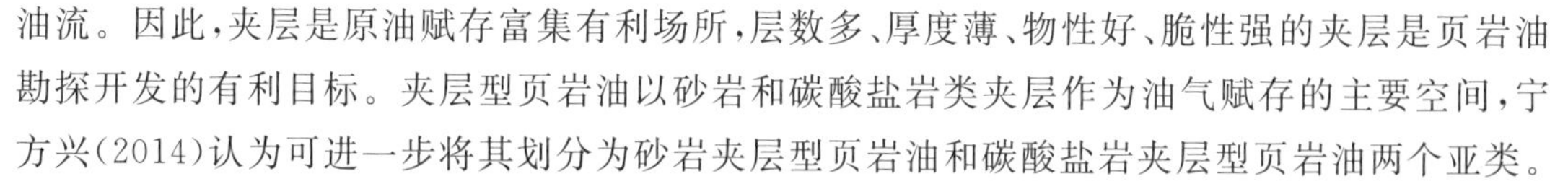

油流。因此，夹层是原油赋存富集有利场所，层数多、厚度薄、物性好、脆性强的夹层是页岩油勘探开发的有利目标。夹层型页岩油以砂岩和碳酸盐岩类夹层作为油气赋存的主要空间，宁方兴(2014)认为可进一步将其划分为砂岩夹层型页岩油和碳酸盐岩夹层型页岩油两个亚类。

夹层型页岩油也可进一步划分为重力流夹层型页岩油和三角洲前缘夹层型页岩油。以鄂尔多斯盆地延长组七段为例(付金华等，2021)，重力流夹层型页岩油主要分布在湖盆中部延长组七段一亚段和二亚段，以半深湖—深湖相砂质碎屑流沉积、深水远端浊流沉积为主，发育富有机质泥页岩夹多薄层重力流叠置砂体，单砂体厚度一般小于5m，分布稳定，横向连续性较好，优质烃源岩与砂质沉积具有很好的配置关系，油气高强度充注。三角洲前缘夹层型页岩油主要分布在湖盆周边东北沉积体系延长组七段一亚段和二亚段，发育三角洲前缘水下分流河道、席状砂等砂质储集体，叠置厚度较大，横向连续性好，湖盆中部优质烃源岩供烃，侧向运聚成藏，成藏条件较好。

第二章　中国陆相页岩油发展现状及潜力

第一节　陆相页岩油分布

我国陆相页岩油主要分布在鄂尔多斯、松辽、准噶尔、四川、渤海湾 5 个大型盆地和柴达木、苏北、北部湾等 9 个中小型盆地，其中陆域盆地 13 个，海域盆地 1 个；层系分布上，页岩油主要赋存于准噶尔盆地二叠系、三塘湖盆地二叠系、鄂尔多斯盆地三叠系、四川盆地侏罗系、松辽盆地白垩系、渤海湾盆地古近系、柴达木盆地古近系—新近系等地层，整体以中—新生界页岩层系为主。

围绕我国陆相页岩盆地的主要含油层系，以源储参数为重点，通过系统梳理各地质因素，深刻认识油气聚集条件，形成了对中国陆相页岩油有利区分布的 4 点主要地质认识：①淡水、咸水两类湖盆的有效烃源岩层位多，且多为大面积连续分布，均具规模生烃能力；②储层发育有碎屑岩、混积岩、碳酸盐岩、泥页岩等多类，均具规模储集能力；③源储组合有源储一体、源储分离、源储共存等多类，原油充注程度较高、含油层系多，石油资源规模大，存在多类型局部有利"甜点"；④存在较多具有超压、高气油比、天然裂缝及脆性夹层纹层的有利含油页岩层系，证实这类储层可获得工业油气流，开发潜力和价值大。

我国陆相页岩油层系具有"源区控油、近源富集"特点。以我国陆相页岩高勘探程度区为对象，分析不同页岩层系的分布面积、地层厚度、埋藏深度、源储组合、源岩参数、储层参数等富集主控因素，形成了以源储为核心参数的页岩有利区优选方法，综合分析得出我国 33 个陆相盆地页岩油有利区分布，主要分布在鄂尔多斯、松辽、准噶尔等富油气凹陷盆地。

第二节　陆相页岩油勘探进展

近年来，我国陆相页岩油勘探主要在鄂尔多斯盆地三叠系延长组、松辽盆地白垩系青山口组、渤海湾盆地古近系沙河街组和孔店组、准噶尔盆地二叠系芦草沟组、四川盆地侏罗系凉高山组和自流井组、柴达木盆地古近系下干柴沟组、苏北盆地古近系阜宁组、南海北部湾盆地（海域）涠西南凹陷古近系流沙港组等 8 个盆地、5 个层系、10 个层组取得重大进展（表 2-1）。

表 2-1 我国页岩油各盆地主要勘探进展

序号	盆地	盆地规模	层系	进展	代表钻井	测试日产量	矿权
1	鄂尔多斯	大型	三叠系延长组	2021年6月探明了国内首个10亿t页岩油大油田	城页1井	121.38t	中国石油
				落实三级地质储量1.92亿t	吴页平1井	163t	延长石油
2	松辽	大型	白垩系青山口组	7口钻井均获工业油气流	吉页油1HF井	$16.4m^3$	中国地质调查局
				古龙凹陷新增页岩油预测地质储量12.68亿t	古页油平1井	超$35m^3$	中国石油
3	渤海湾	大型	古近系沙河街组	2021年济阳坳陷成为我国首个陆相断陷湖盆页岩油国家级示范区	樊页平1井	171t	中国石化
				黄骅坳陷，实现我国陆相纹层型页岩油工业化突破，开辟了渤海湾盆地页岩油勘探开发新区新层系	歧页10-1-1井	$115.2m^3$	中国石油
			古近系孔店组		4口超百吨井	最高达$208m^3$	
4	准噶尔	大型	二叠系芦草沟组	2021年吉木萨尔页岩油三级地质储量达5亿t	吉25井	81.4t	中国石油
5	四川	大型	侏罗系凉高山组	拓展了四川盆地油气勘探新层系新类型，实现重大突破	泰页1井	$58.9m^3$	中国石化
					平安1井	$112.8m^3$	中国石油
6	柴达木	中小型	古近系下干柴沟组	源内大面积、多层段整体含油，开辟古近系页岩油勘探新领域	柴9井	$121.12m^3$	中国石油
7	苏北	中小型	古近系阜宁组	2022年高邮、金湖凹陷11亿t页岩油资源或被激活，页岩油勘探取得突破性进展	溱页1HF井	55t	中国石化
8	北部湾	中小型	古近系流沙港组	2022年首口页岩油探井获高产油气流，中国海上页岩油气资源勘探开发装备和技术的“本土化”	涠页-1井	$20m^3$	中国海油

注：“中国石油”指中国石油天然气集团有限公司；“中国石化”指中国石油化工集团有限公司；“中国海油”指中国海洋石油集团有限公司；“延长石油”指陕西延长石油（集团）有限责任公司。

一、鄂尔多斯盆地

鄂尔多斯盆地延长组页岩油有利勘探面积为1.2万km^2。2021年6月，中国石油在陇东地区探明了我国第一个页岩油超十亿吨级大型油田——庆城油田，评价资源量35亿t，累计落实地质储量18.37亿t，探明地质储量11.53亿t，建成陇东百万吨整装国家示范基地。2021

年页岩油产量达到133.7万t，其中城页1井、黄14H2井、岭页1井分别获日产121.38t、138.21t和116.8t。预计“十四五”末，庆城油田页岩油产能将超500万t，产量超300万t。

此外，陕西延长石油(集团)有限责任公司(以下简称“延长石油”)在伊陕斜坡多口探井获工业页岩油流，其中，吴页平1井、罗探平19井、富探平1井初始日产油分别为163t、91t和27t，落实了定边、吴起、志丹、富县、下寺湾等5个页岩油规模发育区，累计落实地质储量1.92亿t，探明地质储量6600万t。

第一阶段——“十四五”(2021—2025年)：重点针对鄂尔多斯盆地延长组七段一亚段和二亚段中细砂岩与粉砂岩(源储分异型)，勘探开发湖盆中心姬塬—环江—陇东地区的“甜点”区域，落实中高成熟度页岩油可采资源量(5～8)亿t，预计年产量达(200～400)万t(根据中国石油长庆油田分公司规划，到2025年产量可达400万t，届时产量贡献率达17%)。

第二阶段——“十五五”(2026—2030年)：重点针对鄂尔多斯盆地延长组七段一亚段和二亚段中相对薄层的细砂岩与粉砂岩，勘探部署湖盆中心环江—陇东地区的“甜点”区域，落实中高成熟度页岩油可采资源量(10～15)亿t，预计年产量(300～500)万t。

第三阶段——“十六五”(2031—2035年)：重点针对鄂尔多斯盆地延长组七段三亚段中的泥页岩，勘探部署湖盆中心姬塬—环江—陇东地区厚度较大、埋深较大但TOC高的区域，落实中低成熟度页岩油可采资源量(10～15)亿t，预计年产量(500～800)万t。

二、松辽盆地

2016年以来，中国地质调查局联合大庆油田实施了松辽盆地陆相页岩油科技攻坚战，针对青山口组部署实施的7口钻井均获工业油气流，其中，松辽盆地北部松页油1HF井、松页油2HF井日产页岩油分别为14.37m^3、10.06m^3，松辽盆地南部吉页油1HF井日产页岩油16.4m^3，引领带动了松辽盆地的页岩油勘查。

近年来，中国石油依靠科技进步加强页岩油勘探，部署钻探的古页油平1井、英页1H井、古页2HC井等重点探井获日产油35m^3以上高产且试采稳定，其中，古页油平1井生产超500d，累产油气当量近万吨，在古龙凹陷已有43口直井出油、5口水平井获高产，落实了含油面积1413km^2。青山口组新增石油预测地质储量12.68亿t，实现了松辽盆地陆相页岩油重大战略性突破，大庆古龙陆相页岩油国家级示范区建设启动。

第一阶段——“十四五”(2021—2025年)：松辽盆地北部集中在古龙凹陷内部；南部集中在大安次凹、乾安次凹，落实高成熟度页岩油可采资源量(3～5)亿t，预计年产量大于100万t。

第二阶段——“十五五”(2026—2030年)：松辽盆地北部集中在古龙凹陷内部、三肇凹陷；南部集中在大安次凹、乾安次凹，落实中高成熟度页岩油可采资源量(5～8)亿t，预计年产量(200～300)万t。

第三阶段——“十六五”(2031—2035年)：松辽盆地北部集中在古龙凹陷内部、三肇凹陷；南部集中在大安次凹、乾安次凹，落实中高成熟度、中低成熟度页岩油可采资源量(8～15)亿t，预计年产量(300～500)万t。

三、渤海湾盆地

2019 年，大港油田率先实现我国陆相纹层型页岩油工业化突破，并成立了页岩油勘探开发指挥部，拉开了工业化开发页岩油的序幕。

(1)中国石油黄骅坳陷 2021 年页岩油产量突破 10 万 t，已形成页岩油开发示范区。沧东凹陷孔店组二段接连获得 4 口日产超百吨高产井，最高日产达 $208m^3$，累计投产井 35 口，平均单井日产油 10.3t，预计全年产油 8 万 t。沧东凹陷 5 号平台已正式投入生产，9 口页岩油井日产能力稳定在 280t 左右，整体形成 10 万 t 年生产能力，标志着我国首个 10 万 t 级陆相页岩油效益开发示范平台在大港油田建成投产。歧口凹陷沙河街组歧页 10-1-1 井、歧页 1H 井分别试获日产 $115.2m^3$、41.2t 高产工业油流，开辟了渤海湾盆地页岩油勘探开发新格局。

第一阶段——“十四五”(2021—2025 年)：针对大港油田沧东凹陷孔店组二段、辽河油田大民屯凹陷沙河街组泥质白云岩、白云质细砂岩、白云质泥岩，采用体积压裂技术，落实中高成熟度页岩油可采资源量(2～3)亿 t，预计年产量(30～50)万 t。

第二阶段——“十五五”(2026—2030 年)：针对辽河油田西部凹陷曙光—曙北地区沙河街组四段、大港油田歧口凹陷西南缘沙河街组一段下亚段开展页岩油勘探实践，落实中高、中低成熟度页岩油可采资源量(2～3)亿 t，预计年产量(40～60)万 t。

第三阶段——“十六五”(2031—2035 年)：针对辽河油田西部凹陷和大民屯凹陷、大港油田歧口凹陷西南缘沙河街组一段下亚段、华北油田束鹿凹陷进一步开展页岩油勘探实践，落实中高成熟度页岩油可采资源量(3～5)亿 t，预计年产量(60～100)万 t。

(2)中国石化按照“直斜井试油侦察、水平井专探突破”的思路，在济阳坳陷组织实施沙河街组页岩油勘探。牛斜 55 井、义页平 1 井等 37 口井试采获得工业油流，樊页平 1 井、牛页1-1井等 6 口井日产超过 100t，初步测算该地区页岩油资源量超过 40 亿 t，2021 年首批上报预测地质储量达 4.58 亿 t，成为我国首个陆相断陷湖盆页岩油国家级示范区。预计到“十四五”末，新建产能 100 万 t，年产页岩油当量 50 万 t。

第一阶段——“十四五”(2021—2025 年)：重点开展东营凹陷、沾化凹陷高成熟度沙河街组三段下亚段和沙河街组四段上亚段页岩油有利区带的评价与优选，落实中高成熟度页岩油百吨级有利区带 1 个和技术可采储量(5～10)亿 t，落实中低成熟度陆相页岩油亿吨级有利区带 2～3 个，建立 1 个陆相页岩油国家级示范区，页岩油年产量达到(50～100)万 t。

第二阶段——“十五五”(2026—2030 年)：落实中高成熟度页岩油技术可采资源量(5～10)亿 t，落实中低成熟度页岩油原位转化技术可采资源量(10～20)万 t，建立 2～3 个中低成熟度陆相页岩油补充能量开采先导试验区，页岩油年产量达到(100～300)万 t。

第三阶段——“十六五”(2031—2035 年)：开展中低成熟度沙河街组三须下亚段和沙河街组四段上亚段页岩油有利区带的评价与优选，优选沙河街组一段、东营组中低成熟度陆相页岩油亿吨级有利区带 3～5 个，落实中低成熟度页岩油技术可采资源量(20～30)万 t，页岩油年产量达到(300～500)万 t。

四、准噶尔盆地

中国石油积极推进地质工程一体化攻关与开发先导试验。2021年,在吉木萨尔凹陷芦草沟组累计落实页岩油地质储量超5亿t。继吉25井(JHW025井)页岩油勘探突破后,吉174等多口井获高产稳产工业油流,完钻水平井187口,平均单井日产油14.7t,建成产能135万t,2021年产油50万t,2022年上半年产油22.6万t。

中国地质调查局在博格达山前带实施钻探的博参1井在芦草沟组发现良好页岩油显示,油迹62.54m/25层,油斑66.22m/19层,富含油18.91m/11层,该重要发现为山前带油气勘查提供了新方向。

第一阶段——"十四五"(2021—2025年):根据新疆油田分公司规划部署安排,落实中高成熟度页岩油可采资源量(5~8)亿t,上、下两个"甜点"体共部署971口水平井,其中一类区部署页岩油水平井385口,二类区部署页岩油水平井586口。到2025年,吉木萨尔凹陷芦草沟组页岩油产量将达到200万t,并稳产8年。

第二阶段——"十五五"(2026—2030年):针对准噶尔盆地二叠系芦草沟组白云岩,落实中高成熟度页岩油可采资源量(5~8)亿t,预计年产量300万t。

第三阶段——"十六五"(2031—2035年):对准噶尔盆地二叠系芦草沟组页岩、白云质泥岩的探索进一步向吉木萨尔凹陷西南区域扩展,同时兼顾玛湖地区风城组页岩油勘探,落实中高成熟度、中低成熟度页岩油可采资源量(10~15)亿t,预计年产量500万t。

五、四川盆地

四川盆地侏罗系发育自流井组东岳庙段、大安寨段和凉高山组三套富有机质页岩,中国石化在川东南针对凉高山组部署的泰页1井水平井试获日产油58.9m^3、气7.35万m^3,累计试采53d累产油1208m^3、气164万m^3;针对东岳庙段部署的涪页10井试获日产油17.6m^3、气5.58万m^3。

中国石油在川东北平昌构造带部署的平安1井试获日产油112.8m^3、气11.45万m^3,高产页岩油气流,拓展了四川盆地油气勘探新层系和新类型。

六、柴达木盆地

柴达木盆地英雄岭构造带位于柴西富烃凹陷内,发育古近系下干柴沟组厚层富有机质页岩。中国石油针对下干柴沟组Ⅱ油组钻探的柴9井试获日产油121.12m^3、气50 337m^3,实现了柴达木盆地页岩油勘探重大突破。已投产的7口探井,单井平均日产油28.7t,单井评估的最终可储量(EUR)(3.0~4.3)万m^3,新增地质储量3923万t,建成产能5.45万t;2021年针对下干柴沟组Ⅲ-Ⅵ油组部署15口探井,完钻试油4口5层,均获工业油流,展现出源内大面积、多层段整体含油的特征。

七、苏北盆地

中国石化江苏油田按照"常规与非常规油气兼探"的思路,在苏北盆地溱潼凹陷部署实施

的常规油气风险探井沙垛1井在阜宁组试获日产油51t,已累计产油1.1万t,最大可采储量(EUR)达2.23万t;溱页1HF井、帅页3-7HF井分别试获日产油55t、20t,初步落实页岩油有利区面积420km²,提交预测地质储量3186万t。2022年,花2侧HF井获日产油超30t、天然气超1500m³的突破,标志着高邮、金湖凹陷11亿t页岩油资源已被激活。

八、北部湾盆地

2022年,我国海上首口页岩油探井涠页-1井压裂测试成功,日产原油20m³、天然气1589m³,标志着我国海上页岩油勘探取得重大突破。据预测,北部湾盆地页岩油资源量约12亿t,其中涠西南凹陷页岩油资源量达8亿t,展现了我国海域良好的页岩油勘探前景。涠页-1井的突破,实现了我国海上页岩油气资源勘探开发装备和技术的“本土化”,拉开了海上非常规油气勘探开发的序幕。

第三节　陆相页岩油资源量

我国页岩油资源潜力较大,中国石油、中国石化和自然资源部等大型企业和权威机构均开展了陆相页岩油资源潜力评价,但是由于评价标准不统一,评价结果存在较大的差异,资源规模尚未形成共识(表2-2)。

表2-2　我国页岩油主要资源量数据

盆地	层位	储集空间类型	分布面积/万km²	资源量/万t
鄂尔多斯	三叠系	基质孔、微裂缝	8～10	25～35
准噶尔	二叠系	基质孔、微裂缝	6～8	20～25
四川	侏罗系	基质孔、微裂缝	7～9	15～20
渤海湾	古近系	基质孔、微裂缝	9～11	20～25
松辽	白垩系	基质孔、微裂缝	8～9	20～25
柴达木	古近系、新近系	基质孔、微裂缝	2～3	5～8
江汉	古近系、新近系	基质孔、微裂缝	0.2～0.3	1～2
苏北	古近系、新近系	微裂缝	0.2～0.3	1～2

2012年,自然资源部油气资源战略研究中心评价数据显示,我国页岩油地质资源量402.67亿t,技术可采资源量37.06亿t,主要分布在松辽盆地白垩系、东部断陷盆地古近系、鄂尔多斯盆地三叠系、准噶尔盆地二叠系和四川盆地侏罗系;2013年,国土资源部估算我国页岩油地质资源量为153亿t;2014年,中国石化评价结果显示,我国页岩油地质资源量为204亿t;2014年年底,美国能源信息署(EIA)和美国能源情报署(ARI)联合对中国页岩油进行评价,结果显示,我国页岩油技术可采资源量43.93亿t,排名世界第三位,主要分布在四川盆地、塔里木盆地、准噶尔盆地、松辽盆地、扬子地台、江汉盆地和苏北盆地;2016年,中国石油评价数据显示,我国页岩油地质资源量为145亿t;2019年,自然资源部评价我国页岩油地质

资源量为 283 亿 t，同年，中国石化对我国页岩油地质资源量进行评价，得出资源量最低为 74 亿 t，最高可达 372 亿 t。

2022 年，赵文智等评价我国陆上 10 个重点盆地中高成熟度页岩油，以 R_o>0.9%取值，并将相关参数结合探区多井试采成果校正，对陆上 5 个重点陆相页岩油盆地进行中高成熟度页岩油资源量评价，结果显示地质资源量为(131～163)亿 t，其中主要富集区经济性偏好(以布伦特油价 60 美元/桶为基础)的页岩油地质资源量为(67～84)亿 t。中低成熟度页岩油通过人工转质生成的页岩油资源总量为 1 016.2 亿 t(油当量)，其中液态烃为 704.2 亿 t，气态烃为 312 亿 t(油当量)，按 65%的采收率计算，中低成熟度页岩油人工转质的总可采量达 660.4 亿 t(油当量)。截至 2022 年底，中国陆相中高成熟度页岩油已探明地质储量 14.98 亿 t，控制＋预测储量 43.52 亿 t。2022 年我国陆相页岩油产量约为 318 万 t，占我国原油产量的 1.6%。

第三章 陆相页岩油地质学的形成与发展

第一节 陆相页岩油地质学的形成

陆相页岩油地质学历经了从石油与天然气地质学到非常规地质学，再到页岩油地质学的演化历程。早期陆相页岩油地质学研究属于石油与天然气地质学的范畴。石油与天然气地质学是研究地壳中油气藏及其形成条件和分布规律的地质科学，属于矿产地质科学的一个分支学科，是石油、天然气勘探与开发相关专业的专业理论课。石油与天然气地质学研究的主要对象是油气藏，油气藏不仅是油气地质勘探人员从事油气勘探的直接对象，而且是油气地质研究人员进行油气成因、运移、聚集和分布规律等地质理论研究的基础。石油与天然气地质学的理论和假说，均来源于实践并直接指导实践。石油与天然气地质学的产生、发展和不断完善始终与地质学的发展直接相关，同时与油气勘探实践紧密相关，其中油气藏的研究是石油与天然气地质学的核心。

随着非常规油气成为重要的接替能源，非常规油气地质学逐步从石油与天然气地质学中独立出来。非常规油气地质学就是一门研究非常规油气类型、细粒沉积、微纳米级储层、油气形成机理、分布特征、富集规律、产出机制、评价方法、核心技术、发展战略与经济评价等的新兴油气地质学科，已成为石油与天然气地质学的一个重要分支。非常规油气地质学研究的核心是“储集层油气是否连续聚集”，评价的重点是烃源性、岩性、物性、脆性、含油气性与应力各向异性的“六特性”及其匹配关系，明确“生油气能力、储油气能力、产油气能力”；勘探主要目的是寻找油气连续或准连续分布的边界与“甜点”区，开发寻找低成本开采技术与经济发展模式。非常规油气地质学是非常规油气资源勘探开发实践的产物，既是石油与天然气地质学的一个重要分支学科，也是推动非常规油气工业实现跨越式发展的理论基础。

随着页岩油的能源资源意义逐渐凸显，页岩油地质学正在从非常规油气地质学中脱离出来，逐渐独立成为一门系统科学。页岩油属非常规油气的一个分支，也是一个全新领域，国内众多学者从多个方面开展相关基础研究工作，形成了多项理论认识与技术创新成果。新兴的陆相页岩油地质学就是以陆相页岩油“甜点”区（段）评价为核心，重点研究泥页岩沉积环境、储集空间、地球化学特征和富集机理等基本问题，进一步总结分析页岩油“甜点”区（段）优选、资源量预测及效益开发关键技术等，是为了解决陆相页岩油勘探生产面临的地质问题而发展形成的一门新学科。但我国对于页岩油开发关键技术的探索起步较晚，研究程度较低，一些页岩油富集区仍处于加深地质认识和技术适用阶段，受相关理论和技术等方面因素的制约，我国页岩油的发展仍有很长的一段路要走。

第二节　陆相页岩油地质学研究内容

陆相页岩油地质学致力于深入了解陆相地区的页岩油资源，以揭示有机质生成和富集的机制，主要研究内容包括对页岩沉积环境的深刻认识，对古气候、古地貌和古水体特征的分析以及对生物活动和有机物质来源的详细调查。在地层学方面，研究人员关注地层构造、岩石学和沉积体系的细致解剖，以识别可能的页岩发育区域。在页岩储层特性方面，对孔隙结构、渗透性、岩石力学性质等进行深入研究，以更好地了解页岩的储集条件和流体运移规律。地球化学成为关键领域，通过对页岩样品中有机地球化学特征的分析，揭示油气生成历史、流体演化过程以及有机质类型。此外，数值模拟和实验研究用于模拟不同地质条件下的页岩油藏，优化勘探与生产策略，提高资源评估的准确性。上述研究的目的是为陆相页岩油的勘探、开发和可持续利用提供科学依据。

一、陆相页岩油主要研究内容

近些年来，中国的石油地质学者在关注美国页岩油研究成果的基础上，认识到美国海相页岩油与中国陆相页岩油存在差异，因此研究了中国陆相页岩油的形成条件、赋存形式、成藏机理、资源潜力与有利发育区。

对页岩油的评价体系大致分为4类：有没有页岩油，包括烃源岩发育环境、有机质类型、有机质丰度、有机质成熟度、烃源岩埋藏深度等（李玉喜等，2011）；有多少页岩油，包括页岩岩相、孔隙类型、基质与夹层孔隙度等；有多少可流动页岩油，主要指石油在页岩中的赋存状态，不同状态石油所占比例、赋存孔径及相互转换条件，是决定页岩油能否有效开发的关键因素，直接决定页岩滞留石油的可动性和可动量，研究方面主要包括渗透率、原油密度、气油比、压力系数等；有多少技术可动页岩油，包括构造背景、脆性指数、脆性矿物含量等。在资源潜力研究方面，页岩油研究还处于大区域估计阶段。在有利区优选方面，围绕重点盆地主要含油层系，以源储参数为重点，通过编制地质背景、储层参数、烃源岩参数、井震预测、综合评价5类聚集条件基础图件，系统厘清各地质因素，深刻认识聚集条件，为页岩层系石油聚集有利区优选提供依据。

在泥页岩储层改造中，水平钻井和水力压裂是两项关键技术，也是页岩气开采在近20年的井喷式发展中主要依赖的核心技术。钻井和压裂均为力学过程，压裂裂缝和水平井的井壁稳定受地应力控制。因此，储层地应力和岩石力学特性在非常规储层开发中具有很重要的地位，是基础理论研究、水平井网部署、起裂压力预测、压裂缝控制和井壁稳定性分析的重要基础数据。地应力的精准确定及其分布规律是页岩油气开发中研究的热点和难点。

因此，充分利用页岩油相关地质和工程资料，综合分析页岩油发育的有利参数和条件，优选盆地内页岩油“甜点”区（段），是我国页岩油勘探开发的必经阶段。

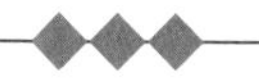

二、陆相页岩油地质学发展展望

尽管我国陆相页岩油勘探开发在多个盆地取得了突破，试油试采也取得了较好的成效，国家也相继建立了吉木萨尔国家级陆相页岩油示范区、大庆油田古龙陆相页岩油国家级示范区、胜利油田济阳陆相断陷湖盆页岩油国家级示范区，但是陆相页岩油规模勘探与效益开发目前还面临诸多挑战。

(1)目前国内页岩油概念内涵混乱、分类方法不统一，页岩油与致密油在使用上存在混淆，需要权威机构给出一套合适统一的页岩油定义评价方法。

(2)中国陆相盆地页岩油地质条件复杂，陆相页岩形成的地质条件差异大，页岩油储层致密、非均质性强，储集空间和油气水关系复杂，储层划分标准不一；页岩油有效动用条件不明，导致无裂缝基质页岩油未形成规模产量，评价手段亟待完善。

(3)中国页岩油资源潜力有多大，是否能规模有效开发仍未达成共识。虽然在鄂尔多斯、准噶尔、松辽、渤海湾、江汉等盆地得到页岩油层位出油，但是目前陆相页岩油“甜点”构成要素没有达成统一认识，系统的预测技术尚未建立。

(4)工程技术手段亟待更新。在地质-工程“甜点”地球物理评价中，岩石物理基础工作仍需加强，通过实验岩石物理、测井岩石物理及地震岩石物理分析，明确页岩油地质-工程“甜点”要素(有机质含量、孔隙度、脆性等)与动态、静态弹性参数和地应力之间的关系。中国陆相页岩成岩作用弱，塑性强，可压裂性差，页岩油开发地层能量补充难题亟需攻克。同时，中国陆相页岩油黏度高、油质重等因素导致页岩油流动性差，采出困难，同时井深、异常高压、储层强敏感等带来的一系列工程问题也需要解决。

因此，勘探研究过程必须改变思路，建立全新的研究内容与研究重点，特别需要升级研究精度并加强微观研究，加强固/液/气多相多场聚合流动机理研究，加强多学科交叉研究等，以建立页岩油成藏新学科。重点需加强以下方面的研究。

(1)研究需要关注页岩和泥岩的沉积动力学差异及与有机质富集和贫化的关系，页岩层系中页理、纹层与沉积韵律的形成机制及在压裂过程中易剥开性的差异，以及页岩层系储层表征、页岩油富集控制因素和多学科融合的富集区/段评价方法与评价标准等，以解决页岩油有利富集区/段客观优选问题。

(2)强非均质页岩储层渗流机理、体积改造裂缝形成机理、产量锐减规律、多富集(“甜点”)层段开发模式尚未建立，从而使页岩油效益开发面临巨大挑战。需要探索形成“以改造缝网模拟和技术优化为核心，以多富集(‘甜点’)层段协同开发方式优化为支点，以实现高效开发为目标”的页岩油开发技术与对等解决中高成熟度页岩油效益开发、稳产与提高采收率面临的技术难题。

(3)中低成熟度页岩油面临有机质超量富集主控因素、原位转化动力学、不同岩石组构的传热与多相多场物质耦合流动机制尚未完全建立的挑战，需要关注陆相富有机质页岩沉积环境、沉积动力与外物质作用，这是页岩油原位转化选区评价亟需解决的关键基础问题。关注不同沉积环境有机质显微组分构成和数量差异对原位转化动力学与转化效率的作用，这是原位转化最佳升温窗口设计和实现有效开发的基础。关注不同黏土矿物和不同有机质构成环境的蓄热与热传导动力、关注固/液/气多相有机质相态转化诱发的地层能量场动力学，解决地下最佳升温速率设计以及井下工具选择面临的基础问题。通过研究攻关，逐步形成陆相中低成熟度页岩油原位转化配套技术，以推动陆相页岩油革命的发生和目标实现。

第二篇
陆相页岩油形成条件

第四章　页岩沉积学特征

第一节　页岩沉积环境

陆相页岩普遍形成于静水的湖泊补偿环境中，其沉积背景多为温暖湿润气候，沉积水介质条件为贫氧—缺氧的还原—强还原环境。沉积区的沉积物供给速率低，在湖盆中心地带长期处于深水环境，促使厚度相对较大、展布稳定的页岩发育（刘招君等，2021）。

一、湖泊沉积环境

湖泊是大陆上地形相对低洼、流水汇集的地区，也是泥页岩沉积的重要场所。湖泊可从湖水的含盐度、沉积物特点、自然地理条件、成因等方面进行分类。按沉积物特征可将湖泊分为碎屑沉积湖泊和化学沉积湖泊，前者以陆源碎屑沉积为主，后者以化学盐类沉积为主，两者之间亦常有许多过渡类型。按照含盐度可以将湖泊划分为淡水湖泊和咸水湖泊。淡水湖泊多发育在湿润气候区，水位随季节变化，多为开口敞流湖，沉积物主要来源于河流，以机械沉积作用为主，被搬运物沿搬运方向按颗粒大小依次沉积，主要为碎屑岩沉积，以鄂尔多斯盆地延长组沉积期湖盆、松辽盆地青山口组沉积期湖盆等为代表；咸水湖泊发育在干旱气候区，一般为封闭湖泊，以化学沉积作用为主，按矿物溶解度、浓度等大小顺序沉淀，主要为碳酸盐岩、盐岩、膏盐岩等沉积，以中国新生代沉积期渤海湾湖盆、柴达木湖盆等为代表。此外还存在过渡类型的湖泊沉积作用，机械沉积作用和化学沉积作用均对其有重要影响，形成了碎屑岩和碳酸盐岩的混合沉积，以准噶尔盆地东部吉木萨尔凹陷芦草沟组沉积期湖盆为代表。还存在特殊类型的湖泊沉积作用，如受火山活动强烈影响的湖泊，形成了火山碎屑岩沉积及富凝灰质岩沉积，以三塘湖盆地马朗凹陷条湖组沉积期湖盆为代表（焦方正等，2020）。

湖泊的沉积类型主要取决于气候条件和物质来源，尤其是气候条件对湖泊的沉积起着控制作用。根据气候干旱程度、地理环境、沉积物类型及其供应的充分程度，首先划分出永久性（稳定性）湖泊和暂时性（间歇性）湖泊。永久性湖泊进一步划分为陆源碎屑型、化学沉积型、生物沉积型、湖沼沉积型 4 类。暂时性湖泊又可进一步划分为干盐湖沉积型和盐沼沉积型 2 类。

中国陆相湖盆湖平面变化受气候影响显著，面积相对较小，存在陆源碎屑、生物和化学以及火山碎屑等多物源沉积，不同地区沉积页岩的多样性和非均质性十分明显。按沉积物质来源，可分为陆源、火山-热液来源和内源 3 种：①陆源细粒沉积物主要来自湖盆外陆地包括湖岸侵蚀，主要由河流、洪水、波浪等搬运到湖盆中；②火山-热液来源主要为陆地火山喷发的细粒沉积物，通常以火山灰、火山尘的形式通过风力搬运到湖泊中，或与陆源沉积物共同被搬

运、沉积；③内源细粒沉积物主要为在流体性质改变时产生的碳酸盐沉淀，流体性质的改变可能缘于生物活动、气候变化、陆源输入、火山-热液活动等（姜在兴等，2022）。

中国陆相湖盆离物源较近且受气候、构造和物质来源等因素影响，细粒物质不局限于黏土矿物，具有复杂的物质构成，成因机制也不再是单一的“安静水体环境中缓慢悬浮沉积”，也可以是浊流、异重流、流体化沉积物流、风暴作用等搬运成因（姜在兴等，2023）。因此，以湖泊沉积为背景，进而将陆相页岩沉积环境分湖泊沉积、湖相碳酸盐岩沉积和湖相混积沉积。

二、湖泊沉积相

湖泊对大气的温度变化较为敏感，湖水会出现温度分层现象，从而造成含氧量和盐类物质的重新分配。短期的湖水变化受控于支流流量和蒸发量，长期的湖水变化受控于构造和气候作用。湖水的含盐度变化较大，在1%～25%之间。此外，由于湖泊紧邻四周陆地，众多河流注入带来大量的碎屑物质，源区物质变化较大，湖水中的化学成分变化也较大。湖泊环境中常发育良好的淡水生物群，如淡水腹足类、双壳类、介形虫、叶肢介、鱼类等（朱筱敏等，2008）。这些共同组成了湖泊沉积环境。

与海洋相比，湖泊缺乏潮汐作用。根据沉积岩的颜色、成分、结构、沉积构造、厚度等沉积标志以及洪水面、枯水面、浪基面的位置来考虑气候背景，将湖泊划分为深湖、半深湖、浅湖、滨湖、湖湾等亚相类型[图4-1a、b]（朱筱敏等，2008）。

深湖亚相位于湖盆中风暴浪基面之下、水体最深部位，岩石类型以质纯泥岩为特征，常见油页岩、薄层泥灰岩或白云岩夹层，发育水平层理和细水平纹层（姜在兴，2009；朱筱敏等，2008）。无底栖生物，常见介形虫等浮游生物化石，保存完好。黄铁矿是常见的自生矿物，多以散状分布于黏土岩中。岩性横向分布稳定，垂向上具连续的完整韵律，沉积厚度大。由于深湖环境水深较大，水体相对稳定且易于分层，水底长期处于缺氧或贫氧状态，且离岸远，陆源碎屑注入少，可以有效地阻止有机质被稀释破坏，是有机质聚集和保存的良好场所。同时，深湖环境远离河口或湖沼区域，陆源高等植物的输入量少，水底基本沉积层状藻、结构藻等湖泊生物和黏土。长期稳定持续下沉、沉积中心与沉降中心吻合的大型湖盆，其深湖亚相沉积厚度大、分布广，有的厚逾千米，面积超过整个湖盆的60%。但有些气候干旱区面积小的内陆湖盆，不发育甚至缺少深湖亚相（何幼斌等，2007；刘招君等，2016）。

半深湖亚相位于正常浪基面以下、风暴浪基面以上的范围，岩石类型多为暗色泥岩、页岩、粉砂质泥岩，常具有砂质条带或透镜体，主要发育水平层理，可见波状层理（姜在兴，2009）。化石较丰富，以浮游生物为主，保存较好，底栖生物不发育，可见菱铁矿和黄铁矿等自生矿物（何幼斌等，2007）。半深湖静水环境中，水底往往处于贫氧的状态，同时在高湖泊生物生产力的背景下，形成大量的有机质。相对于深湖环境，半深湖环境水体较浅、沉积速率较大，有机质得以快速沉降、埋藏和保存，也具备富含有机质页岩形成的条件。与深湖区域相比，半深湖区域离岸较近，水底不仅聚集了大量的藻类体等湖泊生物，同时还有大量的孢子体、角质体、镜质体、树脂体等浅水水生植物和陆源高等植物组分的供给，形成的富含有机质页岩具有湖泊生物和陆源有机质双向来源。当湖盆面积较小、沉积特征不明显时，很难分出此亚相（刘招君等，2016）。

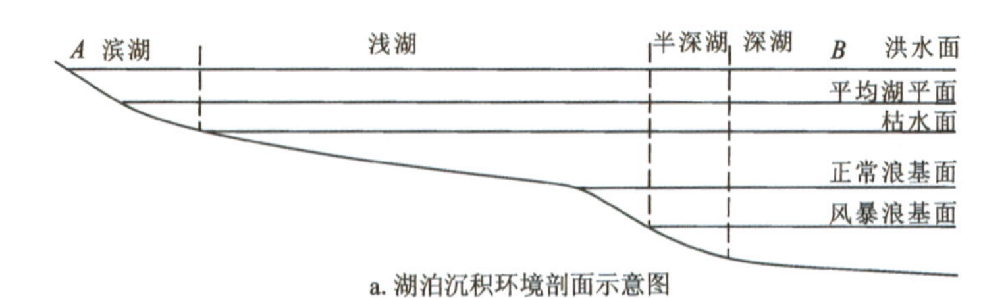

a. 湖泊沉积环境剖面示意图

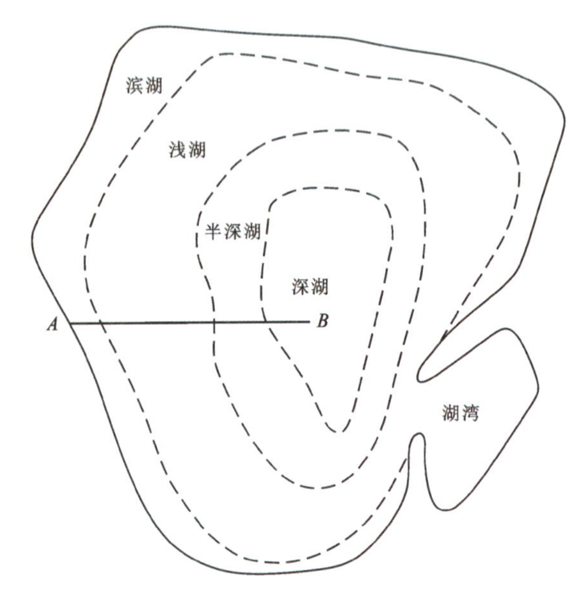

b. 湖泊沉积环境平面示意图

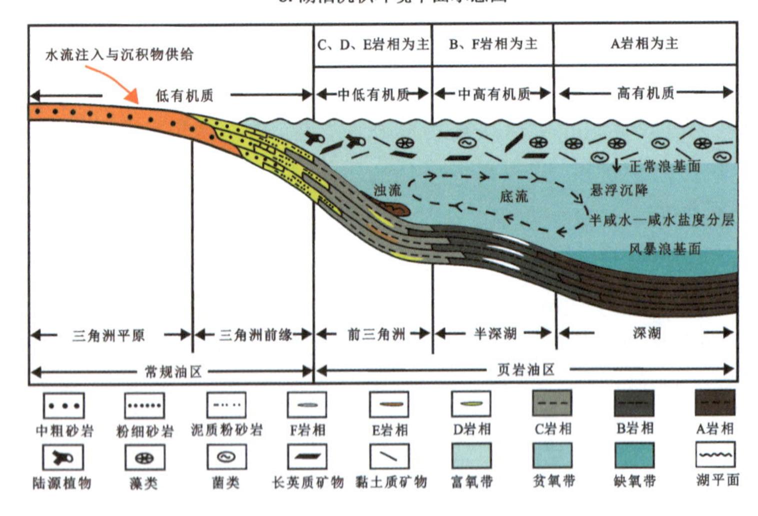

c. 沉积相划分示意图

图 4-1 湖泊沉积环境及沉积相划分示意图(据朱筱敏等,2008;孟庆涛等,2024)

A 岩相:高有机质泥纹层黏土质页岩;B 岩相:中高有机质含细粉砂纹层长英质页岩;C 岩相:中低有机质含粗粉砂纹层长英质页岩;D 岩相:低有机质层状粉砂岩;E 岩相:低有机质层状介形虫灰岩;F 岩相:低有机质层状白云岩。

滨浅湖亚相位于枯水期最低水位线至正常浪基面之间的地带(图 4-2)。该相带水浅但始终位于水下,遭受波浪和湖流扰动,水体循环良好,氧气充足,透光性好,各种生态的水生生物繁盛。岩石类型以黏土岩和粉砂岩为主,可夹有少量化学岩薄层或透镜体。陆源碎屑供应充分时可出现较多细砂岩。层理类型以水平、波状层理为主,水动力强度较大的浅湖区具有小型交错层理,砂泥岩交互沉积时可形成透镜状层理。有时层面可见对称浪成波痕和较为丰富的生物扰动构造。水生生物繁茂,生物化石丰富,保存完好,以薄壳的腹足类、双壳类等底栖生物为主,亦出现介形虫和鱼类等化石,少见菱铁矿、鲕绿泥石等弱还原条件下的自生矿物。浅湖亚相处于弱氧化—还原环境,具有一定的生油能力(朱筱敏等,2008)。浅湖和半深湖过渡地带易形成纹层型页岩。

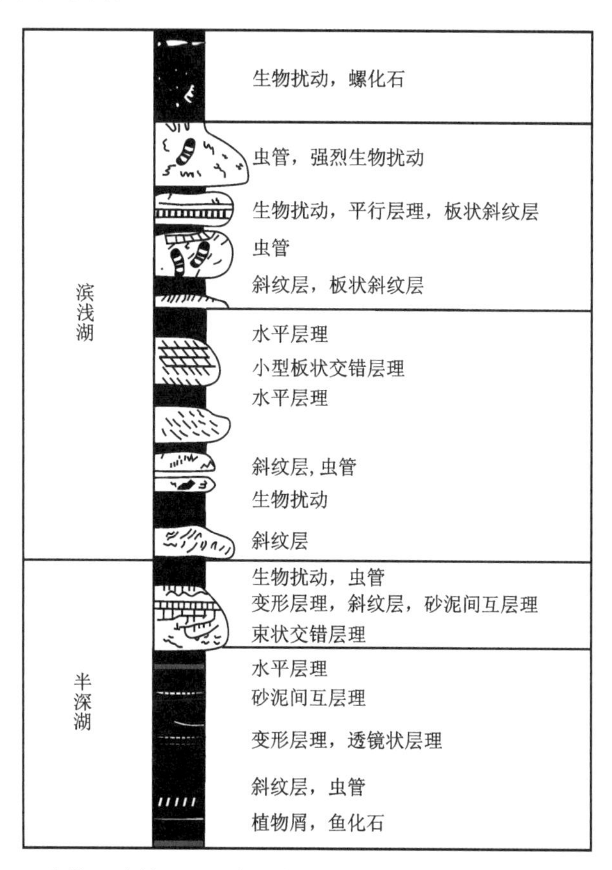

图 4-2　东濮凹陷桥口地区沙河街组一段湖泊沉积(据朱筱敏等,2008)

湖湾亚相是指湖泊近岸地区因受沙嘴、沙坝阻隔而与湖内广大湖区的湖水交流不畅而呈半封闭水体的地带。湖内水体流通不畅,波浪和湖流作用弱,又无大河注入,水体较平静,湖底缺氧,沉积物以细粒的泥页岩沉积为主,主要为暗色粉砂质泥页岩,中夹薄层白云岩或富含有机质页岩。气候温湿时,水生植物生长繁盛,可发育成泥炭沼泽,形成碳质页岩和薄煤层。在有间歇性物源注入的湖湾环境,沉积物可含有某些正韵律小砂体,发育粒序层理、平行层理、浪成小型沙纹及低角度交错层理。泥质湖湾沉积中,水平层理和季节性韵律层理发育,有时则形成块状层理,有时见少量的特殊浅水生物,如渤海湾盆地古近纪湖湾沉积中的泥田螺、土星介、轮藻等化石(何幼斌等,2007)。

三、湖相碳酸盐岩沉积

湖相碳酸盐岩沉积主要发育在湖盆浅水清澈水体地带，与蒸发岩的沉积环境关系密切，明显受控于古气候、古水动力和古水介质条件的变化。碳酸盐岩是指主要由沉积的碳酸盐矿物所组成的沉积岩，主要发育有生物灰岩、藻灰岩、泥质灰岩、白云岩及白云石化岩等岩石类型(何幼斌等，2007)。此沉积背景下，易于形成另外一种纹层型页岩，主要为灰岩或白云岩，或是灰质或白云质泥岩与泥岩形成纹层型页岩，不同于砂质纹层页岩，其形成环境也有明显差异。

(一)环境特点

湖相碳酸盐岩沉积受周边地形的控制强烈。如果周边地势高差大，河流冲积作用发育，湖盆就成为河流的泄水地带，大量碎屑物输入，阻滞了碳酸盐溶液的富集，影响了碳酸盐沉积的条件。若湖泊周边地势平缓，陆源碎屑物输入少，湖泊水体清澈，生物很发育，湖泊水体内碳酸盐溶液储备逐渐趋于过饱和，此时就开始碳酸盐岩沉积。

湖泊水体比海洋小得多，加上大陆气候变化复杂、河流输入量的剧烈变化、湖盆表面蒸发作用的变化等，造成了湖相碳酸盐岩沉积作用的频繁变化和其沉积相带分布的交替变化。

湖泊水体中所含的主要离子与海水近似，但各种离子浓度和相对丰度大不一样。湖泊水体中离子浓度受气候条件影响和控制，在潮湿气候条件下主要形成碳酸钙沉积，在干旱气候条件下主要形成蒸发盐而变成盐湖环境。

(二)相带划分

随着湖平面的变化，湖相碳酸盐岩沉积在垂向上沉积序列会产生差异。在湖泊沉积的基础上，碳酸盐岩沉积可划分为藻礁、浅滩、灰泥坪和风暴沉积(刘圣乾等，2023)。

藻礁：主要形成于滨浅湖高能环境中，由枝管藻格架岩、凝块石黏结岩、叠层石黏结岩及与之伴生的亮晶颗粒灰岩/白云岩、灰泥质颗粒灰岩组成，各类岩性可同时产出，亦可频繁交互产出，且单一岩性厚度小、不易区分，共同构成藻礁复合体。岩芯通常较为松散破碎，油浸或饱含油，测井识别以低自然伽马(GR)、低自然电位(SP)、中—高电阻(R)、中—高声波时差(AC)及中低密度为主要特征(表4-1；图4-3中滨80井)。该微相具有造礁生物成因特征，与浅滩微相区别是常含大量藻、藻屑、凝块及含隐藻结构的球粒，生物类型丰富多样，层厚稍大。如果碳酸盐岩发育层段整体地层厚度较小，地震剖面上藻礁与浅滩将难以区分，共同表现为蠕虫状中低连续—中弱振幅或中连续—中强振幅反射特征(图4-3a)。

浅滩：形成于滨浅湖高能环境中，主要由亮晶颗粒白云岩或灰岩及含灰泥颗粒白云岩/灰岩组成，常与灰泥质颗粒灰岩、颗粒质灰泥灰岩交互产出，垂向上构成向上变浅的沉积序列。岩芯通常层理不明显，可呈致密块状，不含油，或轻捻呈粉末状，见油斑或油浸。测井曲线以相对稍低的声波时差、电阻率及稍高的密度与藻礁微相区别(表4-1；图4-3b中滨76井)。湖相碳酸盐岩垂向相变迅速，与藻礁微相可交互产出，但是浅滩微相单层厚度通常较小，生物类型主要为螺或者介形虫碎片(刘圣乾等，2023)。

表 4-1　东营凹陷西部沙河街组四段上亚段主要沉积微相类型及特征(刘圣乾等，2023)

沉积微相	主要岩性组合	沉积构造	生物及颗粒类型	沉积环境解释	代表井
藻礁	藻格架白云岩、凝块石黏结白云岩、叠层石黏结白云岩、亮晶颗粒灰岩/白云岩等	块状构造为主，可见疙瘩状、麻点状、叠层构造	枝管藻、柱形—半球形叠层石、藻屑、介形虫、介屑、砂屑、球粒、螺屑	滨浅湖，强水动力，小型藻礁	滨 80 井
浅滩	亮晶颗粒白云岩或灰岩、含灰泥颗粒白云岩或灰岩、灰泥质颗粒灰岩等	块状构造为主，可见不明显的层状构造	砂屑、介屑、螺屑、球粒、鲕粒	滨浅湖，强水动力，浅滩、滩缘及滩间	滨 76 井
灰泥坪	灰泥灰岩、含泥质灰泥灰岩、含粉砂泥质灰泥灰岩，夹薄层含颗粒灰泥灰岩或灰泥质颗粒灰岩	薄层状，水平层理、波状层理，可见小型生物潜穴	粉砂、生屑、炭屑及小型植物根等	滨浅湖，水动力中等—弱，灰泥坪或混积坪	滨 53 井
风暴沉积	砾状灰岩、灰泥质颗粒灰岩/白云岩、颗粒质灰泥灰岩、泥质灰泥灰岩	搅混构造、截切构造、冲刷构造、“竹叶状”构造、“倒小字”构造、叠瓦状构造	砾屑、砂屑、介屑、螺屑	浅湖，强水动力，风暴浪作用	滨 432c 井

灰泥坪：灰泥坪微相形成于滨浅湖的中—低能环境中，主要由泥质及灰质的混合沉积物构成，含少量陆源砂质颗粒，常见介形虫碎片、植物碎片及炭屑顺层展布。主要包括灰泥灰岩、含泥质灰泥灰岩、含粉砂泥质灰泥灰岩等，岩性组合上很容易与藻礁、浅滩等微相区分。测井上表现为中低自然伽马、中高自然电位、中—低声波时差、中等电阻率特征，齿化特征明显(表 4-1；图 4-3b 中滨 53 井)。地震剖面上，灰泥坪主要表现为中低连续—中弱振幅特征(图 4-3a)(刘圣乾等，2023)。

风暴沉积：一般发育一套砾状岩石组合，砾屑含量及砾径的变化范围大，垂向上与灰泥质颗粒灰岩、颗粒质灰泥灰岩及泥质灰泥灰岩共同产出。砾屑较大者通常具有原地或近源搬运成因特征，沉积构造上见典型的搅混构造、“竹叶状”构造、“倒小字”排列、截切构造等，反映强烈的风暴搅动及风暴减弱后的快速堆积作用；成分主要为灰泥灰岩，局部见叠瓦状排列，表明发生短距离搬运。砾屑较小者中常见频繁的侵蚀—冲刷构造，呈多期正粒序沉积旋回，成分上灰泥灰岩及亮晶颗粒灰岩均可出现，为风暴回流作用下浅水沉积物较远距离搬运而成，或风暴诱发的重力流沉积(表 4-1；图 4-3 中滨 432c 井) 。

例如渤海湾盆地歧口凹陷沙河街组一段下亚段湖相碳酸盐岩沉积微相类型多样，根据岩性、沉积构造、测井响应特征、动植物化石以及沉积部位与斜坡折带的相对位置等因素综合研究发现，歧口凹陷湖相碳酸盐岩沉积微相主要有生屑滩、鲕粒滩、混积滩、滩间、碎屑岩沙坝及开阔浅湖等，既有代表水体持续动荡高能环境下发育的沉积微相，如生屑滩、鲕粒滩等，也有

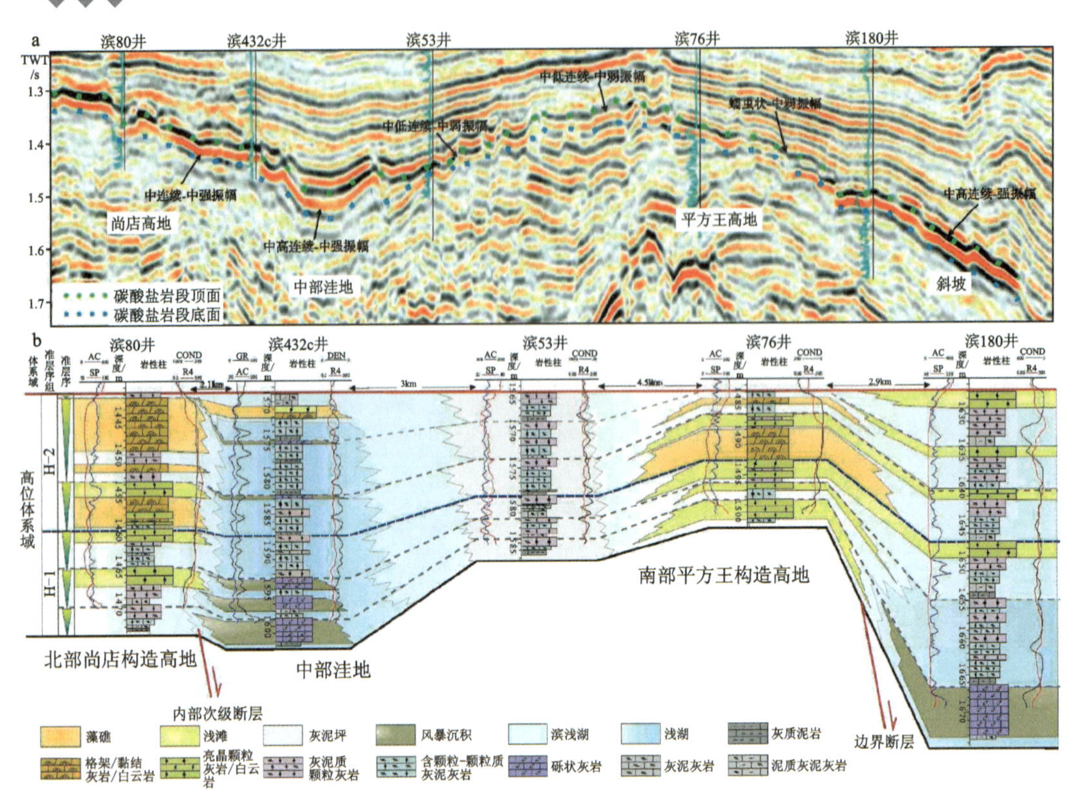

图 4-3　东营凹陷西部沙河街组四段上亚段 NW-SE 向地震解释剖面(a)
及沉积相连井对比(b)(据刘圣乾等,2023)

代表水体安静低能环境下发育的沉积微相(杨有星等,2019)。准噶尔盆地吉木萨尔凹陷芦草沟组湖相碳酸盐岩沉积微相以滩坝为主体,依据岩性可分为以碳酸盐岩为主的滩坝主体、以过渡岩性为主的过渡岩滩坝主体、以碎屑岩为主的碎屑岩滩坝主体,及其依次相对应泥质含量较高的滩坝侧缘沉积、浅湖泥、半深湖—浅湖泥(张亚奇等,2017)。柴达木盆地西部地区下干柴沟组上段湖相碳酸盐岩地层沉积微相以泥灰坪和灰云坪为主,另外发育藻滩和颗粒滩(王建功等,2018)。

四、湖相混积沉积

混积沉积是指陆源碎屑、黏土矿物与碳酸盐碎屑物以组构或互层的方式发生混合作用所形成的沉积物,既包含了广义上由陆源碎屑、黏土矿物和碳酸盐组分组成,以混合、互层、夹层或横向相变等形式存在的交替间互沉积,也包含了狭义上陆源碎屑与碳酸盐组分在同一岩层内混杂的沉积。1984 年,Mount 首次提出了“混合沉积物”的概念,初次定义了同一岩层内陆源碎屑和碳酸盐组分混合沉积现象,而后 Holmes(1983)和 Tirsgaard(1996)等学者进一步推进了混积岩的分类、沉积机制、控制因素、沉积模式等研究,杨朝青和沙庆安(1990)首次在国内提出“混积岩”一词,张雄华(2003)根据江西古生代地层的颗粒粒级和沉积构造特征建立了更系统的分类命名方案,混合沉积的研究从大尺度的地层格架、岩石学研究转向更精细尺度上地层、矿物属性及成因机制的研究。

一般湖相页岩沉积层系主要由细粒碎屑岩和碳酸盐岩构成，具有混积沉积特征。该类细粒混积沉积是由机械搬运的陆源碎屑与生物成因颗粒或化学沉淀颗粒同时沉积并以单层或纹层混合的方式产出，其沉积作用过程包含了物理、化学和生物作用的综合效应的混积沉积。细粒混积沉积广泛分布于海相、陆相地层中，占沉积岩的70%以上（Picard，1971；Macquaker et al.，2003）。

渤海湾盆地是中国东部典型断陷盆地，其湖盆离物源较近且受构造、气候等因素影响显著，同时叠加了微生物间歇发育。细粒混积岩由碳酸盐矿物，石英、长石等长英质矿物和少量黏土矿物组成，可观察到纹层现象频繁出现，以成分混积和结构混积两种形式构成了复杂的混合沉积现象。其中，成分混积是指泥质、灰质和硅质3种成分以不同比例的形式混合沉积在一起，兼具碎屑岩和碳酸盐岩的特点。结构混积是指粉砂级陆源碎屑、自生或蚀变形成的黏土矿物和碳酸盐岩成层性混合，表现出不同尺度的层或纹层结构形式（图4-4）。这主要是由于不同性质的母岩，在不同的化学风化条件下会产生不同比例的粉砂（主要为石英和长石）、泥质（主要为黏土）和溶解物质，决定了湖盆中形成细粒沉积岩的"物质基础"，同时沉积时期气候控制沉积物的供给并调节碳酸盐矿物的沉淀，周期性的气候旋回使细粒混积岩纹层表现出韵律性变化的特点（王勇等，2019）。

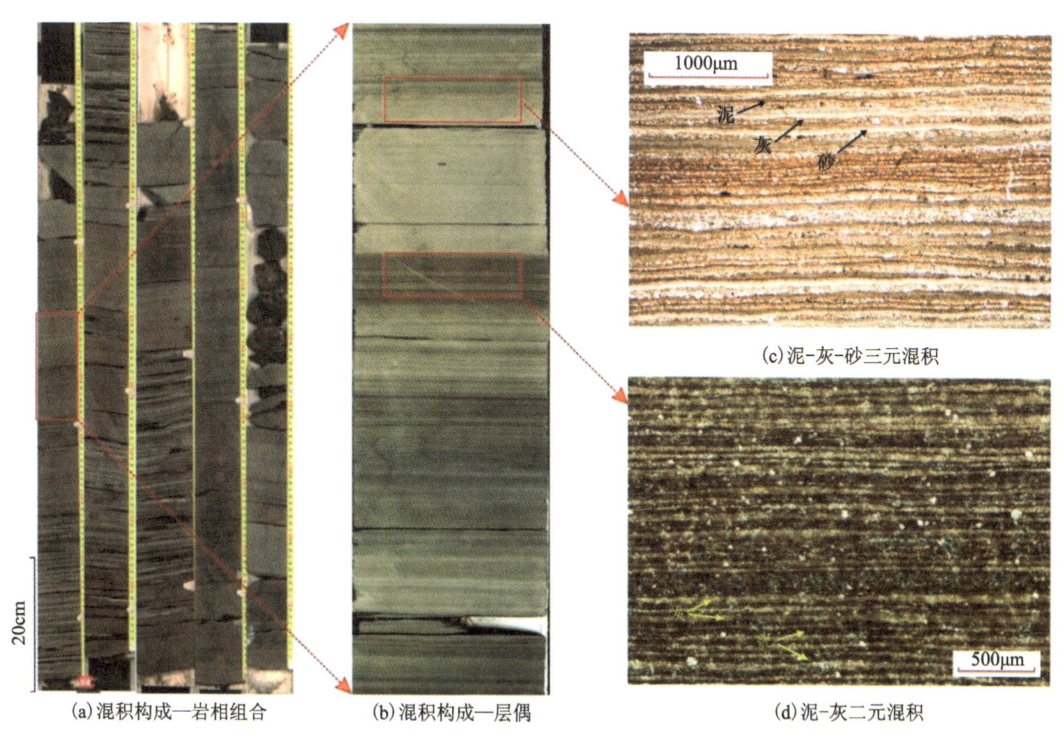

图4-4　渤海湾盆地细粒岩中不同尺度的混合沉积结构特征（据杜学斌等，2020）

湖泊重力流亚相是河流中季节性洪水含有的大量悬浮状态泥砂形成的密度流（图4-5）。在湖盆边缘由于坡度陡，在重力作用下，悬浮的泥沙沿湖底或水下河道流入湖泊中央深水区堆积下来，形成洪水型重力流。此外，湖泊三角洲前缘尚未完全固结的沉积物因受地震或其他构造因素的影响，发生破裂、滑动并与水混合形成密度流，在重力作用下沿斜坡流入湖泊深水区堆积形成滑塌型重力流。湖泊重力流亚相在形态上呈扇状，形成所谓"湖底扇"或"深水浊积扇”，也可呈层状展布或沿深水区沟谷、断凹形成重力流输入的长形堆积体（何幼斌等，2007），在此背景下，易形成夹层型页岩。

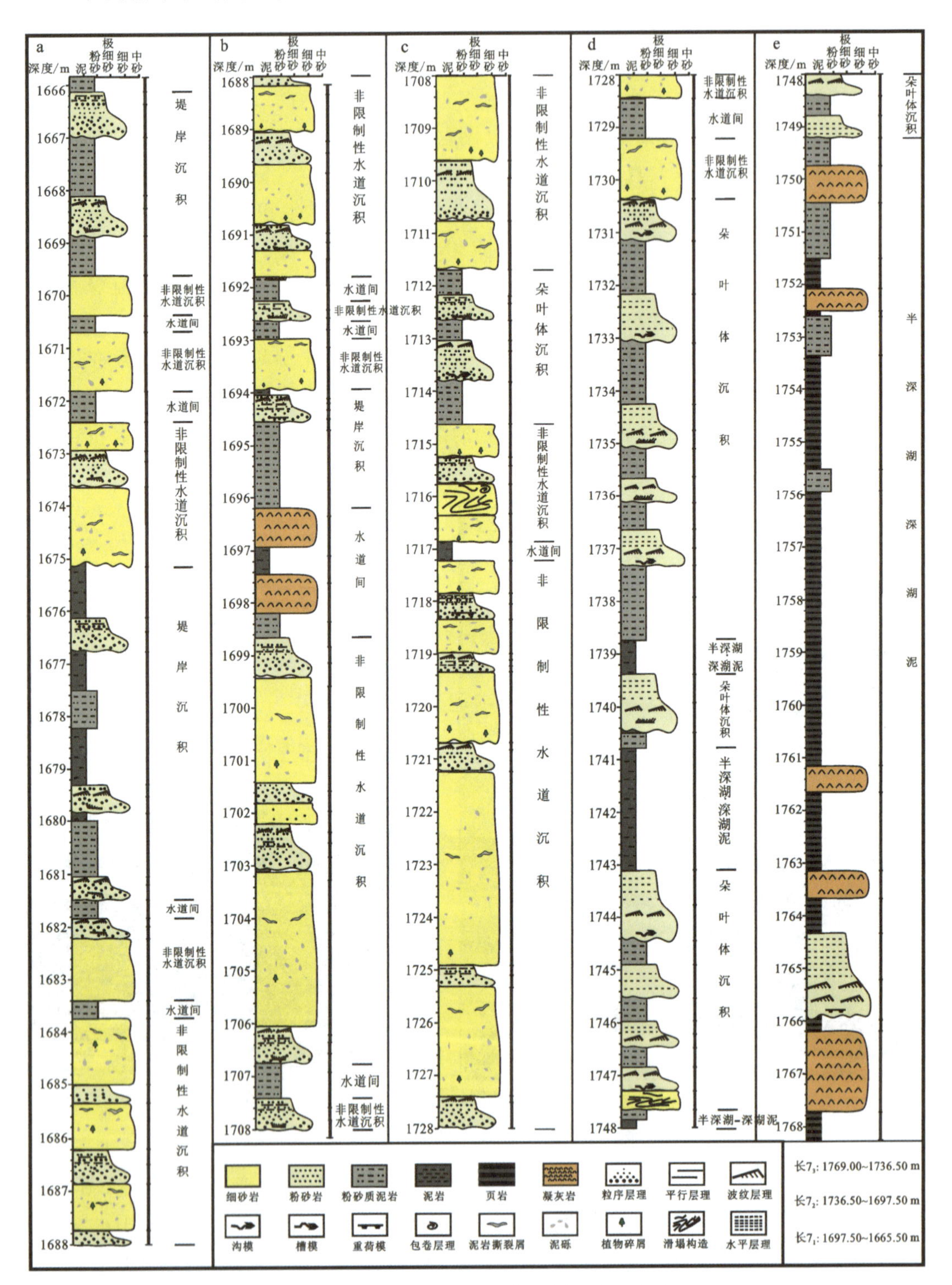

注："长 7_3"指延长组七段三亚段；"长 7_2"指延长组七段二亚段；"长 7_1"指延长组七段一亚段。

图 4-5　鄂尔多斯盆地宁县地区三叠系延长组七段湖盆重力流深水沉积特征（据吕奇奇等，2023）

第二节　页岩岩石学特征

页岩沉积主要发源于湖泊沉积或三角洲前缘中，属于细粒沉积。周立宏(2018)提出了细粒岩油气概念，并将细粒岩划分为细粒长英沉积岩、碳酸盐岩、细粒混合沉积岩。近年来，随着高精度观察技术的发展和细粒沉积模拟实验的开展，细粒沉积岩的多物质来源及多种沉积动力机制已逐渐被证实。根据细粒沉积岩三端元命名法，笔者将页岩划分为长英质页岩、黏土质页岩、碳酸盐质页岩和混合质页岩。根据物质来源与成因机制，页岩可划分为陆源型、内源型、火山-热液型和混源型四大类。根据沉积构造和组构特征，陆相页岩可分为纹层型页岩和夹层型页岩两类。

一、页岩岩石矿物分类

岩石学特征作为页岩的基本研究单元，对页岩油的勘探开发有着重要的指导意义。在微观上页岩岩石学特征包含了沉积矿物的组分、结构和构造，宏观上表现为岩相及其组合，它们共同控制了页岩油的富集和“甜点”的分布。

周立宏等(2020)根据沧东凹陷孔店组二段泥页岩，以及歧口凹陷沙河街组一段和沙河街组三段泥页岩大量测试结果统计发现，受多物源输入的影响，页岩岩石成分复杂，泥页岩由黏土、陆源碎屑、碳酸盐三大主要矿物组成，碳酸盐矿物含量26％～39％，陆源碎屑矿物含量20％～42％，黏土矿物(伊/蒙混层、伊利石)含量16％～29％(图4-6、表4-2)。根据长英质矿物、碳酸盐矿物和黏土矿物三端元岩性命名法则，将长英质矿物含量大于50％的定义为长英质页岩，碳酸盐矿物含量为50％～75％的定义为碳酸盐质页岩，碳酸盐矿物含量大于75％的定义为碳酸盐岩，黏土矿物含量大于50％的定义为黏土质页岩，三端元矿物含量均小于50％的定义为混合质页岩。根据三端元矿物相对含量，混合质页岩可划分为长英质混合页岩(长英质矿物含量为33.3％～50.0％)、碳酸盐质混合页岩(碳酸盐矿物含量为33.3％～50.0％)和黏土质混合页岩(黏土矿物含量为33.3％～50.0％)。根据矿物成分，碳酸盐质页岩可划分为灰质页岩(灰质含量大于白云质含量)和白云质页岩(白云质含量大于灰质含量)。

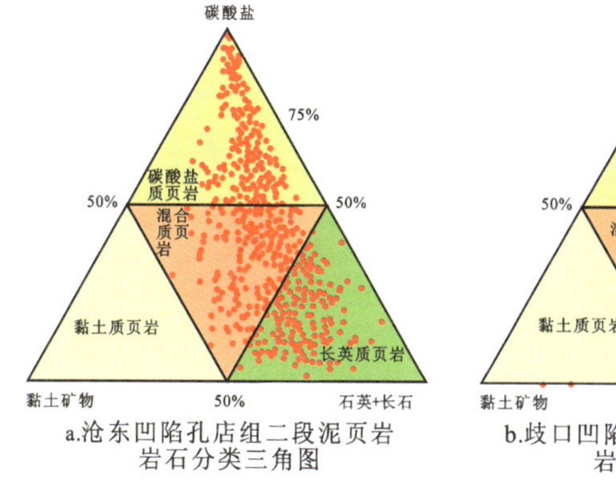

a.沧东凹陷孔店组二段泥页岩岩石分类三角图

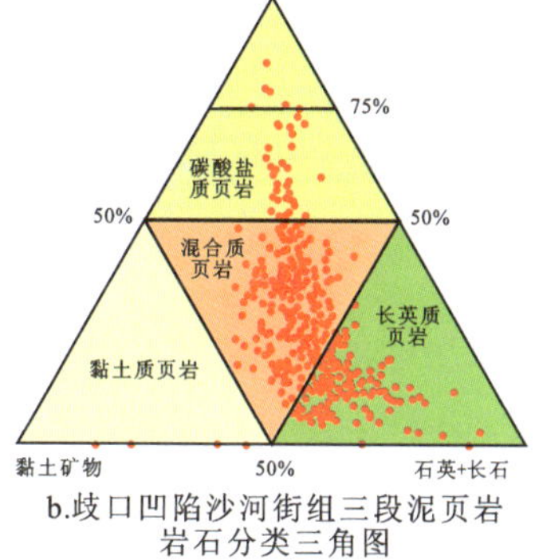

b.歧口凹陷沙河街组三段泥页岩岩石分类三角图

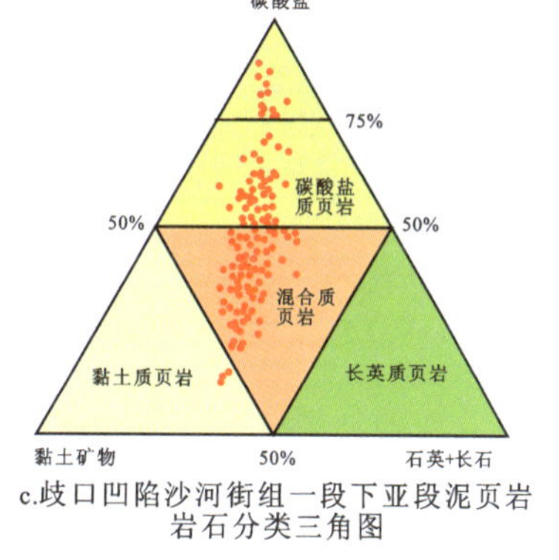

c.歧口凹陷沙河街组一段下亚段泥页岩岩石分类三角图

图4-6　黄骅坳陷泥页岩岩石矿物组合特征

表 4-2 黄骅坳陷泥页岩岩石矿物统计分析表

层位		全岩矿物含量/%									
		长英质矿物			碳酸盐矿物			黏土矿物	其他自生矿物		
		石英	钾长石	斜长石	方解石	白云石	铁白云石	黏土	菱铁矿	黄铁矿	方沸石
沙河街组三段	区间	2.0～35.0	0～30.7		5.0～28.0	0～28.0		7.0～55.0	0～32.0		
	平均值	34.63	7.32		15.80	10.36		26.50	5.50		
沙河街组一段下亚段	区间	2.1～30.4	0～3.3	0～4.8	0～59.2	0～85.3	0～40.4	6.6～51.3	0～32.0	0～30.0	
	平均值	17.84	1.03	2.28	15.75	18.15	5.99	29.06	2.04	3.60	
孔店组二段	区间	1～31	0～16	0～45	0～35	0～81		3～41	0～14	0～8	0～26
	平均值	16	6	12	8	26		16	1	1	14

(一)长英质页岩

以歧口凹陷沙河街组一段的 C54x1 井 77m 芯心和 B22 井 68.34m 岩芯为例，以发育纹层型长英质页岩为主(图 4-7e)，在岩石薄片视域下粒度较细，纹理较为发育，局部可见沿层状分布的粗长英质碎屑，长英质矿物含量达到 60%，纹层型页岩具有相对较高的黏土矿物含量、较低的碳酸盐矿物含量、较高的有机质丰度。这是因为纹层型长英质页岩具有相对较深的水体条件，波浪对研究区影响较小，为湖水盐度较低的还原环境，有机质丰度相对较高。

(二)黏土质页岩

陆源碎屑物质被带入湖盆后，细粒的黏土矿物以弥散悬浮态集中在水体中，当悬浮平衡条件被打破后，粒度较细的黏土矿物以单颗粒形式缓慢沉降，混杂有长英质矿物、碳酸盐和有机质等成分，构成黏土质页岩(陈世悦等，2017)(图 4-7c)。镜下黏土质页岩(图 4-7h)纹理较为发育，碎屑颗粒呈分散状分布，碳酸盐含量相对较低。黏土质页岩沉积受陆源碎屑影响较弱，为还原、淡水—半咸水沉积环境。

(三)碳酸盐质页岩

碳酸盐质页岩主要发育灰质页岩(图 4-7j、图 4-7k)、白云质页岩和混合页岩(图 4-7i)，且纹层发育。碳酸盐纹层呈水平状或波纹状，矿物颗粒以自形晶—半自形晶为主，颗粒间呈镶嵌状接触，具有以结晶沉淀为主的化学沉积特征。碳酸盐纹层中多见有长英质碎屑颗粒，在夏季蒸发条件下，适宜的湖水咸度为藻类勃发提供了条件。藻类在生长过程中，吸收水体中

的 CO_2 对碳酸盐矿物沉淀起到促进作用，间断性的陆源碎屑供给使碳酸盐纹层与长英质碎屑颗粒发生混染现象。由于秋季温度降低，湖水蒸发条件受到抑制，藻类生长受到抑制，碳酸盐沉积作用间断，而当温跃层被破坏后，悬浮黏土矿物及有机质絮凝体逐渐沉降至湖底（陈世悦等，2017），形成富有机质泥质纹层。

白云质页岩（图 4-7l）和白云岩则形成于强蒸发条件。超咸水环境不利于藻类生长，碳酸盐以化学结晶的自形为主，呈块状结构；Mg^{2+} 浓度增加，随着碳酸盐含量增加，白云石化作用越强，Fe^{2+} 浓度降低，铁白云石含量降低，白云石含量增加。

（四）混合质页岩

常见的混合质页岩包括长英质混合页岩（图 4-7b～图 4-7f）、黏土质混合页岩（图 4-7g）和碳酸盐质混合页岩（图 4-7i）。长英质混合页岩主要受陆源碎屑控制，粗碎屑长英质矿物分散于纹层间，且具有一定量的黏土和碳酸盐矿物，主要沉积于受陆源碎屑影响的外围区，且具有一定的咸水条件，夏季碳酸盐纹层发育，秋冬季节主要形成黏土质纹层。黏土质混合页岩发育于受陆源碎屑影响较弱的半深湖区，半咸水还原沉积环境有利于有机质的保存，抑制了碳酸盐矿物的形成。相对于黏土质页岩，黏土质混合页岩的碳酸盐矿物含量有所增加，但遇酸不起泡。碳酸盐质混合页岩发育于咸水-还原沉积环境，碳酸盐矿物占优势，其形成过程与纹层状灰质页岩相似，只是湖水咸度相对较低，长英质和黏土质矿物占比较大。

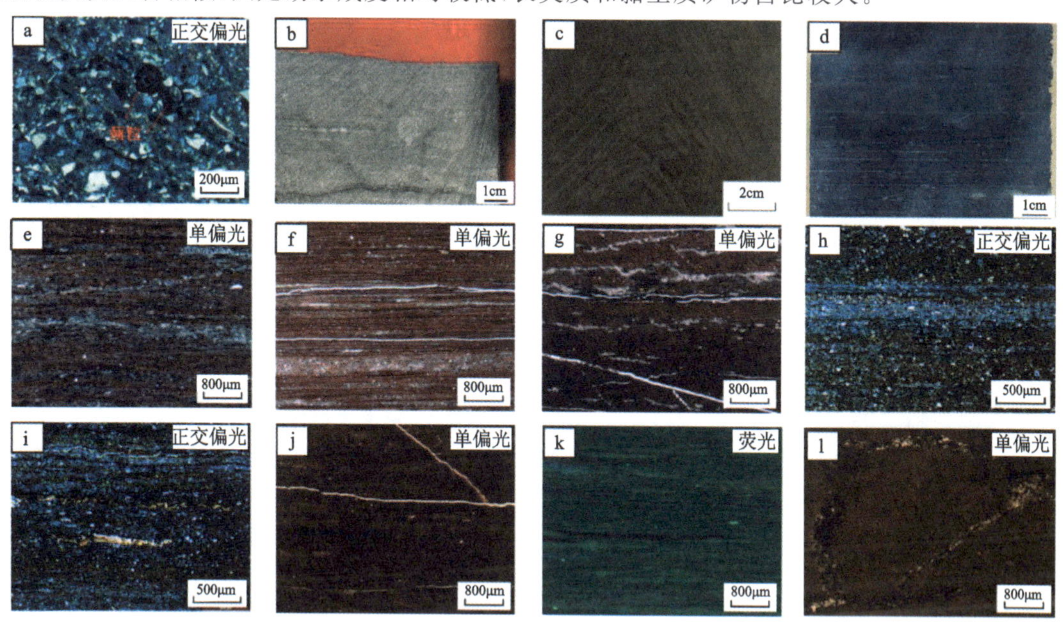

图 4-7　歧口凹陷西南缘沙河街组一段下亚段典型岩性显微特征

（据周立宏等，2020；金之钧等，2023；王勇，2016）

a. 基质型长英质页岩，B22 井 2 632.46m；b. 基质型长英质页岩，J10025 井 3 275.43m，c. 基质型黏土质页岩，D-L69 井 2 922.5m；d. 基质型混合质页岩，古页 3HC 井 2 494.70 m；e. 纹层状长英质页岩，B22 井 2 565.07m；f. 纹层状长英质混合页岩，B22 井 2 580.46m；g. 纹层状黏土质混合页岩，B22 井 2 564.84m；h. 纹层状黏土质页岩，C54×1 井 3169.60m；i. 纹层状碳酸盐质混合页岩，C54×1 井 3 220.25m；j～k. 纹层状灰质页岩，B22 井 2 587.53m；l. 基质型白云质页岩，B22 井 2 605.91m。

二、不同物质来源的页岩特征

不同物质来源直接影响页岩的优势岩矿组合和特性。根据物质来源与成因机制，姜在兴(2023)将页岩划分为陆源型、内源型、火山-热液型和混源型四大类。

(一)陆源型页岩

陆源型页岩主要由陆源碎屑物质组成，当河流搬运的大量碎屑物质以悬浮载荷和底负载形式入湖时，在河口附近可形成高密度浊流沉积，其中一部分细粒碎屑物质(主要是粉砂和泥)则长时间处于悬浮状态，直到扩散至远离河口的深水区逐渐沉积下来。

季节性气候变化对湖泊的物源输入具有一定的控制作用，通常以碎屑型(长英质)/黏土型(黏土矿物和有机质)年纹层模式出现在湖盆细粒沉积岩中。夏季降水量较多，陆源输入作用较强，沉积粉砂含量较高的陆源碎屑纹层；冬季陆源输入作用较弱，沉积以黏土矿物与有机质为主的纹层(图 4-8a、b)。同时，在远离物源区的深水区发育黏土型年纹层，即在垂向上呈现亮暗相间的韵律纹层(图 4-8c)，其形成与湖水的季节性分层有关，在温跃层之间悬浮的细粒物质随着湖水季节性分层发生季节性沉积，夏季温度高，溶解氧量趋于饱和，易沉积亮色黏土纹层，在冬季则沉积富含有机质的暗色黏土纹层。

深水页岩成因机制不是单一的安静水体中的悬浮沉降，还包括底流、重力流以及风暴、地震引起的再沉积作用等事件性触发机制。江汉盆地潜江凹陷始新统潜江组四段下亚段盐间页岩在搬运过程中受底流侵蚀和风暴作用的影响，发育低角度交错层理和低幅度洼状层理(图 4-8d)。渤海湾盆地束鹿凹陷古近系沙河街组三段下亚段陆源细粒物质在沉降过程中以密度流方式进行搬运，形成粉砂级颗粒构成的正粒序纹层(图 4-8e)。已沉积的细粒沉积物在较强水动力的影响下，经过搬运和再沉积作用可形成透镜状纹层(图 4-8f)。

(二)内源型页岩

内源型页岩主要由盆内水体通过生物、生物化学和化学作用沉淀形成的细粒物质组成，包括生物残骸降解而成的微体化石、微生物诱导形成的碳酸盐矿物以及沉积埋藏后受有机质演化影响的物质等。

滨浅湖中，底栖藻类通过分泌胞外黏液捕获、黏结水中的碳酸盐颗粒，从而固结松散的细粒沉积物，同时未钙化的底栖藻类经过溶解、腐烂或干涸后被亮晶方解石充填，从而形成由泥晶方解石组成的藻屑(图 4-9a)、相互包裹的同心纹层和鸟眼构造。

在特定的物理、化学及生物化学条件下，微生物的新陈代谢作用通常可产生碳酸盐、黄铁矿等多种自生矿物，其发育程度与周期性气候变化和水体介质(温度、盐度、营养物质)变化有关，常形成混合质纹层型页岩。以东营凹陷古近系混合质纹层型页岩为例，其泥灰岩中多发育季节型纹泥(图 4-9b)，垂向上呈现三元结构，包括由隐晶方解石组成的亮色纹层、由陆源黏土和少量碎屑颗粒组成的暗色纹层以及有机质富集形成的有机质层。前人研究发现，由于春夏季节气候温暖潮湿，湖泊中的浮游藻类勃发，可通过光合作用提高周围水体的 pH 值，从而营造出有利于方解石析出的环境。随着气候变冷，浮游藻类大量死亡并保存下来形成有机

图 4-8　陆源型页岩典型微观特征(据姜在兴,2023)

a.碎屑型年纹层,垂向上具有二元结构,见由石英和长石组成的陆源碎屑纹层、由黏土矿物和有机质组成的纹层,松辽盆地青山口组一段,G1 井 2 574.92m,正义偏光;b.碎屑型年纹层,陆源长英质矿物组成的纹层与黏土矿物和有机质组成的纹层互层,松辽盆地青山口组一段,YX55 井 2 418.40m,正交偏光;c.黏土型年纹层,夏季亮色纹层与冬季暗色纹层构成的韵律纹层,松辽盆地青山口组一段,YX55 井 2 444.30m,正交偏光;d.低角度交错层理(红色箭头)和低幅度洼状层理(蓝色箭头),潜江凹陷潜江组四段下亚段,BY2 井 3 645.98m,薄片扫描照片;e.正粒序纹层,束鹿凹陷沙河街组三段下亚段,ST3 井 3 808.30m;f.透镜状纹层,束鹿凹陷沙河街组三段下亚段,ST3 井 3 811.92m。

质纹层。秋冬季节寒冷干燥,物源区风化作用增强,有利于形成陆源碎屑型纹层。

沉积后有机质埋藏阶段,盆内生物诱导成因的泥晶方解石发生晶体连结形成微亮晶方解石,且有机质黏土纹层与微亮晶方解石纹层紧邻(图 4-9c),晶体表面发育微孔(图 4-9d),其孔洞的形成可能与有机质降解作用有关。中成岩阶段,干酪根生烃过程中产生大量有机酸,可溶蚀原先沉积的方解石,后者经重结晶作用可形成柱状或马牙状亮晶方解石(图 4-9e、f)。

(三)火山-热液型页岩

火山-热液型页岩主要由火山喷发产生的大量火山碎屑物质及湖底热液喷流形成的化学沉淀物质所组成,在特殊情况下还包括喷发作用形成的深源晶体碎屑物质。火山及热液活动不仅可以为盆地提供大量的细粒物质,同时还能提高局部水体的温度、CO_2和营养物质的含量,从而促进藻类和细菌等的大量繁殖。

火山喷发产生的火山碎屑物质可以通过碎屑流、异重流和异轻流等方式进入湖盆中沉积下来从而形成凝灰质纹层型页岩。松辽盆地南部梨树断陷白垩系沙河子组二段下亚段暗色泥页岩中可见大量凝灰岩夹层(图 4-10a),厚度通常可达 1～5cm,呈相对均一的块状构造,主要由颗粒直径小于 0.01mm 的火山尘组成,具有隐晶质结构,为远火山口细粒火山灰悬浮沉降而成(图 4-10b)。鄂尔多斯盆地三叠系延长组七段页岩可见大量薄层状—纹层状凝灰岩,其凝灰物质为中—酸性火山灰喷发的产物,以石英和长石晶屑为主,镜下可见粒序层理(图 4-10c),指示火山组分以浊流形式搬运至湖盆内沉积。

图 4-9　内源型页岩典型微观特征(据姜在兴,2023)

a.泥晶方解石构成的藻屑,底栖微生物的捕获和黏结作用,沾化凹陷沙河街组三段下亚段,L69 井 3 134.47m;b.季节型韵律纹层,垂向上呈现三元结构,由下向上依次发育隐晶方解石纹层(层 1)、有机质层(层 2)、黏土层(层 3),东营凹陷沙河街组四段上亚段,NY1 井 3 420.90m;c.微亮晶方解石纹层夹富有机质纹层,梨树断陷沙河子组二段下亚段,SN167-9 井 3 135.70m,正交偏光;d.微亮晶方解石晶体内发育微孔(红色箭头),视域见图(c)方框,梨树断陷沙河子组二段下亚段,SN167-9 井 3 135.70m,扫描电镜;e.柱状亮晶方解石纹层,东营凹陷沙河街组四段上亚段,NY1 井 3 464.89m;f.马牙状亮晶方解石层,东营凹陷沙河街组三段下亚段,FY1 井 3 165.65 m,正交偏光。

火山碎屑物质的输入含量对有机质富集具有一定的影响。大量火山灰的输入会引发火山毒化作用,不利于藻类的勃发,降低表层水初级生产力,不利于有机质的富集;过少的火山灰输入又不足以释放充足的营养物质来促进藻类的繁殖。

随着现代海底探测技术的不断进步,大量学者在大洋底部发现了来自地幔的热液喷流通道及其形成的“黑烟囱”“白烟囱”和靠化学自养的生物群落。准噶尔盆地吉木萨尔凹陷芦草沟组湖相黑色页岩中,发现大量“斑状”方解石颗粒的纹层(图 4-10d～f),研究者认为这套岩石的矿物颗粒来自地球内部不同深度、不同性质的高密度岩浆-热液物质碎屑流体。

(四)混源型页岩

混源型页岩是指由机械搬运的陆源碎屑、盆内生物成因的自生矿物及火山-热液作用带来的深源物质以不同比例与组合的形式构成的页岩,其单一物质来源的矿物组分含量均不超过 50%。相较于单物源控制形成的单一型页岩,混源型页岩的物质组成更加复杂,反映出其沉积环境和沉积动力的多元性。多种来源的物质组分可以相互组合沉积,彼此间相互促进、相互制约,如陆源或深源物质的输入可以为湖盆注入大量营养物质,从而为内源型页岩的发育提供物质保障;湖底热液注入可提高周围水体的盐度,导致缺氧—厌氧环境的形成,有利于湖底厌氧生物的发育和陆源或内源悬浮细粒沉积物的保存。渤海湾盆地东营凹陷沙河街组四段上亚段纯上次亚段发育由陆源碎屑与生物成因颗粒或化学沉淀颗粒组成的混源型页岩,垂向上表现为由砂质-灰质-泥质构成的三元结构或泥质-灰质构成的二元结构(图 4-11a、b)。中国多个陆相盆地中也发现有该类多物源组合现象,如南襄盆地核桃园组三段中普遍发育由

图 4-10　火山-热液型页岩典型微观特征

a. 凝灰岩，块状构造，松辽盆地梨树断陷沙河子组二段下亚段，SN167-9 井 3 138.19m；b. 细粒凝灰岩，具有隐晶质结构，松辽盆地梨树断陷沙河子组二段下亚段，SN167-9 井 3 138.19m，正交偏光；c. 正粒序火山碎屑沉积，鄂尔多斯盆地延长组七段，瑶页 1 井 236.50m；d. "斑状"暗色细粒沉积岩，"斑状"团块呈纺锤状或断续条带状等不规则形态分散于深灰色基质之中，吉木萨尔凹陷芦草沟组，J251 井 3 787.11m；e. "斑状"方解石层，具有正粒序特征，吉木萨尔凹陷芦草沟组，J32 井 3 733.20m，薄片扫描照片；f. 方解石多呈半自形—他形粒状，晶内见不规则裂隙，吉木萨尔凹陷芦草沟组，J32 井 3 733.20m。

陆源碎屑纹层与内源方解石纹层叠置构成的混源型页岩（图 4-11c），滦平盆地白垩系西瓜园组发育火山碎屑与内源白云石矿物在纹层尺度内频繁互层形成的混源型页岩（图 4-11d）。

在浊流、风暴等事件性沉积作用的驱动下，湖盆内的陆源物质、内源物质可经过再悬浮、再搬运和再沉积形成混源型页岩。松辽盆地白垩系青山口组中可见由陆源碎屑矿物与内源介形虫碎片混杂堆积而成的页岩（图 4-11e、f），分析认为其为重力流驱动下，陆源碎屑矿物向湖盆搬运的过程中，将湖水中生存的介形虫卷入并一起搬运、再沉积而成。

三、不同类型页岩发育特征

根据沉积构造和组构特征，笔者将陆相页岩划分为纹层型页岩和夹层型页岩两类。

（一）纹层型页岩

纹层型页岩主要沉积于静水条件下的半深湖—浅湖盆内沉积环境和前三角洲沉积环境。纹层型页岩为毫米—厘米级具有纹层结构的粉—细砂岩和泥页岩的复合体。据研究统计，纹层发育的页岩含油气和产油气的效果远优于纹层欠发育的泥岩（金之钧等，2023）。纹层（Lamina）是指沉积物或沉积岩中可分辨的最小或最薄的原始沉积层，是组成层理的最小单元，通常是由不同的沉积物、矿物质和有机质在地质时间尺度上堆积形成，不同层之间具有不同的厚度、矿物组成，强调沉积过程中形成的垂向差异（刘国恒等，2015；朱如凯等，2022）。纹层型页岩形成于季节性气候变化的分层水体，发育碳酸盐纹层、长英质纹层和有机质纹层-黏土纹层的三元结构（王冠民，2012）。纹层型页岩在我国各大盆地都有所发育，如渤海湾盆地

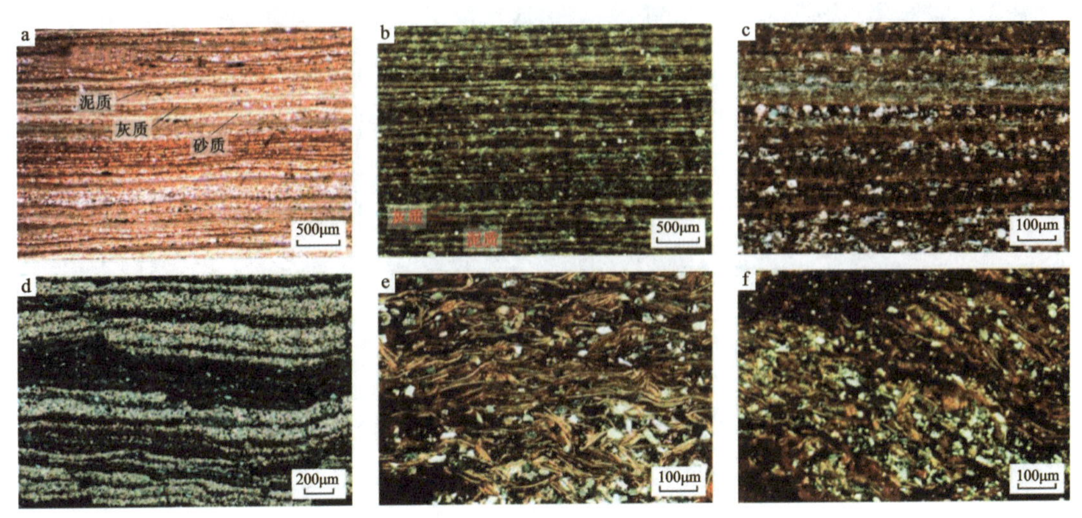

图 4-11 混源型页岩典型微观特征(据姜在兴,2023)

a. 陆源碎屑与内源方解石混积(79),垂向上呈砂质-灰质-泥质三元结构,东营凹陷沙河街组四段上亚段,NY1 井 3 410.37m;b. 陆源碎屑(暗色)与内源方解石(亮色)混积(79),垂向上呈泥质-灰质二元结构,东营凹陷沙河街组四段上亚段,NY1 井 3 410.40m;c. 陆源碎屑纹层与内源方解石纹层互层(55),泌阳凹陷核桃园组三段,BY1 井 2 421.60m;d. 火山碎屑纹层与内源方解石纹层互层(81),滦平盆地西瓜园组,LY1 井 1 241.40m,正交偏光;e. 陆源碎屑矿物与内源介形虫碎片混积,矿物杂乱堆积,松辽盆地青山口组一段,G1 井 2 528.42m;f. 陆源碎屑矿物与内源介形虫碎片混积,松辽盆地青山口组一段,G1 井 2 574.28m。

沙河街组和孔店组、鄂尔多斯盆地延长组七段、准噶尔盆地风城组、柴达木盆地柴沟组等均发育纹层型页岩储层。

按照长石+石英(长英质)矿物、黏土矿物和碳酸盐矿物为 3 个基本端元的分类方案,以矿物含量 50 %为限来确定纹层岩石学类型,同时将 3 种组分含量均超过 50%的中间区域命名为混合质类型,将纹层岩石学特征划分为黏土质、长英质、碳酸盐质和混合质 4 种基本类型。纹层型页岩正是由其中几者组成,具韵律性,可以反映沉积时期气候水文、陆源供给的周期性变化。

长英质纹层(图 4-12):长英质纹层中石英长石类矿物含量大于 50%,黏土矿物含量略少,碳酸盐矿物仅作为后期胶结、交代作用的产物出现,脆性矿物含量较高,有机质含量一般较低,岩芯多呈灰黑色,纹层密度大。在早期的压实过程中,差异性分布的石英颗粒可以发生定向排列,并使原始沉积的纹层复杂化,可以形成断续纹层状页岩。该纹层一般与黏土质纹层呈互层状分布,页岩有机质含量偏低,岩石颜色偏浅,呈丝缕状或条带状不均匀分布于黏土矿物中。

黏土质纹层(图 4-13):黏土质纹层中黏土矿物含量大于 50%,长英质矿物和碳酸盐矿物次之,含少量黄铁矿、硬石膏等矿物,岩芯呈黑色,富含有机质。该纹层一般形成于水深较大、水体安静、缺乏生物扰动及碎屑供应的深湖—半深湖环境中。由于细粒碎屑物质供给不足、钙镁离子沉淀及生物堆积等过程的交互作用,可能形成页岩中有机质薄互层状赋存,与泥晶白云石层状间互的现象,纹层平直状,显水平层理和韵律层理。

4 377.45～4 377.55m，互层发育

4 380.57～4 380.67m，韵律层发育

4 379.23～4 379.33m，韵律层发育

3 895.95m，混合质页岩

3 983.16m，长英质页岩

3 988.72m，长英质页岩
纹层发育，见微裂缝

图 4-12　房 39x1(原)井沙河街组三段一亚段泥页岩岩芯及薄片照片

碳酸盐质纹层(图 4-14)：碳酸盐质纹层中白云石(方解石)含量超过 50%，矿物组成主要为方解石、白云石、黏土矿物、长英质、黄铁矿，部分含硬石膏。方解石和白云石多为泥晶或粉晶形态，呈镶嵌状分布。纹层质纯，纹层界限突变，主要形成于碳酸盐含量较高的半深湖—深湖沉积环境中，由于细粒碎屑物质供应不充分、钙镁离子沉淀及生物堆积等过程的交互作用，会形成页岩中碳酸盐质纹层与有机质纹层间互发育的情况。

混合质纹层：混合质纹层中主要成分为黏土矿物、陆源碎屑、碳酸盐矿物及少量其他类型矿物，其中长英质、黏土质、碳酸盐矿物成分均未超过 50%。

(二)夹层型页岩

夹层型页岩主要沉积于有陆源碎屑输入沉积和内生碳酸盐沉积的湖盆沉积的湖泊三角洲前缘或前三角洲环境中。夹层型页岩以富含有机质泥页岩夹多期块状砂体、碳酸盐岩等为特征，单夹层厚度一般小于 10m(付金华,2023)。相较于纹层型页岩层段，夹层型页岩中的粉砂质泥岩、粉砂岩、粉细砂岩、碳酸盐岩以及火山岩类等夹层的孔隙度和渗透率等物性条件较

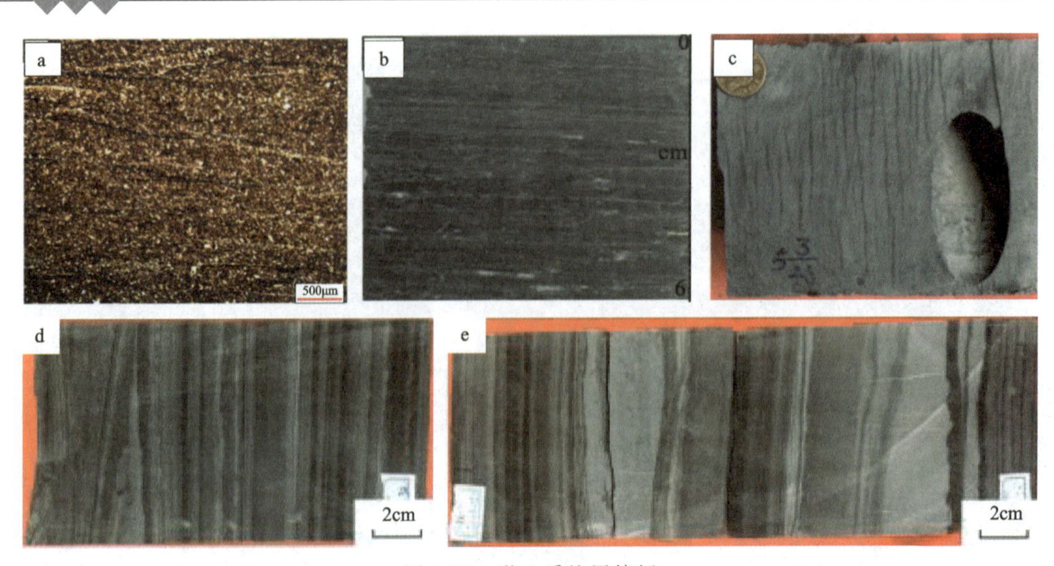

图 4-13 黏土质纹层特征

a. 松辽盆地青山口组，埋深 2 324.24m，镜下（庞小娇等，2023）；b. 松辽盆地青山口组，埋深 2 508.4m，岩芯（庞小娇等，2023）；c. 四川盆地中下侏罗统，岩芯（刘忠宝等，2019）；d. 歧口凹陷，埋深 5 222.58m，深灰色黏土质纹层页岩；e. 歧口凹陷，埋深 5 223.08，黏土质纹层页岩与长英质纹层页岩互层（周立宏等，2021）。

图 4-14 碳酸盐质纹层特征

a. 渤海湾盆地沙河街组，埋深 2 576.8m，镜下（宁方兴，2015）；b. 柴达木盆地干柴沟组，埋深 2 807.44m，岩芯（崔俊等，2023）；c. 渤海湾盆地沙河街组，埋深 3 346.5m，岩芯（王勇等，2016）；d. 灰质泥页岩，Z64 井，2 602.39m，正交偏光；e. 灰质泥页岩，Q106 井，2 262.04 m，正交偏光（周立宏等，2019）。

好，且夹层的岩性较脆，易于进行储层改造，形成页岩油流（张金川等，2012）。夹层型页岩一般形成于湿润气候下的强物源供给环境（邓远等，2020）。夹层一般是指富有机质泥页岩层段所夹杂的贫有机质条带。我国夹层型页岩分布较广，在渤海湾盆地沙河街组和孔店组、鄂尔多斯盆地延长组七段、苏北盆地阜宁组二段和四段等均有发育。

夹层型页岩通常是三角洲前缘或重力流的产物，夹层中的矿物成分随碎屑物质输入变化而变化。依据夹层的矿物组合特征，分为砂岩型夹层页岩和碳酸盐岩型夹层页岩。

砂岩型夹层页岩(图 4-15)：砂地比一般大于 20%，含少量碳酸盐质及黏土质成分，主要体现为块状粉砂岩或砂岩特征，颗粒分选差，混杂内碎屑，底部具有冲刷特征，通常属于深水浊积岩体系沉积。受湖盆沉积特征影响，发生胶结作用而含少量方解石、硬石膏成分。

图 4-15　砂岩型夹层页岩

a. 长英质夹层型，N228 井，延长组七段一、二亚段，鄂尔多斯盆地，泥页岩夹块状细砂岩，延长组七段(付金华等，2023)；b. 块状层理细砂岩，N228 井，延长组七段二亚段，1 720.60m(辛红刚等，2023)；c. N228 井，延长组七段一、二亚段，1 720.25 m，由长石、石英颗粒、黏土杂基和少量碳酸盐矿物组成，单偏光(辛红刚等，2023)。

碳酸盐岩型夹层页岩(图 4-16)：夹层中方解石与白云石等碳酸盐矿物占比超过 50%，含少量泥质成分与隐晶方解石、白云石相混，介形虫、炭屑等有机组分呈条带状或不连续层状分布显示层理。据统计，超过 60%的碳酸盐质夹层型页岩油出自白云岩储层，这可能与白云石化过程中形成的大量白云石晶间孔和白云石颗粒边缘孔有关，其改善了白云岩的储集性能(宁方兴，2015)。碳酸盐岩型夹层页岩受后期交代、溶蚀成岩作用的影响，发育大量方解石溶蚀孔、白云石粒间孔。

图 4-16　碳酸盐岩型夹层页岩(据宋明水等，2020)

a. L69 井，3 055.60m，方解石溶孔见沥青，单偏光；b. L69 井，3 132.65m，白云石晶间孔发育，扫描电镜；c. JYC1 井，3 370.80m，碎屑粒间孔，黏土矿物充填，扫描电镜；d. JYC1 井，3 580.40～3 581.40m，细砂岩发蓝色荧光，泥质粉砂岩发黄色荧光，页岩荧光显示不明显，白光荧光照射；e. JYC1 井，3 580.40～3 581.40m，岩芯照片。

另外前人也根据页岩有机质含量对陆相页岩岩石学类型进行了划分，如姜在兴（2013）以TOC含量2%和4%为界限将页岩划分为低、中、高有机质页岩；王勇等（2019）以TOC含量2%为界限将页岩划分为贫有机质页岩与富有机质页岩；金之钧等（2021）根据有机质含量将陆相页岩划分为差（TOC<1%）、中（1%≤TOC≤2%）、好（TOC>2%）3类。大量数据统计显示，页岩TOC<2%为无效储层，经压裂改造也基本不产油。

第三节　页岩沉积发育模式

页岩主要发育于三角洲前缘或是湖泊中心。根据控制沉积的因素，页岩的沉积发育模式主要可划分为3类：一是以湖盆古环境重建的，以不同岩石类型空间分布规律为核心的“细粒沉积岩相分布模式”；二是以建立与常规体系统一的“源—汇”系统为目的，以形成过程、机制响应恢复为核心的“细粒沉积成因模式”；三是以陆源条件、氧化-还原条件和古盐度条件以及岩性与旋回变化之间响应关系为核心的“细粒沉积岩沉积模式”。

杜学斌等（2020）在不考虑重力流等事件性沉积的条件下，基于岩相和沉积环境耦合的细粒沉积模式，总结了中国东部陆相盆地细粒混积相带分布模式（图4-17）。横向上具有明显的分带性，包括陆坡混合带、湖心混合带、缓坡混合带和碳酸盐礁滩带，不同岩相类型的细粒沉积岩在平面上呈环带分布。湖心区由于受陆源影响小，多发育纹层状的灰-泥二元混积；靠近湖心区的缓坡内带和陆坡内带，多为层状砂-灰-泥三元混积相；外带由于远离湖心，受外源输入影响大，靠陆一边多以块状粉砂质泥岩为主，靠台地一侧则以层状灰-泥二元混积为主。此沉积模式同样可以用于陆源碎屑湖盆，即浅水近岸斜坡处以粉砂质泥岩和暗色泥岩组合为

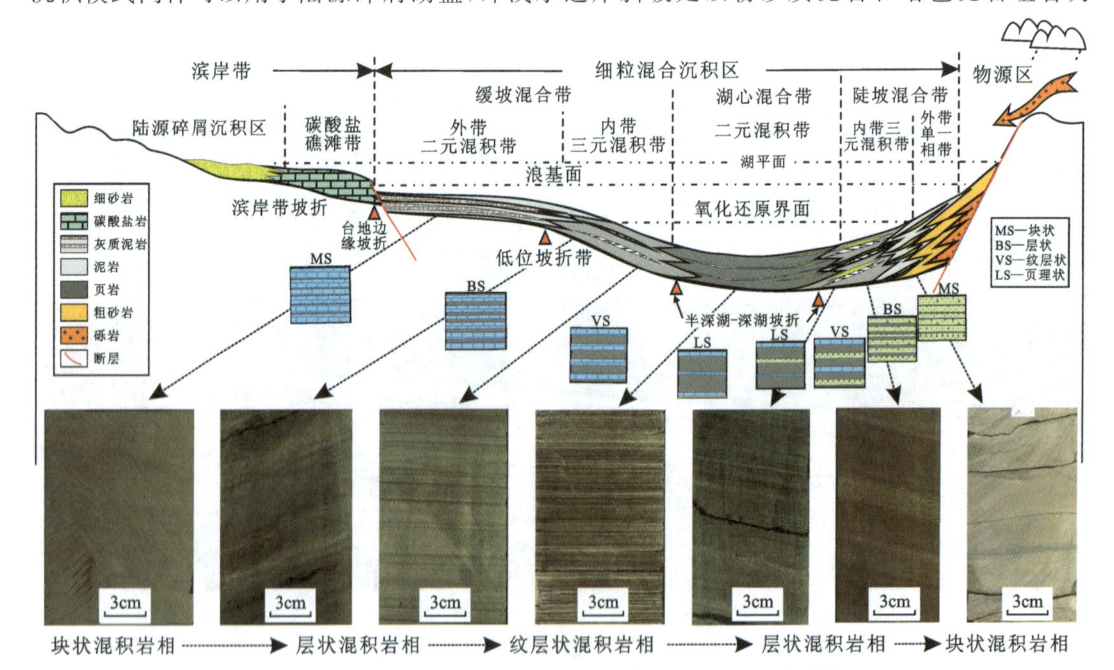

图4-17　中国东部陆相盆地细粒混积相带分布模式（据杜学斌等，2020）

主,深湖则多见暗色富有机质页岩,泥岩与页岩的分布范围基本不重合,平面上呈互补式分布。垂向上,岩相类型及组合方式主要受沉积环境的演化过程控制,若湖盆水体萎缩变浅,湖盆逐渐充填,湖相细粒沉积岩中粉砂纹层出现频率会逐渐升高,岩相组合将呈现由富有机质页岩岩相向暗色泥岩岩相、粉砂质泥岩岩相,甚至是粉砂岩岩相过渡的特征(王鑫悦等,2023)。

依据沉积作用类型与盆地内细粒沉积的岩石组分、有机质丰度、沉积构造,对东营凹陷沙河街组四段上亚段细粒沉积体系进行了陡坡和缓坡的两个不同沉积环境分区和浅湖—半深湖—深湖的成因空间分区(图 4-18a)。陆相湖盆湖侵作用形成的碎屑型细粒沉积岩成因模式如图 4-18b 所示。洪水期陆源注入的碎屑物质进入湖盆后形成半固结的泥床,并在后期风暴及波浪的作用下被反复改造再次悬浮后,经混合流搬运沿湖底运输,与经悬浮羽流搬运和由枯水期河流、风浪作用搬运而来的沉积物一道进入湖盆中心并发生沉积(刘惠民等,2020;王鑫锐等,2023)。

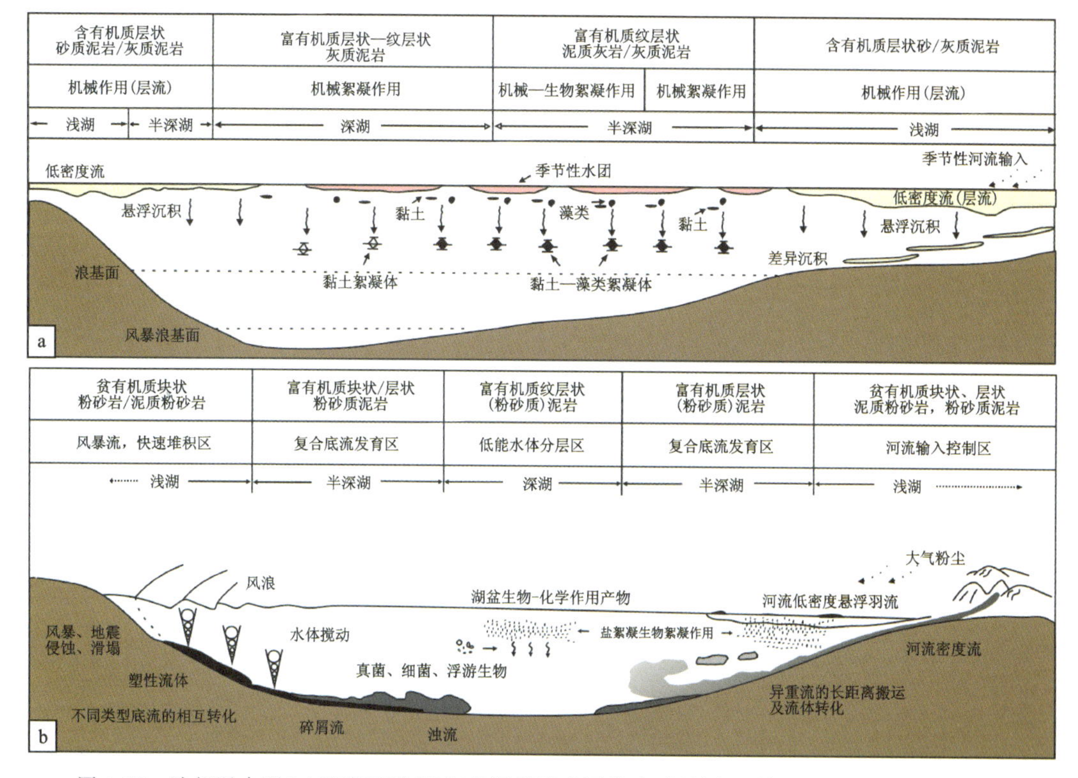

图 4-18　陆相混合型(a)及碎屑型(b)细粒沉积岩成因模式(据刘惠民等,2020;王鑫锐等,2023)

周立宏等(2020)通过陆源条件、氧化-还原条件和古盐度条件,总结分析各岩性沉积环境,进一步根据岩性与旋回变化之间的响应关系,总结细粒沉积岩沉积模式。

温暖潮湿气候下,雨水充沛,源岩区遭受风化作用强烈,河流携带碎屑物质汇聚到湖盆内,在入湖处形成(扇)三角洲前缘相,宽缓地质背景下,部分碎屑物质受沿岸流和湖浪的改造作用,形成砂质滩坝,受物源影响较小的高能湖岸带则发育鲕粒滩,整体上滨岸带以分选、磨圆较好的滩坝和鲕粒灰岩沉积为主(图 4-19a)。间歇性洪水或风暴作用携带分选、磨圆较差的陆源碎屑物质,强水动力条件卷起滨岸沉积物,二者混合后形成重力流体向湖盆中部搬运,向湖盆中部方向，混合流体能量逐渐降低，在滨浅湖带混杂的粗碎屑颗粒夹杂有少量细碎屑和黏土矿物形成薄片视域下层理不发育的块状长英质页岩。黏土矿物颗粒及部分细碎屑颗粒能够被带到半深湖区，沉积物粒度较细，碎屑颗粒能在水体中保持较长的时间，形成的长英质页岩具有纹理较为发育、局部可见向上粒度变细的递变层理。粒度更细的长英质矿物和黏土矿物则被带进湖盆更深处，随着搬运距离的增加，长英质矿物含量逐渐降低，黏土质矿物含量逐渐增高，岩性则由长英质页岩向长英质混合页岩、黏土质混合页岩、黏土质页岩过渡。

炎热干旱气候下，降雨量减少，源岩区遭受风化剥蚀作用减弱，河流所能携带的碎屑物质减少，湖水蒸发量大于汇入量，湖平面进入下降周期，湖水中 Ca^{2+}、Mg^{2+} 浓度逐渐增加，湖盆进入咸化期。在一定咸度范围内，藻类勃发而大量消耗水体中的 CO_2，在生物、化学共同沉积作用下产生方解石和文石纹层。经过持续蒸发作用，湖平面进一步下降，湖水逐渐演变成超咸水，不再利于藻类和生物生长，此时以化学沉积作用的碳酸盐沉积为主(图 4-19b)。在重力作用下，富 Mg^{2+} 超咸水沿湖底向盆内运移，形成稳定湖水盐度分层带：①垂向上，由上至下湖水盐度呈变高趋势；②平面上，由湖盆边缘向湖盆中心方向，湖水盐度呈降低趋势。低凸起的存在阻碍了高密度咸水向歧口主凹运移，使湖湾底部能够一直保持较为稳定的咸水环境。

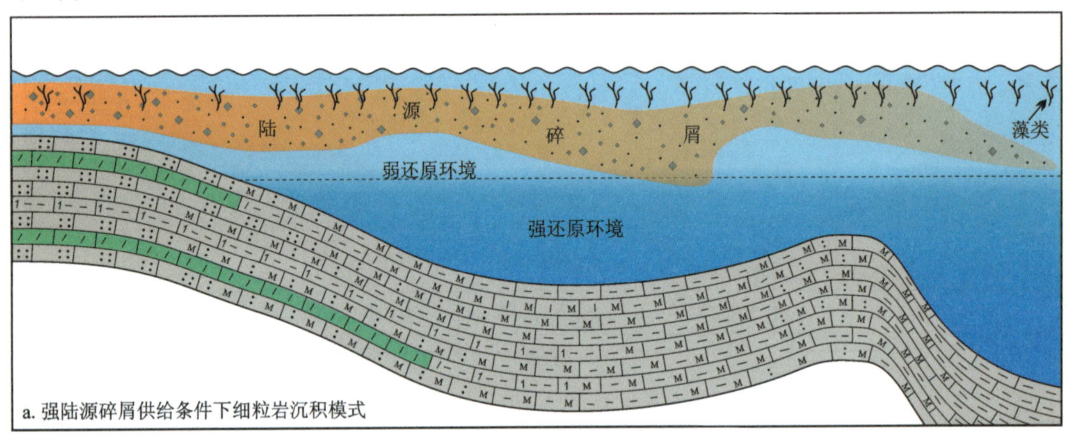

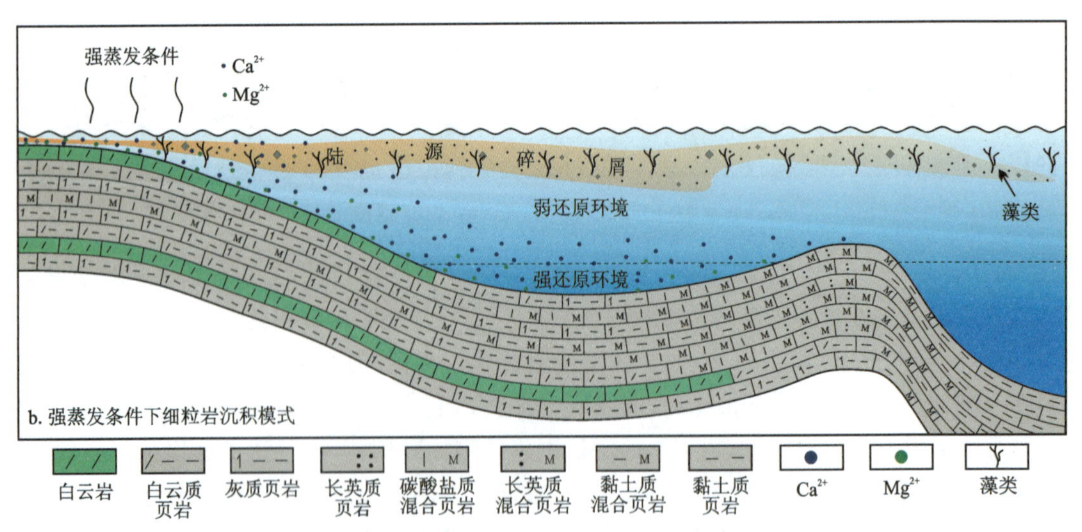

图 4-19　歧口凹陷西南缘沙河街组一段下亚段细粒岩沉积模式(据周立宏等，2020)

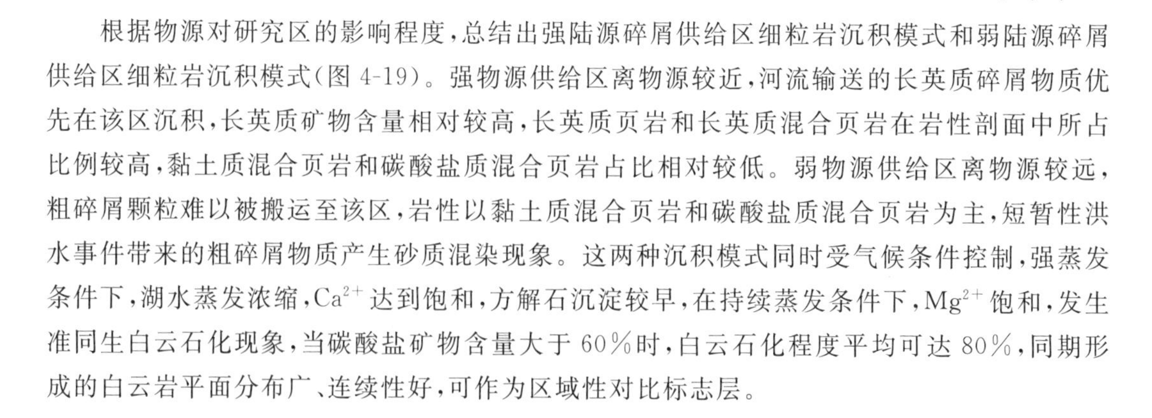

根据物源对研究区的影响程度，总结出强陆源碎屑供给区细粒岩沉积模式和弱陆源碎屑供给区细粒岩沉积模式（图4-19）。强物源供给区离物源较近，河流输送的长英质碎屑物质优先在该区沉积，长英质矿物含量相对较高，长英质页岩和长英质混合页岩在岩性剖面中所占比例较高，黏土质混合页岩和碳酸盐质混合页岩占比相对较低。弱物源供给区离物源较远，粗碎屑颗粒难以被搬运至该区，岩性以黏土质混合页岩和碳酸盐质混合页岩为主，短暂性洪水事件带来的粗碎屑物质产生砂质混染现象。这两种沉积模式同时受气候条件控制，强蒸发条件下，湖水蒸发浓缩，Ca^{2+}达到饱和，方解石沉淀较早，在持续蒸发条件下，Mg^{2+}饱和，发生准同生白云石化现象，当碳酸盐矿物含量大于60%时，白云石化程度平均可达80%，同期形成的白云岩平面分布广、连续性好，可作为区域性对比标志层。

第五章　页岩有机地球化学特征

地球化学特征研究在页岩油气勘探开发中具有重要意义。通过对页岩地球化学特征的深入了解,可以揭示页岩中有机质的丰度、类型(母质来源)、成熟度及沉积环境,为评估页岩油气潜力提供重要线索,并追踪油气的生成过程,为勘探提供关键信息。此外,页岩地球化学特征的研究还能揭示页岩的物理化学性质,为生产技术的选择提供依据。

第一节　干酪根的地球化学

一、干酪根的概念

干酪根指不溶于非氧化性的酸、碱和有机溶剂的沉积岩中的分散有机质(Hunt,1979)。王启军等(1988)提出的定义中则去掉了 Hunt 定义中的“分散有机质”,而是定义成“一切有机质”。卢双舫等(2008)在前人研究的基础上,定义干酪根为“一切不溶于常用有机溶剂的沉积岩中的有机质”,将干酪根限定在沉积岩中。干酪根是地球上有机碳最重要的存在形式,是沉积有机质中分布最广泛、数量最多的一类。在古代非储集岩中,比如页岩和细粒碳酸盐岩,干酪根占总有机质的80%~99%,其余则是沥青(图5-1)。沉积岩中分散状态的干酪根是富集状态煤和储集层中石油含量之和的1000倍,是非储集层中的沥青和其他分散石油之和的50倍(Hunt,1979)。

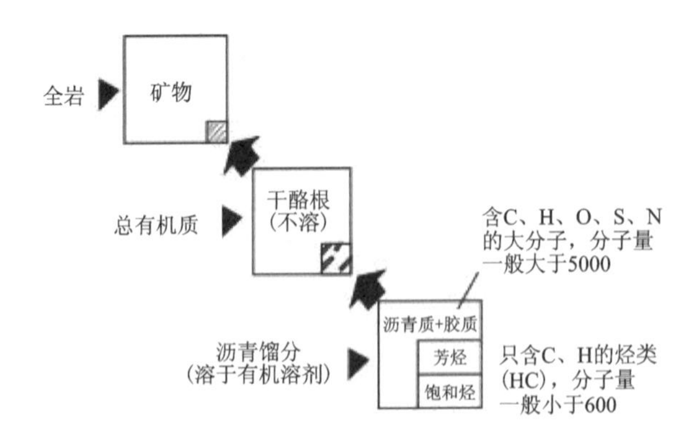

图5-1　古代沉积岩中分散有机质的组成(据 Tissot,1984)

二、显微组分鉴定

显微组分是光学显微镜尺度下研究成烃作用的最基本物质单元。每一种显微组分由于生物母质和沉积环境的不同，其化学组成与化学性质各不相同，主要体现在热稳定性与生烃活化能的差别上，从而决定了各自的生油门限和演化范围。有机质成烃规律在很大程度上受控于其有机显微组分的组成，自然界不同类型的富有机质沉积岩一般由数种不同类型显微组分按不同的比例混合而成，各种显微组分生烃贡献的叠合决定烃源岩的生烃模式及潜力。

富有机质页岩的有机显微组分包括腐泥组、壳质组、镜质组和惰质组四大类(表 5-1)。每个组中还包含若干个次级显微组分，不同显微组分的类脂物含量和沉积环境不同，其形态、化学组成、化学性质以及光学特征等物理化学性质存在差异，进而决定了各自生油能力的强弱。

表 5-1　干酪根显微组分特征

显微组分		生物来源	透射光	反射光	荧光	扫描电镜
腐泥组	藻质体	藻类	透明，轮廓清晰，黄色、淡绿黄色、黄褐色	深灰色，油浸下近黑色，微突起，有内反射	强，鲜黄色、黄褐色、绿黄色	椭圆，外缘不规则，外表蜂窝状群体，见黑色斑点
	无定形体(富氢)	水生生物、藻细菌、陆生植物、壳质体	透明—半透明，基色黄，从鲜黄色、褐黄色到棕灰色	油浸下不均匀深灰色，表面粗糙，不显突起	较强，黄色、灰黄色、棕色	不均匀絮状、团块状、花朵状、颗粒状
	无定形体(贫氢)	陆生植物的木质素、纤维素等	暗，近黑色	灰色、白色，微突起	弱或无荧光	
壳质组	孢子体、角质体、树脂体、壳屑体、木栓质体	植物孢子花粉、角质、树脂蜡、木栓质体	透明，轮廓清晰，黄绿色、黄橙色、黄褐色、黄色	深灰色，油浸下灰黑色至黑灰色，具突起	中等，黄绿色、橙黄色、褐黄色	外形特殊，轮廓清晰，常保留植物结构
镜质组	结构镜质体和无结构镜质体	植物结构和无结构木质纤维素	透明—半透明，棕红色、橘红色、褐红色，棱角状、棒状	灰色，油浸下深灰色，无突起，中等反射率	弱荧光，褐色、铁锈色	棱角状、棒状、枝状
惰质组	丝质体	炭化的木质纤维素部分、真核	不透明，黑色，棱角状	白色，油浸下白色至亮黄白色，高突起，高反射率	无荧光	棱角状、棒状、颗粒状

（一）腐泥组

腐泥组是生油能力最强的有机显微组分，为藻类、疑源类等低等水生生物经腐泥化作用（或沥青化作用）形成的有机显微组分，主要包括藻质体和无定形体。

藻质体是由低等植物藻类形成的显微组分，由于其类脂化合物含量较高，因此是页岩的重要生油组分。根据形态和结构特征，藻质体可进一步分为层状藻质体和结构藻质体。

层状藻质体又称胶状藻质体，来源于小的单细胞藻类或薄壁浮游藻类，或者底栖藻类群体（图 5-2a～c）。藻类分解后，轮廓模糊不清，结构消失而呈棉絮状，但表现程度不一。在透射光下，具橙黄色；在油浸反射光下，具较暗的深灰色。其荧光特点是具有较强的橙色-橙黄色荧光。由许多薄片状藻类遗体组成的薄层，藻类受到不同程度的生物降解或物理化学降解，以致轮廓已难以分辨，薄层厚度可达 20μm，长 1～2μm，在平行切片中有时可见薄层由扁平的小浑圆体组成。与无定形体相比，反射率低而荧光性强；与结构藻质体相比，长宽比大，不与微粒体共生。

结构藻质体主要来源于群体藻类或厚壁单细胞藻类（图 5-2d）。藻类群体在纵切面上呈透镜状、扇形、纺锤形，在水平切面上呈近圆形。群体的外形清晰，边缘大多不平整，呈齿状，表面呈蜂窝状或海绵状，有时可见每个群体是由几百个管状单细胞组成的，呈放射状排列。藻类群体大小不一，长 15～500μm，宽 10～100μm，单个细胞直径 6～10μm。透射色为柠檬黄色到褐色，主要取决于干酪根成熟度，油浸反射光下呈灰黑色至暗黑色，有时具黄色、褐色或红色的内反射。荧光下，结构藻质体呈绿黄色、柠檬黄色、橙黄色到褐黄色，取决于干酪根成熟度，其内部细微结构更为清晰。

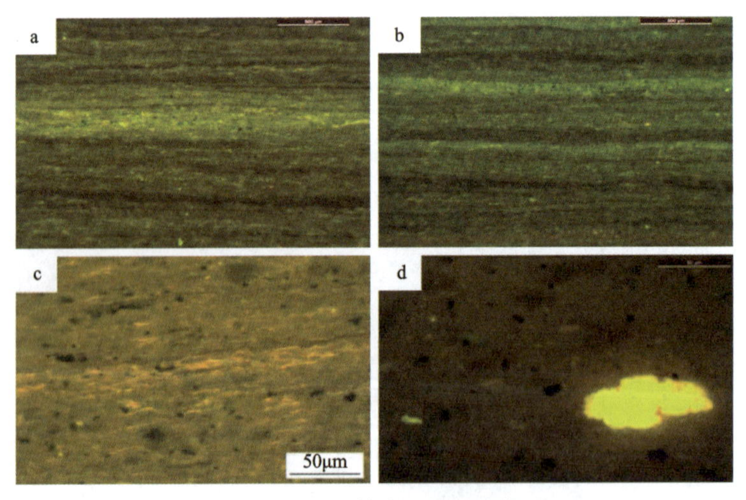

图 5-2　藻质体有机显微组分

a、b. 层状藻质体，歧口凹陷房 39X1 井，沙河街组三段，荧光；c. 层状藻质体，松辽盆地北部古龙凹陷，青山口组一段，荧光（冯子辉等，2021）；d. 结构藻质体，歧口凹陷歧 646-2 井，沙河街组一段下亚段，3 164.9m，荧光。

在陆相富有机质页岩中，偶见特殊种属的藻质体显微组分，例如歧口凹陷沙河街组一段下亚段页岩发育富颗石藻纹层，在岩芯上颗石藻纹层多表现为浅色，扫描电镜下放大 1000 倍

可见颗石藻多呈层状分布，放大8000倍可见颗石藻纹层呈环状和碟状分布(图5-3)。颗石藻细胞内具有较高的脂肪类化合物含量、独特的不饱和长链烯酮和长链烯酸酯，具有较高的产烃率，其饱和产烃率是其他藻类的6～15倍。此外，热模拟实验表明，颗石藻可以在低于干酪根普遍热降解成烃温度的条件下生成液态烃，含颗石藻页岩在R_o为0.35%～0.55%的未成熟热演化阶段即可生成低成熟度油。

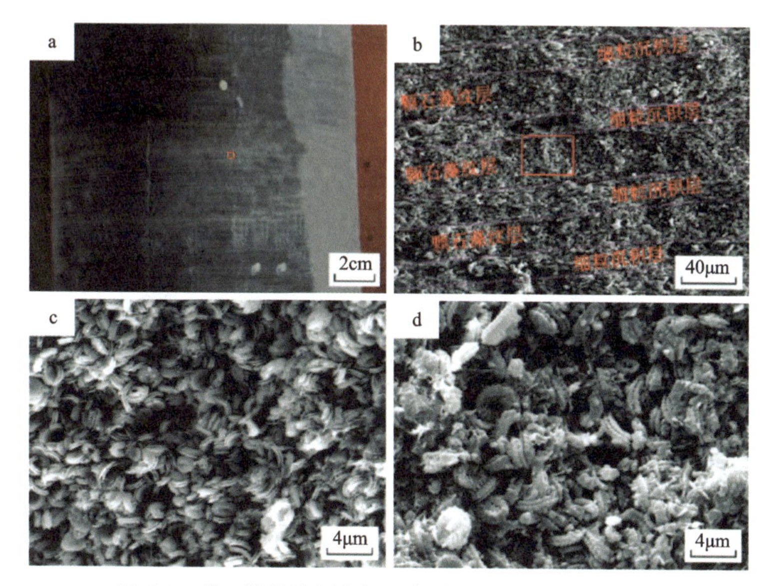

图5-3　歧口凹陷沙河街组一段下亚段页岩颗石藻特征

a.灰褐色富颗石藻纹层与暗色黏土质纹层高频互层，房29井2 597.34m；b.颗石藻与细粒沉积层互层分布，视域见(a)图红色方框，房29井2 597.40m，扫描电镜；c.颗石藻，歧646-2井2 277.50m，扫描电镜；d.颗石藻，滨22井2 569.92m，扫描电镜。

在东营凹陷古近纪沙河街组四段上亚段颗石藻钙质页岩中发育有十分清晰的季节纹层，由浅色层与暗色层相间排列而成(图5-4a、b)。扫描电镜观察显示，浅色层由单一属种的颗石藻化石堆积而成，暗色纹层由富有机质的黏土矿物组成(图5-4c)。这些颗石藻化石保存良好，具有清晰的轮廓和完整的晶元(图5-4d)，反映其受成岩作用的影响较小。由于现生颗石藻的勃发一般具有明显的季节性，因此颗石藻页岩中的纹层也记录了当时的年沉积生物量(李国山等，2014)。

无定形体是藻类、浮游生物、细菌类脂化合物和类似前身物质的分解产物，一般呈细小的透镜状、线理状或基质状产出(图5-5)。荧光性弱，呈暗褐色，但在紫外光辐射30min后，荧光强度几乎增加1倍，且光谱峰向短波长方向迁移，可用以区别其他壳质组显微组分。无定形体在生油和运移后，留下的固体残渣为微粒体。

(二)壳质组

壳质组是页岩干酪根显微组分的主要组成之一，可进一步分为孢子体、角质体、树脂体和壳屑体等。在透射光下呈橙黄色，轮廓清晰，各具有其相应的外形；在反射光下呈深灰色，具有不同颜色、不同强度的荧光特征。

图 5-4　东营凹陷古近纪沙河街组四段上亚段颗石藻钙质页岩中的季节纹层(据李国山等,2014)

a.发育季节纹层的颗石藻钙质页岩,手标本光面照片;b.明暗相间的季节纹层,偏光显微镜照片;c.季节纹层的扫描电镜照片,红色箭头所指为富有机质的泥质纹层,黄色线段指示富颗石藻的钙质纹层;d.钙质纹层中的颗石藻化石,由单一属种颗石藻化石组成。

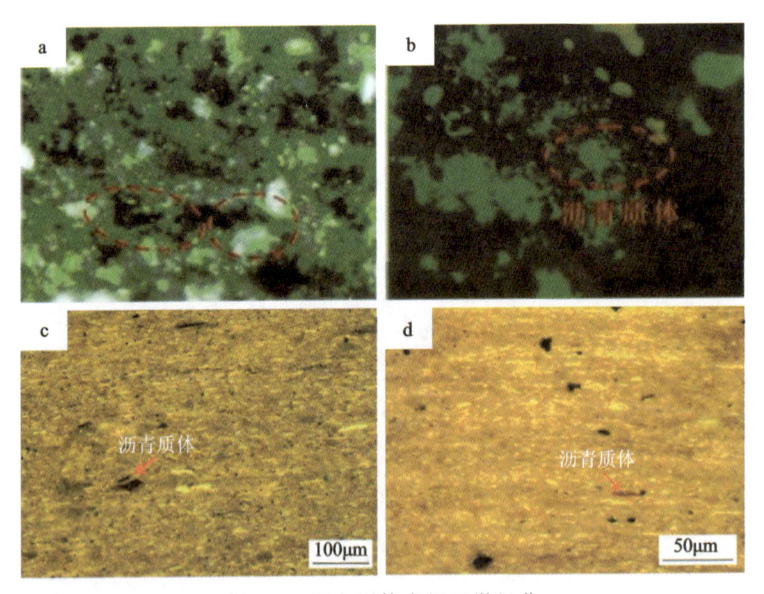

图 5-5　无定形体有机显微组分

a.吉木萨尔凹陷吉 32 井,芦草沟组,3 728.30m,反射光,500 倍;b.吉木萨尔凹陷吉 32 井,芦草沟组,3 728.60m,荧光,500 倍;c、d.藻类体富集,见沥青质体,松辽盆地北部古龙凹陷,青山口组一段,荧光(冯子辉等,2021)。

孢子体主要来自陆生高等植物的孢子和花粉，页岩中孢子体多呈扁环状、细短线状或蠕虫状，或似三角形，一般小于100μm(图5-6)。其保存程度不同，有的破碎，有的分解，保存较完整的少见。

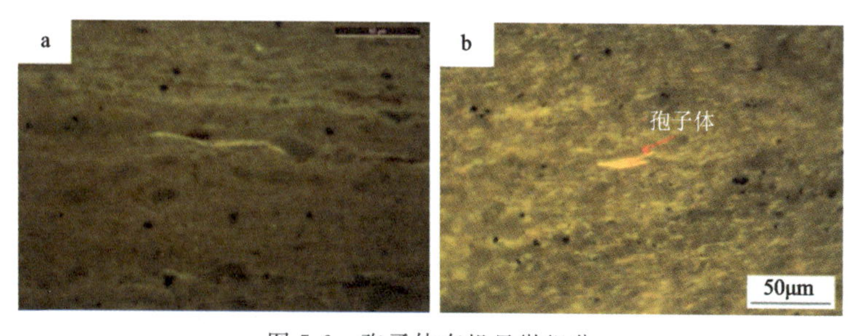

图5-6　孢子体有机显微组分

a.孢子体，歧口凹陷歧646-2井，沙河街组一段下亚段，3 207.02m，荧光；b.孢子体，松辽盆地北部古龙凹陷，青山口组一段，荧光(冯子辉等，2021)。

角质体来源于植物的叶和嫩枝、幼芽，以及果实的表皮所覆盖着的角质层。显微镜下角质体呈厚度不等的细长条带出现，外缘平滑，面内缘大多呈锯齿状。多呈断片平行层理分布，有时细长的角质体保存在叶肉组织所形成的叶镜质体周围，有时被挤压成叠层状或盘肠状。根据厚度，角质体可分为厚壁角质体和薄壁角质体两种，厚壁角质体厚度在50μm以上，而薄壁角质体厚度仅5～20μm。角质体在透射光下多呈浅黄色至橙黄色，氧化时颜色发红；反射光下为深灰色，中等突起，油浸反射光下为灰黑色，具黄色至褐黄色荧光。

树脂体不仅可由成煤植物的树脂形成，也可以由树胶、胶乳、脂肪和蜡质形成。在垂直切片中，树脂体常呈圆形、卵形、纺锤形等，或呈小杆状。在透射光下，树脂体色较浅，多呈淡黄白色、柠檬黄色、黄色；油浸反射色深于小孢子体和角质体，多为暗灰色和灰色，有时出现红色、金黄色内反射，一般不显示突起。树脂体表面产生反射色浅的(透射色发红的)环边或裂缝时，说明是在泥炭层表面或在充氧水体的多氧环境下堆积的。树脂体经较强的氧化而反射色呈亮白色时，已变成惰质组。在树脂体中，偶见大小不同的圆粒，这可能是挥发性油滴所形成的。树脂体中也曾发现有细菌化石。壳屑体又称碎屑壳质体，是由高等植物的类脂组分形成，如小孢子、角质层和树脂等破碎而成的微细颗粒。陆相富有机质页岩中，保存完好的树脂体相对较少见。

(三)镜质组和惰质组

镜质组和惰质组都来自高等植物的茎干、根、枝组构，加热后生油能力较弱，因此含页岩油层段含量通常较低。镜质组镜下一般为块状或条带状，具弱荧光性或不具荧光性，但具有中等至强的反射(图5-7a)。镜质组主要包含结构镜质体、无结构镜质体等。无结构镜质体分为均质镜质体、基质镜质体、团块镜质体和胶质镜质体4种亚组分。各种不同的镜质组组分的荧光色和荧光强度不同，其中以基质镜质体的荧光性较为明显，荧光色多呈红橙色到红褐色。

结构镜质体指可以看出植物木质部等细胞结构的镜质组组分。结构镜质体由于胞壁已凝胶化，因而多看不出层、孔等内部结构。在各种镜质组组分中，结构镜质体的反射率往往最高。无结构镜质体指植物组织、器官经过强烈的凝胶化作用，以致在普通光学显微镜下看不出细胞结构的镜质组显微组分。

惰质组又称惰性组。惰质组的反射率是最高的，仅在高阶无烟煤阶段，镜质组和壳质组的最大反射率可超过惰质组。惰质组无荧光或具弱荧光。在富有机质页岩中，惰质组分含量较少，呈小碎片状，主要是由陆源碎屑物以破碎的小片状搬运至盆地内而形成，主要包含丝质体、半丝质体、粗粒体、菌类体和碎屑丝质体（图 5-7b）。

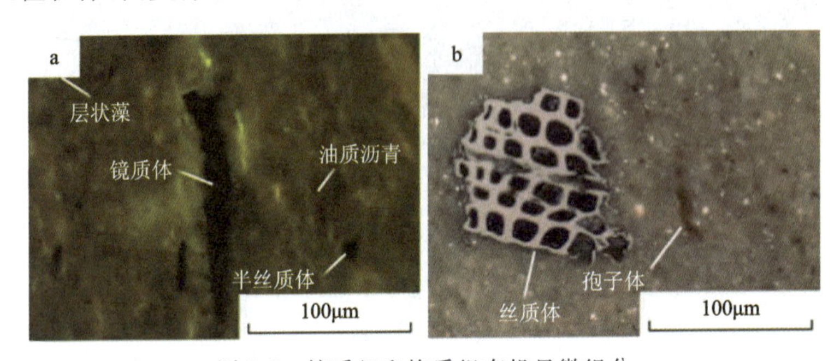

图 5-7 镜质组和惰质组有机显微组分

a. 镜质体，沧东凹陷官 108-8 井，孔店组二段，荧光；b. 丝质体，沧东凹陷官 108-8 井，孔店组二段，油浸反射白光。

三、页岩有机显微结构

按照赋存形式，页岩中有机质可分为基质有机质和游离有机质两种类型。基质有机质主要与沉积有机质有关，按存在形式主要分为 3 种类型：顺层富集型、分散型和局部富集型，三者之间互有过渡。

顺层富集型（图 5-8a、图 5-8e～f）有机质多平行或基本平行层理分布，呈透明连续或较连续条带状、丝带状产出，常见产状为有机质纹层与富有机质黏土纹层互层产出，或者有机质、泥质与碳酸盐矿物混合呈纹层状产出。有机质组分主要为藻类和无定形腐泥，少量惰质组（碳质碎片为主）、孢子体等。这类泥岩有机质丰度都比较高，一般都属于好的生油岩。

分散型有机质（图 5-8b）呈碎屑或残体状分散于黏土质岩的基质之中，大多与泥质混杂在一起，泥质含有少量陆源粉砂，基本无定向或略具定向。有机组分主要为藻类，少量为碳质碎屑。这类泥岩有机质含量一般不高。

局部富集型有机质从局部来看富集分布，从宏观来看则常呈斑块状或者丰度不高，是介于顺层富集型和分散型的过渡状态。

从有机质的赋存方式来说，顺层富集型有机质和局部富集型有机质均属于富集有机质，它们与分散型有机质具有一定差异性。张林晔等（2005）利用荧光显微镜分析和背散射电镜成像等技术开展研究，认为不同页岩中的有机质在分布形式、成分及与矿物层的接触关系方面均有很大不同：富集型有机质多呈丝带状、长条状，大致相当于有机显微组分中的层状藻或结构藻，荧光较强；分散型有机质多均匀混杂在无机矿物之间，破碎而分散，呈星点状，连续性差，荧光较弱，在富泥质纹层内部和缺少纹层的块状泥岩中最为常见。

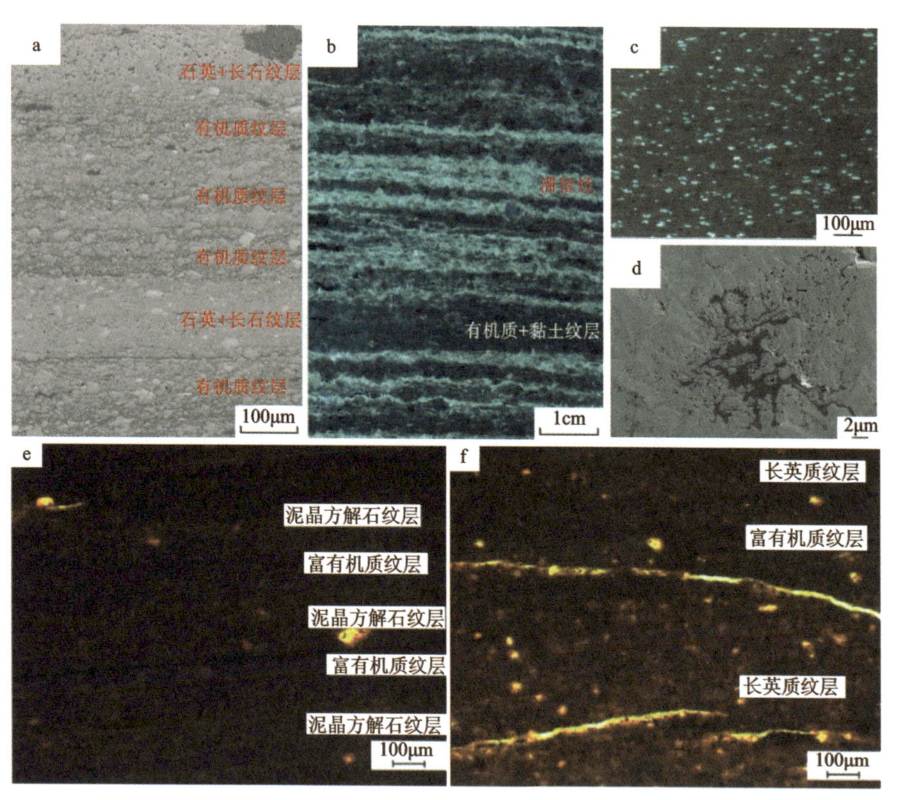

图 5-8　页岩有机显微结构

a. 有机质与无机矿物微米级纹层结构，沧东凹陷官 108-8 井，3 110m，孔店组二段，扫描电镜；b. 蓝白色油质沥青与暗色的有机质、黏土互层分布，沧东凹陷官 108-8 井，3315m，孔店组二段，透射光；c. 有机质呈分散分布，沧东凹陷官 108-8 井，3 193.08m，孔店组二段，荧光；d. 有机质充填孔隙，沧东凹陷官 108-8 井，2 977.05m，孔店组二段，扫描电镜；e. 富有机质纹层＋泥晶方解石纹层，沾化凹陷沙河街组，单偏光；f. 富有机质纹层＋长英质纹层，沾化凹陷沙河街组，单偏光。

相比之下，游离有机质主要指岩石孔缝中存在的游离可溶有机质。从镜下观察，游离有机质可分为两类：一类为油质有机质，发绿色荧光，分布于未充填型微裂缝及矿物纹层中；另一类主要为沥青质有机质，黑色不透明，不发荧光，充填于孔隙中（图 5-8c、d）。

第二节　页岩生烃潜力

在油气勘探转向深层和非常规领域的趋势下，烃源岩油气演化阶段的细分与资源潜力评价对深层常规和非常规油气勘探、深层基础石油地质学问题的研究具有重要意义。结合评价地区的地质条件，对符合烃源岩有机质丰度下限标准的细粒沉积岩进行全面评价，目的是进一步研究其有机质丰度、母质类型、热成熟度和油源对比，直至确定烃源岩的有效厚度、面积和体积，最后计算出烃源岩的总生烃量和总排烃量，再结合各种地质因素及条件，预测盆地或地区的油气资源量。

一、生烃潜力定性评价

(一)有机质丰度

有机质丰度是评价页岩油气形成条件的一项重要内容。有机质丰度是指单位质量烃源岩中有机质的百分含量。烃源岩中原始有机质的丰度可以反映烃源岩有机质的数量特征,然而,任何沉积盆地中的烃源岩都经历了漫长的地质演化作用,其原始有机质丰度已无法测得,只能测出现今残余的有机质含量。所幸的是油气勘探实践表明,沉积岩中原始有机质只有较少部分转化为油气并仅一部分运移出去,所以,一般来讲,用现今测定的残余有机碳含量(TOC,%)仍然可以反映烃源岩有机质的数量特征。除此之外,还有烃源岩的抽提物含量,即氯仿沥青"A"含量(EOM,%)及其总烃含量(HC,μg/g)、生烃潜量(S_1+S_2,mg/g)等在一定程度上都能反映烃源岩有机质的数量特征,详见《烃源岩地球化学评价方法》(SY/T 5375—2019)。

TOC(total organic carbon)是烃源岩中有机质的重要指标,它表示岩石中有机碳所占的百分比。烃源岩中形成的烃类必须在满足了母岩本身吸附容量以后才能被有效地排驱出去,所以烃源岩中有机质丰度有一个临界值(李水福等,2019)。一般来说,TOC 超过 1%被认为是具备成烃潜力的烃源岩,而 TOC 超过 2%则被认为是高质量的烃源岩。芦草沟组二段烃源岩约 90%的样品 TOC 大于 2%,平均为 4.59%,可以反映出烃源岩的高质量(图 5-9)。

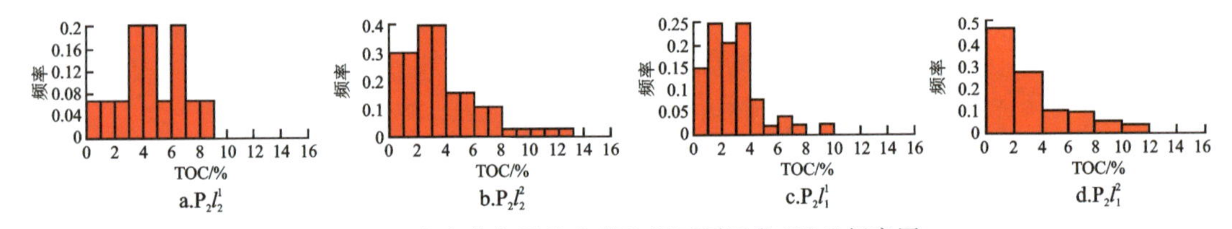

图 5-9　吉木萨尔凹陷芦草沟组不同层段 TOC 频率图

氯仿沥青"A"和总烃含量对于表征有机质丰度也有很大意义。氯仿沥青"A"和总烃可视为石油运移后的残留部分,二者的含量可反映有机质向石油转化的程度。氯仿沥青"A"是可溶有机质的一种指标,它表示烃源岩中可溶的有机质含量。较高的氯仿沥青"A"含量通常意味着烃源岩的有机质丰度较高。芦草沟组二段烃源岩质量相对较高,大部分样品的氯仿沥青"A"大于 0.1%(图 5-10)。总烃是指氯仿沥青"A"族组分中饱和烃与芳烃之和,它不仅是评价有机质丰度的指标,也是判断烃源岩成熟度的指标。当然,它还受有机质类型和岩石排烃条件的影响。总烃含量的高低可以间接反映烃源岩中有机质的丰度。

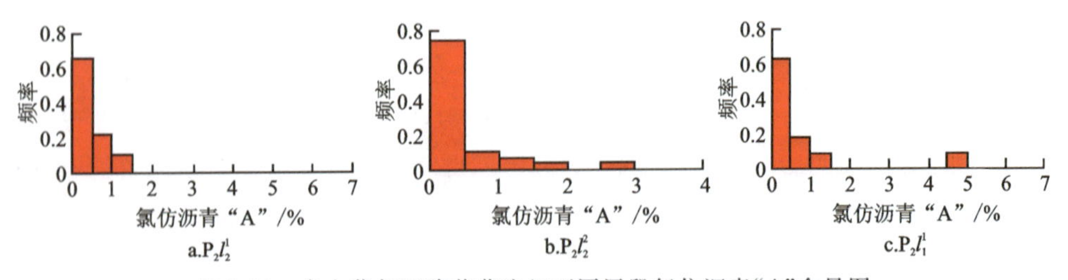

图 5-10　吉木萨尔凹陷芦草沟组不同层段氯仿沥青"A"含量图

生烃潜量是对单位质量岩石直接加热获得的烃类化合物总量。按照加热温度可将岩石加热获得的烃类分为热释烃(S_1)和热解烃(S_2),热释烃与热解烃之和称生烃潜量,即 S_1+S_2,它的高低与 TOC 具有良好的相关性。因此,根据生烃潜量(S_1+S_2)与有机碳含量(TOC)的关系,可将烃源岩等级划分成非烃源岩、差烃源岩、中等烃源岩、好烃源岩和很好烃源岩等(图 5-11)。利用生烃潜量的高低对烃源岩的生烃能力进行评估,高生烃潜量通常意味着岩石中的有机质丰度较高。

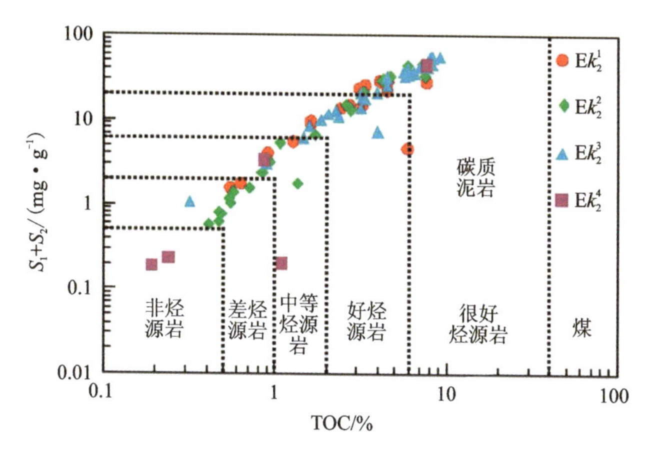

图 5-11　渤海湾盆地沧东凹陷孔店组二段(Ek_2)页岩有机碳含量与生烃潜量关系图

(二)有机质类型

有机质类型是评价烃源岩生烃能力的重要参数之一。有机碳数量本身并不能决定烃源岩的生烃能力,有机质中氢元素的含量对其生烃能力具有重要的影响。不同类型的有机质具有不同的生烃潜能,形成产物也不尽相同,这种差异主要与有机质的化学组成和结构有关。

有机质类型的研究方法很多,主要有干酪根的元素组成、热解氢指数(HI)-氧指数(OI)、类型指数(S_2/S_3)、干酪根显微组分组成及其类型指数、干酪根碳同位素、饱和烃气相色谱特征和生标参数等。这些方法各有优缺点,因此应联合使用。其中干酪根显微组分鉴定一直是确定有机质类型中应用最广泛和最有效的方法,而其他研究方法往往会受到分析流程以及成熟度等的影响。

干酪根分类的开拓性研究由 Down 和 Himus(1940)开展,他们将干酪根组成上的差别归因于生物来源、沉积环境和细菌的改造作用。随后 Forsman 和 Hunt(1958)利用不同于 Down 和 Himus 采用的研究技术对干酪根进行研究,也得出了相同结论。他们均认为存在两种类型的干酪根,一种是与煤难以区别的类型(腐殖型干酪根),另一种比煤含有更多的脂肪族(腐泥型干酪根)。腐殖型干酪根是指来源于以高等植物为主的有机质,富含具有芳香结构的木质素和丹宁以及纤维素等,形成于沼泽、湖泊或与其有关的沉积环境中。腐泥型干酪根主要来源于水中浮游生物以及一些底栖生物、水生植物等,形成于滞水盆地条件,包括闭塞的潟湖、海湾和湖泊。随后,研究者们根据研究方法和目的的不同,提出了不同的干酪根分类方案(Tissot et al.,1974;Demaison,1983;黄第藩等,1984;Peters et al.,2005)。结合我国油气勘探实际资料，最常用的方法是依据干酪根的元素组成、显微组分和热解色谱特征对其进行类型划分。

Tissot 等(1974)借鉴煤岩学研究方法，根据干酪根的元素组成，建立了元素分类体系，将干酪根分为Ⅰ型、Ⅱ型、Ⅲ型。我国学者(黄第藩，1984)根据多年的油气勘探实践，在 Tissot 的范氏图(Van Krevelen diagram)基础上，也提出了适宜于我国的 H/C 原子比和 O/C 原子比划分干酪根类型标准，将其划分为Ⅰ型、$Ⅱ_1$型、$Ⅱ_2$型和Ⅲ型。

Ⅰ型干酪根：具有较高的 H/C 原子比，一般大于 1.5；O/C 原子比低，一般小于 0.1。这类干酪根是由脂族链的脂类物质组成的。这类干酪根可能有两个来源：一是进入沉积物的藻类本身是富含藻类的化合物，特别是来自湖相的葡萄藻类及有关类型；二是沉积的分散有机质经历了微生物的强烈改造，使脂类和微生物蜡以外的其余生化组分均受到微生物的强烈降解，相对富集了脂类物质。

Ⅱ型干酪根：生油岩中常见的一种干酪根类型，具有较高的 H/C 原子比，为 1.0～1.5；低的 O/C 原子比，为 0.1～0.2。这类干酪根一般与海相沉积有关，是在还原环境下沉积的，系浮游植物、浮游动物和微生物(细菌)的混合有机质。该类干酪根热解产量比Ⅰ型低，但仍是良好的生油母质。根据腐泥质与腐殖质的混合相对丰度，可进一步划分为$Ⅱ_1$(腐殖腐泥型)和$Ⅱ_2$(腐泥腐殖型)两个亚类。

Ⅲ型干酪根：具有较低的原始 H/C 原子比，一般小于 1；O/C 原子比高，达 0.2～0.3。这类干酪根主要来源于陆地植物的木质素、纤维素和芳香丹宁，含有很多可鉴别的植物碎屑。它与Ⅰ、Ⅱ型相比，生油能力差，热解产量少，但可作为天然气的母质。

干酪根显微组分鉴定法的主要原理是干酪根为各种显微组分的混合物，因此根据各种显微组分的相对比例，可将干酪根分成相应的种类(图 5-12)。目前比较流行的是将干酪根显微组分分成腐泥组、壳质组、镜质组和惰质组 4 类，采用类型指数(TI 值)划分干酪根类型，再根据不同类型干酪根的统计数量对研究区的烃源岩有机质类型作出评价。

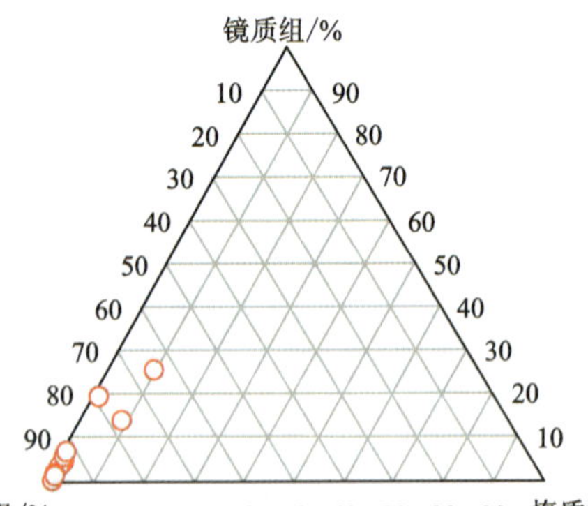

图 5-12　歧口凹陷沙河街组一段下亚段页岩干酪根有机显微组分三角图

元素分析也是确定干酪根类型的基本方法。以干酪根的 O/C 原子比和 H/C 原子比为横、纵坐标绘制范氏图以确定干酪根类型是目前应用广泛且行之有效的一种方法。

用氢指数 HI=S_2/TOC 和氧指数 OI=S_3/TOC 可以确定干酪根类型。氢指数与 H/C

原子比、氧指数与 O/C 原子比之间存在着良好的相关性，因此可直接用这两个指数绘制范氏图，图上显示与元素原子比图相似的类型分布。由于 S_3 测定方法比较复杂且存在一定误差，因此目前流行的简易岩石热解仅获得 S_1、S_2 和岩石热解最高峰温（T_{max}）这 3 个参数，再结合 TOC，可以获得氢指数 HI，并与 T_{max} 作交会图，也能够很好地确定烃源岩中有机质的类型（图 5-13），这也是目前应用最普遍、最简易的一种方法。

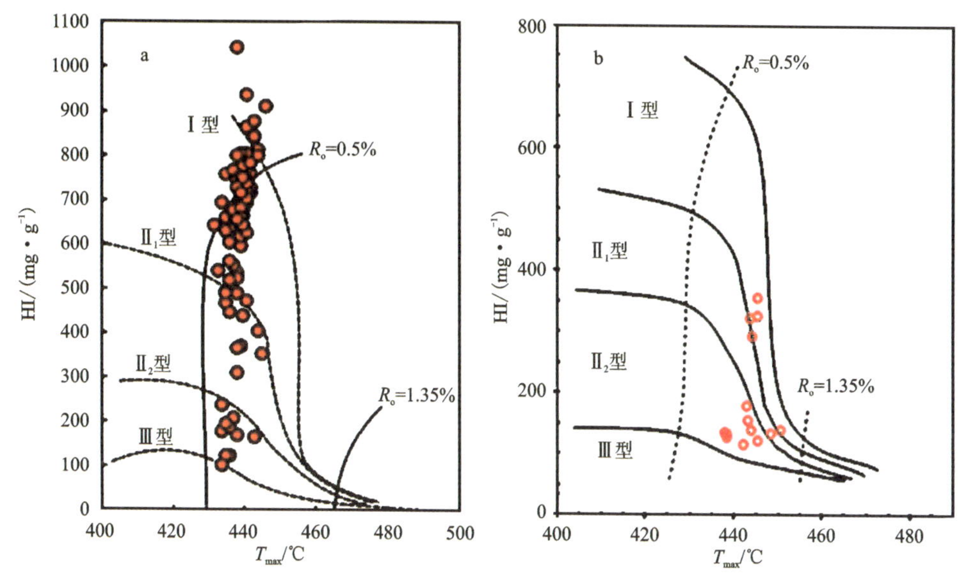

图 5-13　歧口凹陷沙河街组一段下亚段(a)和沙河街组三段一亚段(b)页岩热解参数有机质类型判别图

此外，氯仿沥青“A”中各族组分之间的相对百分含量既能够用来反映烃源岩的生成与演变特征，也可以用于判断烃源岩的有机母质来源，从而进一步确定干酪根类型。

（三）有机质成熟度

页岩中有机质的成熟度也是评价其生烃潜力必不可少的信息。镜质体反射率（R_o）是确定有机质成熟度和划分油气形成阶段的最常用指标。

除主生油窗（早深成作用阶段，R_o 为 0.70%～1.3%）以外，有机质的生烃演化阶段还包括生凝析油和湿气阶段（晚深成作用阶段，R_o 为 1.3%～2.0%）及生干气阶段（深成变质作用阶段，R_o>2.0%）。在理想情况下，随着埋深增加，页岩和煤中的镜质组反射率是逐渐增加的，同时也伴随着有机质中碳和芳香类化合物含量的增加，氢和氧含量的降低，以及脂肪族化合物含量的减少。

判断有机质成熟度的指标很多，如岩石热解最高峰温 T_{max}、孢粉颜色指数、H/C 原子比、烃产率指数 $S_1/(S_1+S_2)$、甾烷异构化参数 C_{29} 20S/(20S+20R) 等。目前认为有机质热演化的实质是埋藏作用。在持续一定时间的特定温度、压力条件下，有机质化学结构改变与化学成分变化，主要体现在有机质受地质过程影响的物理化学参数的变化方面，主要有显微组分光学参数和分子地球化学参数两类（表 5-2）。

表 5-2 烃源岩演化阶段划分及标准

演化阶段	R_o/%	T_{max}/℃			生物标志物		H/C	有机质颜色
		Ⅰ	Ⅱ	Ⅲ	20S/(20S+20R) C_{29}甾烷	ββ/(αα+ββ) C_{29}甾烷		
未成熟	<0.5				<0.2	<0.2	>1.6	浅黄
低成熟	0.5~0.7	<437	<435	<432	0.2~0.4	0.2~0.4	1.6~1.2	黄
成熟	0.7~1.3	437~460	435~455	432~460	>0.4	>0.4	1.2~1.0	深黄
高成熟	1.3~2.0	460~490	455~490	460~505			1.0~0.5	浅棕色
过成熟	>2.0	>490	>490	>505			<0.5	黑

以松辽盆地青山口组为例，图 5-14a 为镜质体反射率(R_o)随地层深度的演化特征。由图可知，当青山口组埋深小于 1500m 时，有机质尚处于未成熟—低成熟阶段，R_o<0.75%；地层深度为 1500~2300m 时，有机质处于成熟阶段，0.75%<R_o<1.0%；当青山口组埋深大于 2300m 时，有机质处于高成熟阶段，1.0%<R_o<1.3%。相比之下，歧口凹陷沙河街组三段 R_o 随地层深度演化特征则完全不同(图 5-14b)，R_o 值为 0.6%时对应深度 3100m 左右，R_o 值为 1.1%时对应深度 4400m 左右，埋深在 3100~4400m，烃源岩处于大量生油阶段，是页岩油勘探的有利层段。

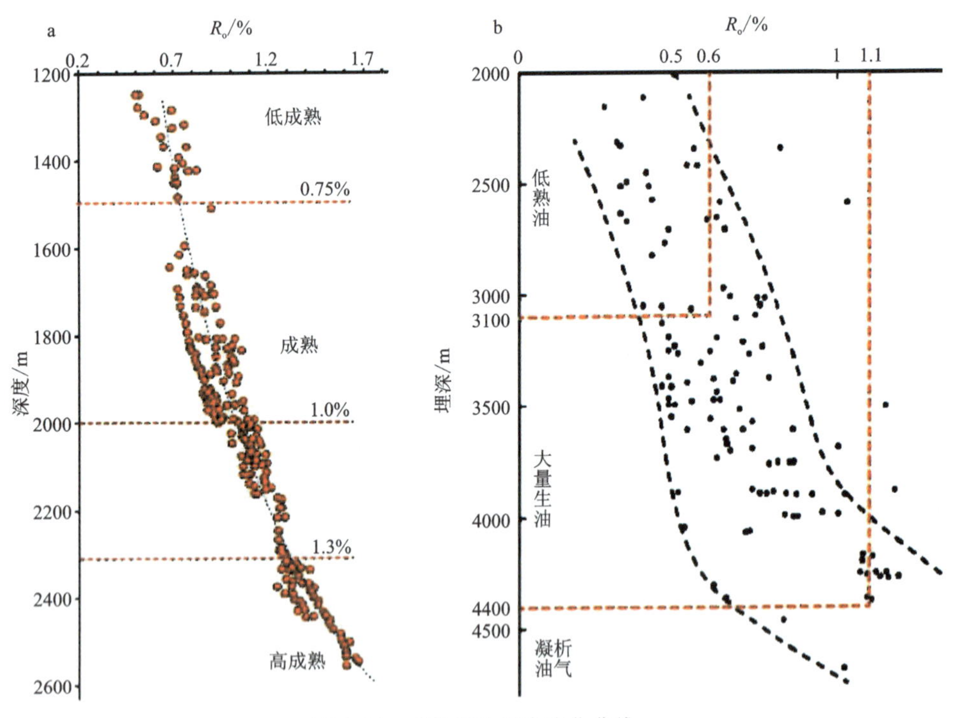

图 5-14 成熟度随深度演化曲线

a. 松辽盆地北部青山口组(何文渊等，2023)；b. 歧口凹陷沙河街组三段(据周立宏等，2021)

岩石热解(rock-eval)也是油气地球化学工作者在烃源岩地球化学评价中广泛使用的一项重要技术，其最常见的配置是一套开放体系下的程序化热解设备，即在预先设定的温度阈值之间对经过细致处理的样品进行升温加热，样品最初在惰性气体环境下进行热解（生成烃类流体），随后在氧化环境下被氧化。这一方法的主要优点在于可以对样品进行快速分析，并获得一系列表征烃源岩的有用数据。这些数据的可靠性和可重复性高，在分析过程中，样品的消耗量也很小（十分适合对钻井岩芯和岩屑的分析）。岩石热解技术现已成为测试井下和地层露头样品的一项常规手段，除了评价有机质丰度和类型外，也可以评价烃源岩成熟度。热解参数中一般用 T_{max} 作为评价烃源岩成熟度的主要指标，$S_1/(S_1+S_2)$ 等参数作为辅助评价指标。

甾、萜烷生物标志化合物的一个重要应用是确定烃源岩成熟度。成熟度参数主要有两类：一类与裂解反应有关，另一类与不对称碳原子的异构化有关。随成熟度增加，甾烷的生物构型向地质构型转化。图 5-15 所示为松辽盆地青山口组 C_{29} 甾烷 20S/(20S+20R) 与 C_{29} 甾烷 ββ/(αα+ββ) 的交会图。黑色页岩的 C_{29} 甾烷 20S/(20S+20R) 与 C_{29} 甾烷 ββ/(αα+ββ) 比值较低，而块状泥岩、纹层状泥岩和粉砂质泥岩的 C_{29} 甾烷 20S/(20S+20R) 与 C_{29} 甾烷 ββ/(αα+ββ) 的比值均高于黑色页岩，表明三者有机质热演化程度均大于黑色页岩且达到成熟阶段。

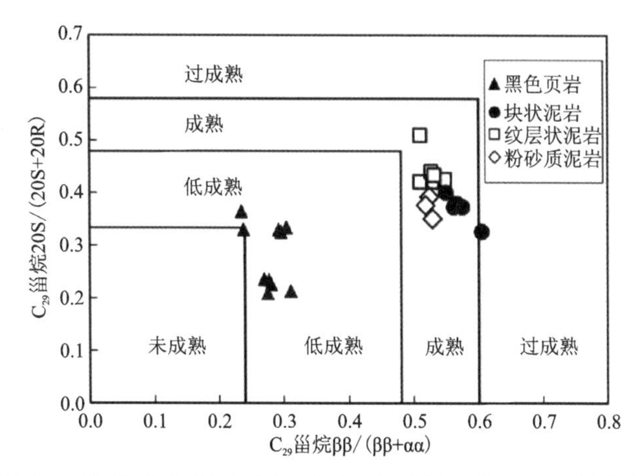

图 5-15　C_{29} 甾烷 20S/(20S+20R) 与 C_{29} 甾烷 ββ/(αα+ββ) 的交会图

二、生烃潜力定量评价

烃源岩生排烃的定量评价是盆地油气资源远景评价的重要内容，对研究区烃源岩的生排烃特征进行研究，可以建立生排烃模式，对其排烃强度进行定量计算，并分析其与油气分布的关系。

广泛分布及有一定沉积厚度的暗色泥页岩是页岩油形成的基本条件。目前美国主要的页岩油气勘探开发区的页岩净厚度为 10～100m 不等，一般厚度在 30m 以上的富含有机质页岩才能满足其富含油气的条件。常规油气生排烃理论认为，连续厚层的富含有机质页岩在持续生烃过程中，一般先充填于烃源岩自身的孔隙中，随着生烃过程的推进，生烃量不断增加，页岩地层内压力不断增大，地层压实作用不断进行，烃源岩开始向外排烃。一般认为页岩的厚度越大，越有利于页岩油气滞留聚集成藏。中国陆相页岩发育广泛，多数盆地目前都有油气的商业发现，即其烃源岩厚度较大，生烃条件好，有利于页岩油气藏的形成（陈祥等，2015）。

目前关于烃源岩生排烃的评价方法主要有 3 种：热模拟实验方法、化学动力学方法和理论模型计算方法，这些方法均建立在有机质热演化生油气的理论基础之上。

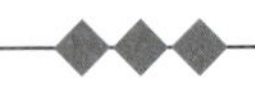

(一)热模拟实验方法

热模拟实验主要依据干酪根热降解成烃原理和有机质热演化的时间-温度补偿原理。根据化学反应速率的时间-温度补偿原理,在实验室内利用未成熟或低成熟有机质,在高温高压条件下短时间的热解生烃模拟再现地质过程的低温长时间有机质热演化过程(汤庆艳等,2013)。通过热模拟实验结合实验图版可进行生油岩的定量评价(邬立言,1986)。生烃模拟实验方法按照体系的封闭程度分为开放体系(如岩石热解仪)、限制体系(如地层孔隙热压模拟)和封闭体系(如金属高压釜)3类(图5-16),不同实验技术的实验条件、优缺点及适用范围有所不同(关瑞,2021)。

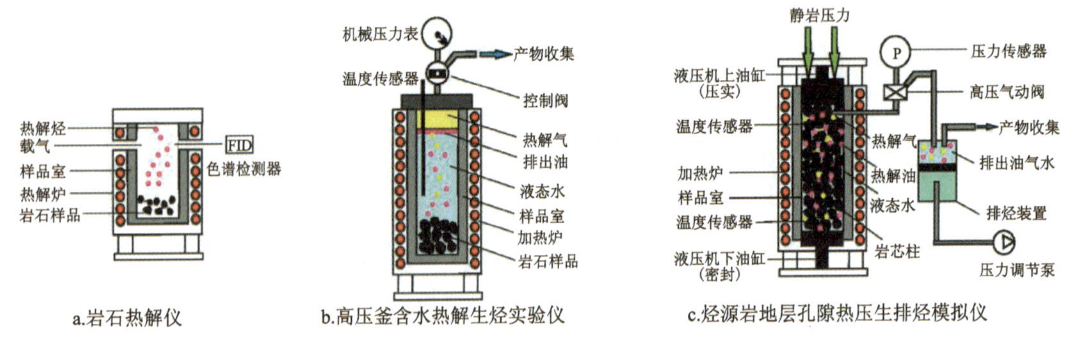

图5-16 不同体系生排烃热模拟实验装置结构示意图(据何川等,2021)

(二)化学动力学方法

20世纪60年代末提出了化学动力学方法,通过现场和实验室试验,应用平行反应模型定量计算出不同埋深生油岩的生烃率和两个油田的生烃量(Tissot,1969)。化学动力学方法中常用的方法有生油岩层模拟法和实验室热解模拟法。中国石油大学应用化学实验室自20世纪80年代初起,在中国石油天然气总公司科技局的支持下,应用化学动力学方法计算生油岩生烃率和盆地生烃量(钱家麟等,1998)。

(1)生油岩层模拟法是取不同深度的若干代表性生油岩层的岩样,测定干酪根中沥青或烃类的浓度,加上排烃系数,作为该生油岩干酪根的生烃率,得到不同埋深的生油岩干酪根生烃率与其埋深的关系曲线,再根据不同埋深的岩样的埋藏速率、时间、地温梯度等地质参数,获得适用的生油岩干酪根自然演化动力学模型,及表观活化能和视频率因子等动力学参数值,求取不同埋深的干酪根生烃率和该盆地、凹陷的生烃量。

(2)实验室热解模拟法是取未成熟的生油岩干酪根样品,在实验室中进行热解动力学试验(多采用恒速升温,室温加热至500℃左右,所用仪器通常有岩石评价仪、热重仪、差热仪或专门设计的热解装置)。热解过程中获得不同热解时间、温度下的生烃率的成套数据,寻求合适的热解动力学模型并加以模拟,求得干酪根的热解动力学参数表观活化能和视频率因子。假定在实验室条件下获得的该干酪根的热解参数属于其自身特征,故也适用于自然演化条件,从而可利用所适用的动力学模型和参数,结合该生油岩现场的有关地质参数,如沉降速

率、地温梯度、沉降时间等，计算出现场生油岩不同埋深时的生烃率，并可根据多个代表性岩样的埋深与生烃率的关系，进一步得出盆地、凹陷的总生烃量。

（三）理论模型计算方法

物质平衡，即烃源岩中的有机质在生排烃过程的前后质量不变。源岩中有机质的总量等于地史中以各种方式排出烃类与仍残留在源岩中的烃类的总和（付秀丽等，2006）。以物质平衡理论为基础衍生的"生烃潜力法"在盆地油气资源评价中得到广泛运用。

烃源岩在埋深演化过程中，当其生烃量满足了自身吸附、孔隙水溶解、油溶解（气）和毛细管封堵等多种形式的存留需要，并开始以游离相大量排运油气的临界地质条件称为排烃门限，其概念模型见图 5-17。按照"干酪根晚期热降解作用生烃"（Tissot et al.，1984）的理论模式，生烃门限的确定一般依据镜质体反射率 R_o 值是否达到 0.5%为临界点。类似地，排烃门限同样可用某些确定的指标来加以定性与定量。

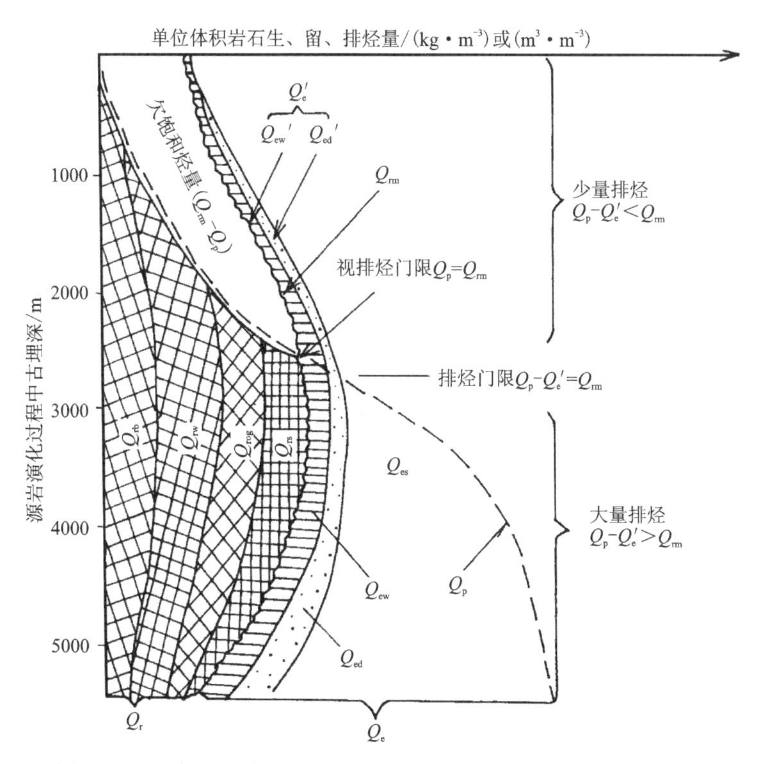

图 5-17　源岩埋深演化过程中排烃门限概念模型（据黄第藩，1984）

注：Q_p 为源岩累积生烃量，亿 t；Q_{rm} 为残留烃临界饱和量，亿 t；Q_r 为实际残留烃量，亿 t；Q_e 为源岩排烃总量，亿 t；Q_{rb}、Q_{rw}、Q_{rog}、Q_{rs} 分别为源岩吸附、水溶、油溶气和游离残留烃临界饱和量，亿 t；Q_{ew}、Q_{ed}、Q_{es} 分别为源岩水溶相、扩散相、游离相排烃量，亿 t；Q_{ew}'、Q_{ed}'、Q_e' 分别为源岩进入排烃门限前水溶相、扩散相、累积排烃量，亿 t。

第三节　页岩成烃模式

目前我国陆相页岩油勘探有利区根据古盐度可进一步划分为咸化湖盆和淡水湖盆两大

类，其中咸化湖盆页岩油因生烃母质类型、生烃“液态窗”出现时机等的特殊性，在中低成熟阶段形成较多液态烃，是当前陆相页岩油富集的重要基础。

页岩油咸化湖相沉积环境是形成“未成熟—低成熟油”的必要条件，主要是因为这些藻类富含脂类化合物，被称为“油藻”，具有较低的生烃活化能，可在低温条件下直接转化为烃类。针对富含脂类化合物的藻类早期生烃问题，前人已开展了典型水生藻类低成熟生烃模拟实验（黄第藩等，2003）。以颗石藻为例，在初始状态（R_o<0.2%）即含有丰富的氯仿抽提物（可溶有机质），可达400mg/g，以非烃和沥青质为主，总烃含量约为20mg/g；随着模拟温度增高，可溶有机质和总烃含量均逐渐增高，至250℃（R_o=0.45%）可溶有机质含量达到峰值，即600mg/g，此时总烃含量也达到40mg/g；温度进一步升高，可溶有机质含量开始降低，而总烃含量保持持续增加，至300℃（R_o=0.66%）可溶有机质降至400mg/g，而总烃含量增至60mg/g。由此可见，在R_o<0.7%的未成熟—低成熟阶段，可溶有机质含量很高，以非烃和沥青质为主，生成的饱和烃和芳香烃含量可达60mg/g。

可溶有机质在热力作用下会发生二次裂解。对可溶有机质进行封闭体系黄金管模拟实验，在较低的模拟温度条件下，可溶有机质以富含杂原子的非烃化合物为主，其次是C_{15+}的重质组分。在进一步受热过程中，这些富含杂原子化合物及重质组分会发生二次裂解，转化为轻质组分（图5-18）。

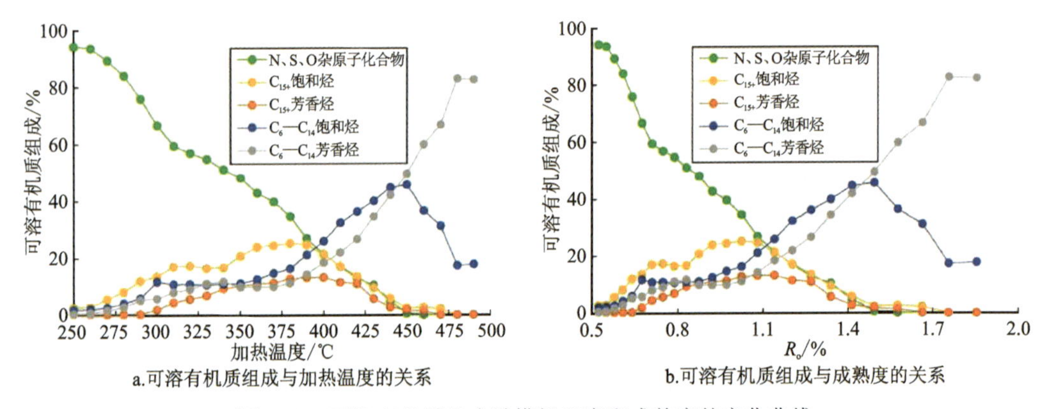

a.可溶有机质组成与加热温度的关系　　b.可溶有机质组成与成熟度的关系

图5-18　可溶有机质组成随模拟温度和成熟度的变化曲线

咸化湖相有机质在成熟阶段的生烃模式采用干酪根黄金管生烃模拟实验，揭示咸化湖相烃源岩有机质演化符合传统的“Tissot模式”，即存在生油高峰。R_o为0.7%～1.0%，为主要生油期，最大生油量达800mg/g，约占HI的90%，表明干酪根以生油为主。至R_o>1.0%之后，液态烃数量开始降低，此时液态烃开始大量裂解生气。当R_o≈1.7%时，液态烃降至50mg/g以下。

综合黄第藩等（2003）的藻类生烃及干酪根黄金管生烃模拟实验，可将咸化湖盆烃源岩生烃模式归纳为两个阶段：低成熟演化可溶有机质生油阶段和成熟演化不溶有机质晚期生烃阶段，其中早期生成的富含杂原子的可溶烃组分会发生二次裂解（图5-19）。

可溶有机质生油：生油母质主要来自生物体中的脂类化合物，在咸化缺氧环境中，这些脂类化合物得以保存下来，并没有键合至干酪根结构之中，可直接溶于有机溶剂，俗称“可溶有

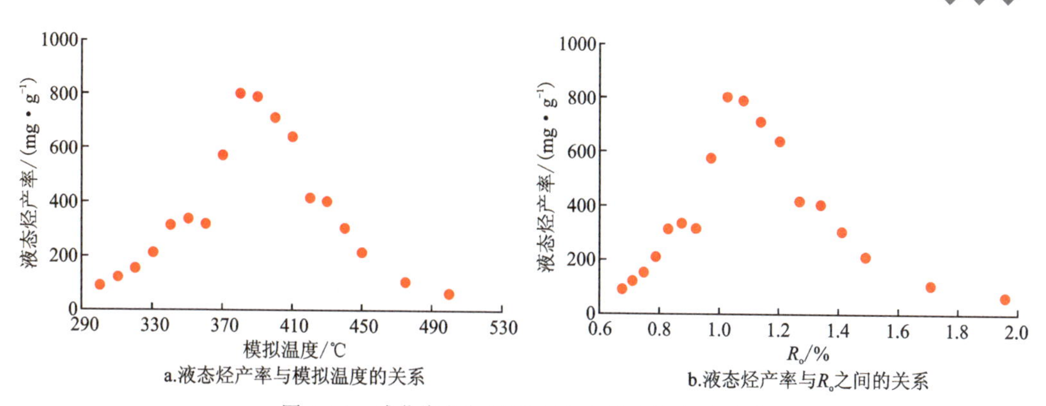

图 5-19 咸化湖相烃源岩干酪根液态烃产率曲线

机质”。在低成熟演化阶段,这类脂类化合物可直接转化为烃类,形成未成熟—低成熟油。

可溶烃组分二次裂解:在较低的热演化阶段以生成富含 N、O、S 等杂原子的非烃化合物为主,其次是 C_{15+} 的重质组分。这些杂原子化合物和重质组分在进一步受热过程中会发生二次裂解,转化为轻质的饱和烃和芳香烃。

不溶有机质生烃:有机质经过矿化作用形成干酪根,即不溶有机质,不溶有机质在热动力作用下裂解形成油气。这一演化模式与经典的油气生成模式无异,生油窗位于 R_o 为 0.7%~1.3%,生油高峰对应 R_o 为 1.0%。

咸化湖盆早期保存的直接来自生物体的可溶有机质是重要的生烃来源,可溶有机质还可在后期受热过程中进一步裂解成轻质油(图 5-20)。这一模式奠定了柴达木盆地相对较低有机质丰度烃源岩形成了高丰度油气藏的理论基础,对于认识咸化湖盆有机质富集与生烃机理,评价咸化湖盆常规和非常规油气资源潜力具有一定的指导意义。

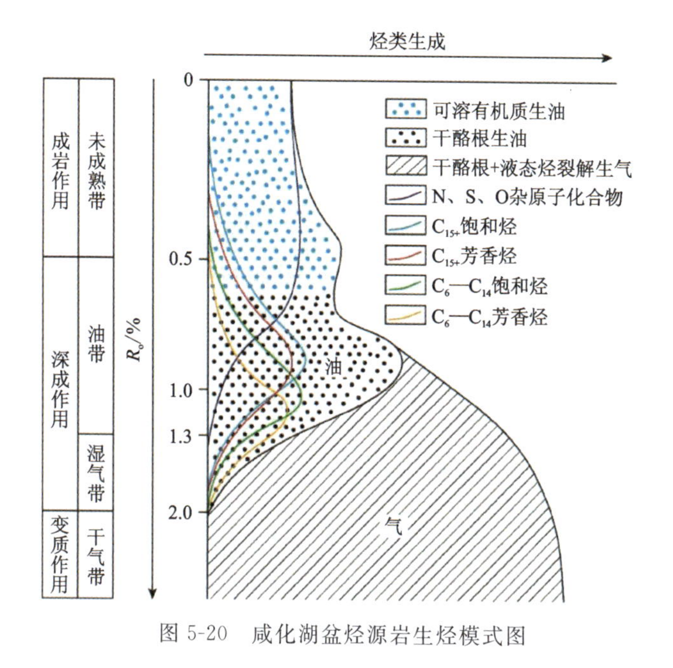

图 5-20 咸化湖盆烃源岩生烃模式图

第六章　页岩储层特征

第一节　页岩储集性能

与常规油气砂岩储层不同，页岩储层致密，物性偏低，观察研究难度大。在明确岩石学基本特征的基础上，通常借助特定的样品制备及高分辨率的观察手段，在对岩芯、薄片进行氩离子抛光处理后，利用扫描电镜及场发射扫描电镜观察等方法对页岩储层开展研究。页岩储集空间类型丰富，整体上可分为宏观孔隙和裂缝两大类。孔隙可进一步分为粒间孔、粒内孔和晶间孔、有机质孔，而陆相页岩成熟度低，其孔隙类型以无机孔为主；裂缝包括构造裂缝、层理缝、矿物收缩缝和异常压力缝等。

一、储集物性

随着北美页岩油气实现商业化开采，非常规油气近年来逐渐成为备受世界各国关注的重要资源(贾承造等，2018)。目前美国实现商业开采的页岩油气田，其孔隙度大部分介于3%～10%之间。与美国页岩油相比，中国页岩油层系以陆相为主，储层非均质性强、成熟度低，页岩油黏度高，导致页岩油可动性相对较差(赵贤正等，2019)，获得工业油流具有一定困难。一般来说，页岩储层孔隙度大于4%，渗透率大于0.000 1×10^{-3}μm^2，有利于页岩油富集与开采。目前已在准噶尔、鄂尔多斯、松辽、渤海湾、柴达木、四川等盆地获得工业油流，并在渤海湾盆地(赵贤正等，2019)和准噶尔盆地(赵文智等，2020)开展效益开发试验工作。通过不同地区页岩油井的物性参数统计(表6-1)可知，歧口凹陷沙河街组三段孔隙度介于1.13%～7.14%之间，渗透率在(0.003～69.7)×10^{-3}μm^2 之间。

表 6-1　不同地区页岩油储集层储集物性表征参数

地区	层位	孔隙度/%	渗透率/×10^{-3}μm^2
歧口凹陷[a]	沙河街组	1.13～7.14(平均3.99)	0.003～69.700(平均1.080)
济阳坳陷[b]	沙河街组	1.2～10.4(平均5.12)	0.007～182.000(平均8.028)
南堡凹陷[c]	沙河街组	2.37～6.72(平均4.22)	0.02～0.13(平均0.07)
鄂尔多斯盆地[d]	延长组	1.9～12.0(平均6.95)	0.01～0.30(平均0.12)
吉木萨尔凹陷[e]	芦草沟组	0.337～6.910(平均2.365)	0.048 3～0.128 0(平均0.084 5)

续表 6-1

地区	层位	孔隙度/%	渗透率/$\times10^{-3}\mu m^2$
四川盆地[f]	自流井组	0.3～10.5(平均 4.7)	0.002 8～61.250(平均 0.889)
沧东凹陷[g]	孔店组	0.24～6.03(平均 3.10)	0.03～10.00(平均 0.25)
古龙凹陷[h]	青山口组	8.4～9.1(平均 7.5)	0.001～0.05(平均 0.01)
柴达木盆地[i]	干柴沟组	2.9～22.4(平均 5.7)	0.01～31.02(平均 0.48)

注:a. 周立宏等,2021;b. 方正伟等,2019;c. 秦德超等,2023;d. 付金华等;2021;e. 贺小标等,2024;f. 祝海华等,2022;g. 蒲秀刚等,2019;李超等;2015;h. 孙龙德等,2023;i. 张道伟等,2020。

二、孔隙类型

Loucks 等(2012)提出了一种简单、相对客观、描述性的方法,根据与颗粒的关系将泥页岩基质相关孔隙分为 3 种类型:矿物颗粒间孔隙、矿物颗粒内孔隙和颗粒内有机质孔(表 6-2)。前两种孔隙类型与矿物基质有关,第三种孔隙类型与有机质有关。与矿物颗粒有关的孔隙可进一步细分成粒间孔和粒内孔,前者发育在颗粒之间和晶体之间,后者发育于颗粒内部。有机质孔是发育在有机质内部的粒内孔(于炳松,2013)。

(一)粒间孔

粒间孔多存在于不同颗粒之间,如有机质、石英、长石、方解石及黄铁矿草莓体等颗粒间,孔隙大小与岩石矿物组成有着密切关系。泥页岩的粒间孔在早期埋藏阶段非常发育,孔隙形态差异较大。在黏土矿物富集的泥页岩中,粒间孔沿着层理面呈狭缝状分布在层状黏土矿物之间。粒间孔通常在硬度较大的矿物颗粒(比如石英、长石和方解石等)的支撑下能够较好地保存下来,而在塑性矿物(比如黏土矿物等)含量较高的区域由于压实而被破坏。沧东凹陷孔店组二段页岩粒间孔较为发育,主要是由于颗粒间不完全胶结作用或成岩作用形成的,矿物颗粒在储层中数量大、分布广泛,呈不规则多边形,被沥青和黏土矿物充填(图 6-1)。

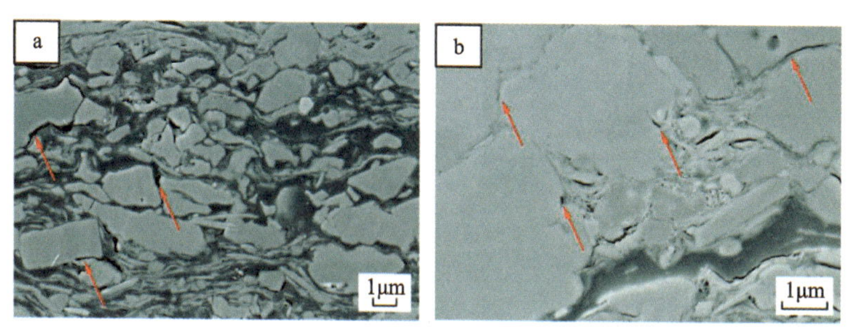

图 6-1　沧东凹陷 G108-8 井孔店组二段页岩储层粒间孔特征(据方正等,2023)

a. 粒间孔,3 230.06m;b. 粒间孔,2 972.40m。

表 6-2 页岩储层孔隙分类表(据 Loucks et al.,2012;于炳松,2013)

分类依据与类别		孔隙类型											
孔隙产状与类别	大类	岩石基质孔隙											
	类	矿物基质孔隙											有机质孔隙
		粒间孔				粒内孔							
	亚类	颗粒间孔隙	晶间孔隙	黏土矿片间孔隙	刚性颗粒边缘孔隙	黄铁矿结核内晶间孔隙	黏土集合体内矿片间孔隙	球粒内孔隙	颗粒边缘孔隙	化石体腔孔隙	晶体铸模孔隙	化石铸模孔隙	有机质内孔隙
孔隙结构与类别	微孔隙(<2mm)	颗粒间微孔隙	晶间微孔隙	黏土矿片间微孔隙	刚性颗粒边缘微孔隙	黄铁矿结核内晶间微孔隙	黏土集合体内矿片间微孔隙	球粒内微孔隙	颗粒边缘微孔隙	化石体腔微孔隙	晶体铸模微孔隙	化石铸模微孔隙	有机质内微孔隙
	中孔隙(2～50mm)	颗粒间中孔隙	晶间中孔隙	黏土矿片间中孔隙	刚性颗粒边缘中孔隙	黄铁矿结核内晶间中孔隙	黏土集合体内矿片间中孔隙	球粒内中孔隙	颗粒边缘中孔隙	化石体腔中孔隙	晶体铸模中孔隙	化石铸模中孔隙	有机质内中孔隙
	宏孔隙(>50mm)	颗粒间宏孔隙	晶间宏孔隙	黏土矿片间宏孔隙	刚性颗粒边缘宏孔隙	黄铁矿结核内晶间宏孔隙	黏土集合体内矿片间宏孔隙	球粒内宏孔隙	颗粒边缘宏孔隙	化石体腔宏孔隙	晶体铸模宏孔隙	化石铸模宏孔隙	有机质内宏孔隙
孔隙示例													

(二)粒内孔

粒内孔发育在颗粒的内部，尽管这些孔隙的大多数可能是成岩改造形成的，但也有部分是原生的。粒内孔主要包括：①由颗粒部分或全部溶解形成的溶蚀孔；②保存于化石内部的孔隙；③草莓状黄铁矿结核内晶体之间的孔隙；④黏土和云母矿物颗粒内的解理面(缝)孔；⑤颗粒内部孔隙，如球粒或粪球粒内部。粒内孔的大小通常从 10nm 到 1μm(Loucks et al.，2012；于炳松，2012)不等。

1. 溶蚀孔

溶蚀孔是成岩过程中经溶蚀作用形成的次生孔隙，一般与裂隙伴生，形成裂隙-溶蚀型次生孔隙组合。裂隙增强了页岩的渗透性，溶蚀孔提高了页岩的孔隙度，裂隙与溶蚀孔的共存改善了页岩的储集性能。溶蚀孔多与矿物溶蚀作用有关。通常在烃源岩生油阶段早期能够生成大量有机酸，方解石和长石等化学不稳定矿物较易发生溶蚀形成溶蚀孔。粒内溶蚀孔多呈圆形、椭圆形，孤立或密集分布，连通性差，孔径变化范围较大，从几纳米至几百纳米均有发育(图 6-2)。

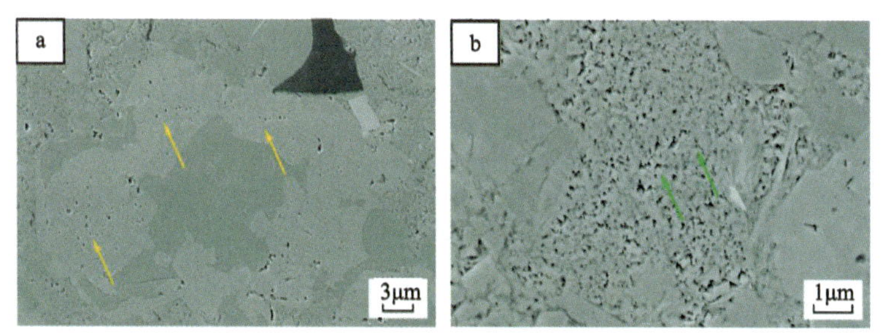

图 6-2　沧东凹陷 G108-8 井孔店组二段页岩储层溶蚀孔特征(据方正等，2023)

a. 白云石粒内溶蚀孔，2 969.30m；b. 方解石粒内溶蚀孔，2 980.57m。

2. 古生物化石孔

在部分页岩岩样中，存在一些古生物化石，如腹足类、藻类化石和介形类化石等(图 6-3)。这些化石大小不等，长度在 12～800μm 之间，并且保存比较完整。古生物化石骨架和腔体内部发育微孔，微孔直径可达 30μm。古生物化石孔形状还与化石结构有关，呈椭球状、狭缝状、多边形以及不规则形状等。该类型孔隙尺度大，连通性好，但比较少见。

3. 黄铁矿晶间孔

黄铁矿草莓体在黑色页岩中较为普遍发育，这与深水缺氧的还原环境密切相关。黄铁矿晶间孔发育于草莓状黄铁矿集合体中，形状较规则，多呈三角形或多边形(图 6-4a)(文家成等，2023)。

4. 黏土矿物和云母颗粒内的解理面(缝)孔

黏土矿物和云母属于塑形矿物，在沉积过程中容易形成解理面(缝)孔。解理面(缝)孔可分为晶内孔和晶间孔。通过扫描电镜观察发现，伊利石、高岭石和黄铁矿等片状或簇状分布

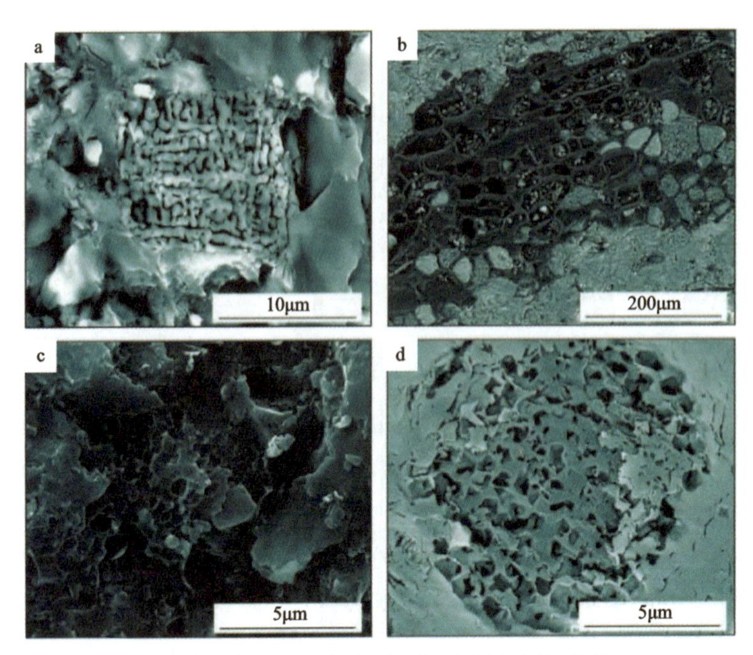

图 6-3　页岩中典型古生物化石孔镜下特征(据杨峰等,2013)

a. 钙质生物化石内发育纳米孔,ZK-Ⅱ-Ⅰ井,958.26m;b. 古生物化石内发育微米孔,方解石和有机质充填,ZK-Ⅱ-Ⅰ井,1 022.49m;c. 藻孢子囊孔,秀浅1井,167m;d. 含有机质硅质藻类化石内发育纳米孔,锰64井,104.7m。

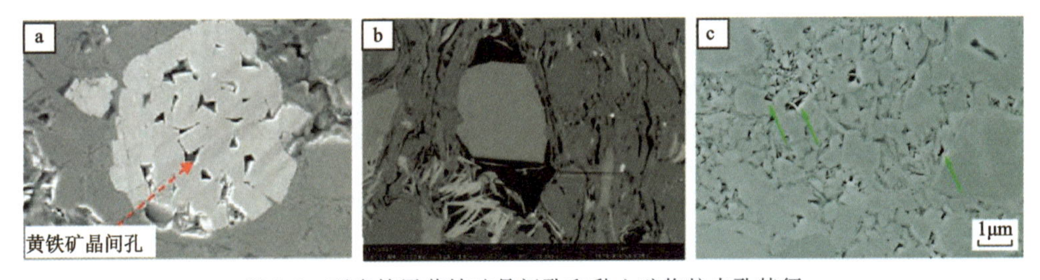

图 6-4　页岩储层黄铁矿晶间孔和黏土矿物粒内孔特征

a. 黄铁矿晶间孔,4136m,沧东凹陷孔店组二段(文家成等,2023);b. 黏土矿物缝,H14井,2 079.5m,松辽盆地青山口组(赵文智等,2023);c. 白云石晶间孔,G108-8井,2 980.57m,沧东凹陷孔店组二段(方正等,2023)。

的矿物中多发育晶内孔,矿物在生长过程中不紧密堆积而形成晶间孔。晶内孔和晶间孔均以纳米级孔为主,呈椭圆形、多边形、不规则形态,与粒间孔类似(图 6-4b、c)(文家成等,2023)。

(三)有机质孔

有机质孔是发育在有机质内的孔。只有当有机质的热成熟水平 R_o 达到 0.6%或以上时,有机质孔才开始发育,而这正好是生油高峰的开始;当 R_o 低于 0.6%时,有机质孔不发育或极少发育。根据有机质孔成因可将其分为结构孔和生烃孔。结构孔发育在具有颗粒形态的有机质内部,呈圆形、椭圆形,数量少,孔径较大,可达几微米(图 6-5a),此类孔隙继承有机质显微组分的生物格架;生烃孔发育在块状、条带状、填隙状等多种形态有机质内部,呈气泡状,孔径小,主要为几纳米至几十纳米(图 6-5b),其形成与有机质在生排烃过程中内部分子结构的重排有关。

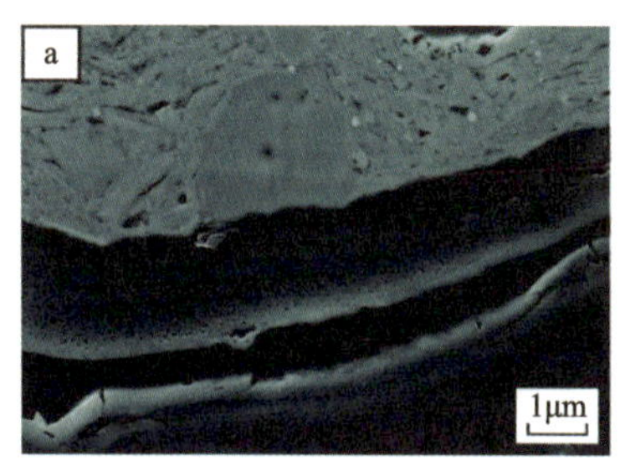

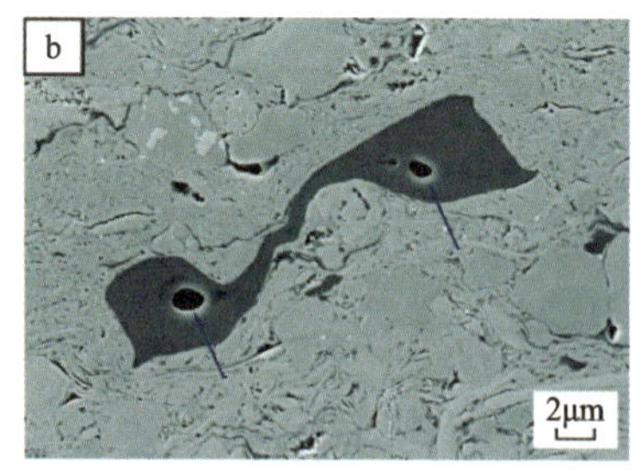

图 6-5 沧东凹陷 G108-8 井孔店组二段页岩储层有机质孔特征

a. 有机质内部结构孔,3 175.61m;b. 有机质内部生烃孔,3 233.35m。

三、裂缝

裂缝是泥页岩储层中最主要的储集空间类型之一,裂缝本身既可作为储集空间储集油气,还可以成为油气运移的通道。泥页岩中裂缝的发育程度对页岩油气的富集影响很大,裂缝的发育有利于游离相油气的富集和渗流,因此对泥页岩中裂缝的描述是一项重要的工作。裂缝从成因上可分为构造缝、层理缝、矿物收缩缝及异常压力缝等。

(一)构造缝

构造缝是岩石在构造应力作用下产生破裂面形成的裂缝,是裂缝中最主要的类型(图 6-6)。构造缝主要为斜交,缝面较平直,常见纹层错段,多被碳酸盐矿物充填(姜在兴,2023)。一般具有以下特点:裂缝成组出现;边缘比较平直,延伸较远;具穿层性,能在缝合线等非构造缝之间穿行或切割;具多期次性。构造缝的发育受到应力强度、岩石类型、地层厚度、边界条件、温度等因素影响,按力学性质的不同可分为张性缝和剪性缝。

图 6-6 玛湖凹陷风城组深层陆相页岩不同类型的构造裂缝(据刘国平等,2024)

a. 含碱矿页岩中的穿层剪性缝,MY2 井,4 154.18m;b. 砂质条带中的层内张性缝,MY1 井,4 574.85m;c. 粉砂质页岩中的顺层剪性缝,FN14 井,4 528.74m;d. 薄片尺度下纹层状页岩中的层内张性缝,MY1 井,4 852.59m(曾联波等,2022);e. 薄片中纹层状页岩中的穿层剪性缝,MY1 井,4 579.64m。

张性缝是在张应力作用下形成的裂缝，一般具有下列特征：①裂缝面粗糙不平，常有绕岩石或矿物颗粒而过的现象；②裂缝产状不稳定，平面上常呈锯齿状延伸；③裂缝两壁张开，并常有矿物充填；④多为高角度缝。沧东凹陷孔店组二段页岩中张性缝在岩芯上多表现为高角度缝，裂缝弯曲，延伸距离短，产状不稳定。裂缝边缘呈现锯齿状，裂缝面粗糙不平，无擦痕。裂缝组系性不明显，具有一定的开度，但常被方沸石、方解石等矿物半充填。张性缝有时构成锯齿状追踪张节理、单列或共轭雁列式张节理等，对改善页岩储层物性有建设性作用。

剪性缝是由剪切应力作用形成的裂缝，一般具有以下特征：①裂缝面平直光滑，通常切过颗粒；②缝面上有擦痕，甚至还有微错动现象；③裂缝面可切割岩层内颗粒；④成对出现，呈共轭“X”形，其两组剪裂缝的较小交角（约60°）的平分线方向为最大压应力方向。孔店组二段页岩中剪性缝也为高角度裂缝，但形态平直，产状稳定，延伸距离远。裂缝两侧可见明显错位，裂缝面平直光滑，常见滑动擦痕，裂缝两壁之间闭合，开度较小，但多数未被充填或充填沥青。剪性缝多具有共轭“X”形节理系，有时可见主剪裂面由许多羽状微裂缝组成，走向相同，首尾相接，与主裂缝面有一定角度，可明显改善页岩储层物性，是页岩油的优势运移通道。

（二）层理缝

层理缝是页岩中页理间平行纹层面的微孔缝，是力学性质薄弱的界面，易沿面剥离，岩芯上常碎裂成饼状，裂缝面较弯曲、易分叉（图6-7）。层理缝的横向连续性较差，裂缝长度变化大，延伸过程中通常不会切穿矿物颗粒而是沿着颗粒边缘分布。层理缝一般形成于不同矿物纹层或微层的分界面，既是重要的储集空间，又是沟通基质孔隙的良好通道，在页岩油的渗流和运移中起着关键的作用。

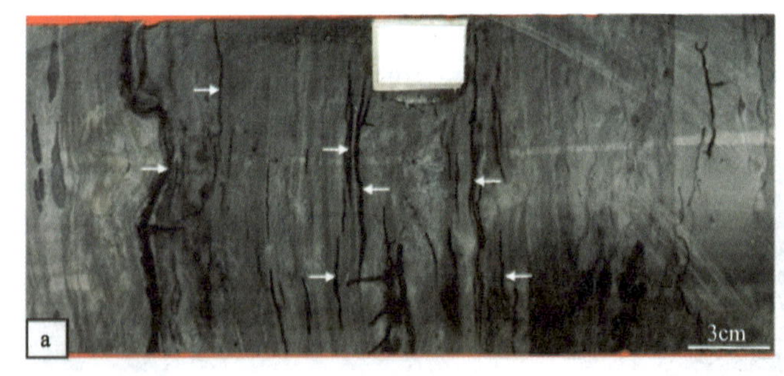

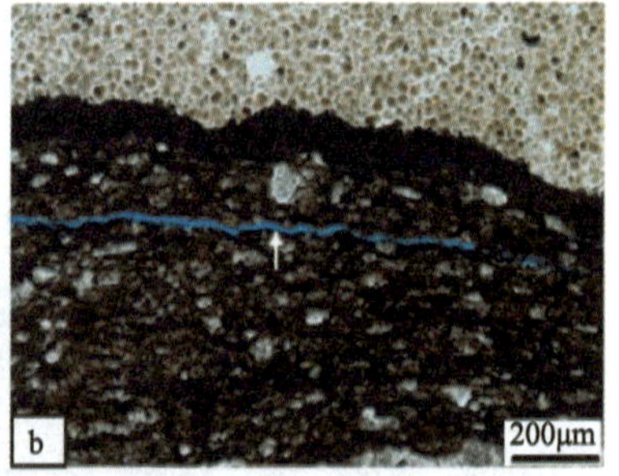

图6-7　玛湖凹陷风城组深层陆相页岩层理缝（据刘国平等，2024）

a.灰质页岩中的层理缝，MY1井，4 613.65 m；b.薄片尺度下纹层状页岩中的层理缝，MY1井，4 592.28m。

（三）矿物收缩缝

矿物收缩缝主要产生于黏土矿物中。在成岩作用过程中，黏土矿物转化脱水以及有机质排烃，导致黏土矿物层间收缩产生很多微裂缝（姜在兴，2023）。晶间微缝主要分布在片状黏土矿物之间；层间微缝主要存在于富碳酸盐纹层、有机质纹层与富粉砂纹层接触处。矿物收缩缝在富黏土矿物细粒沉积岩中非常富集，横向延伸长度较短，无方向性（图6-8a）。

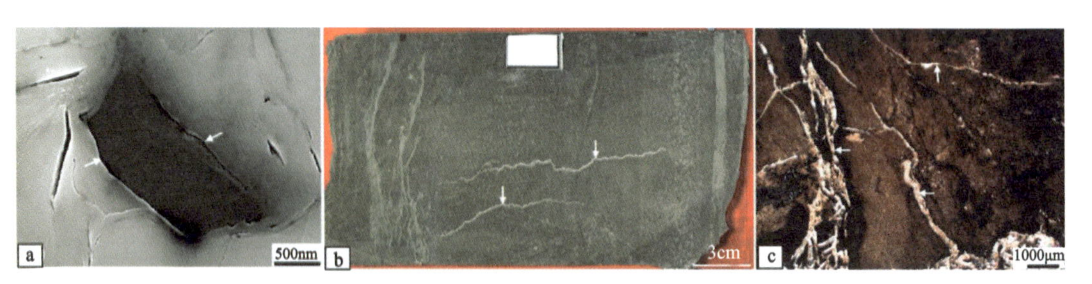

图 6-8　玛湖凹陷风城组深层陆相页岩收缩缝和异常压力缝特征(刘国平等,2024)

a.扫描电镜下的收缩缝,MY1 井,4 577.37m;b.岩芯中被方解石充填的异常压力缝,4 885.37 m;c.薄片中被方解石充填的异常压力缝,4 667.25m。

(四)异常压力缝

异常压力缝指在有机质演化过程中产生局部异常压力使岩石破裂而形成的裂缝。通常呈两端窄、中间宽的纺锤形或透镜状,其特殊几何形状与超压流体形成过程中的应力条件有关,表现为拉张裂缝的特征。这类裂缝延伸短,规模相对较小,开度较大(图 6-8b、c)。异常高压相关裂缝缝面形态不规则,不成组系,没有稳定的产状。因此,陆相页岩中这类裂缝分布不稳定,规律性较差。

第二节　页岩油孔喉表征及分布特征

页岩油储层孔喉半径小,主要以微纳米孔隙为主。不同的孔隙表征方法在原理和应用上具有一定的差异性与局限性,各表征方法均具有一定的优势表征范围。对于页岩油储层孔喉结构表征需要结合多种方法,从而达到对页岩孔缝系统全尺度的表征(孙超等,2019)。

一、孔喉结构表征方法

目前最常用的页岩油气储层孔隙表征方法可以分为图像分析法、流体注入法和非流体注入法。图像分析法属于定性-半定量观测法,主要包括扫描电镜(SEM)、聚焦离子束扫描电镜(FIB-SEM)、原子力显微镜(AFM)和透射电镜(TEM)等方法。流体注入法和非流体注入法属于定量检测方法,前者主要包括高压压汞(MICP)、气体吸附等温线等方法;后者主要包括核磁共振(NMR)、中子小角散射(SANS)、中子超小角散射(USANS)、计算机断层成像(CT)等方法。

(一)图像分析法

图像分析法利用光学显微镜(OM)、扫描电镜(SEM)、激光共聚焦扫描显微镜(CLSM)等微区分析技术直接对致密储层中的孔隙进行观察,获取图像并进行分析,从而获得致密储层中的孔喉大小、形状、表面粗糙度、分布及颗粒的接触情况等特征(焦堃等,2014)。近年来聚离子束抛光(FIB)技术的兴起极大地提高了原子力显微镜(AFM)、扫描电镜(SEM)和扫描隧道显微镜(STM)等图像学分析法的应用,尤其是氩离子抛光技术,可以提高样品表面的光滑度,从而

提高图像分析法的分辨率，扩展了图像分析法所能表征的微孔隙的下限，为微米—纳米级孔隙图像分析技术的普及应用提供重要支撑。图 6-9 为用于油页岩微观结构表征的相关方法。

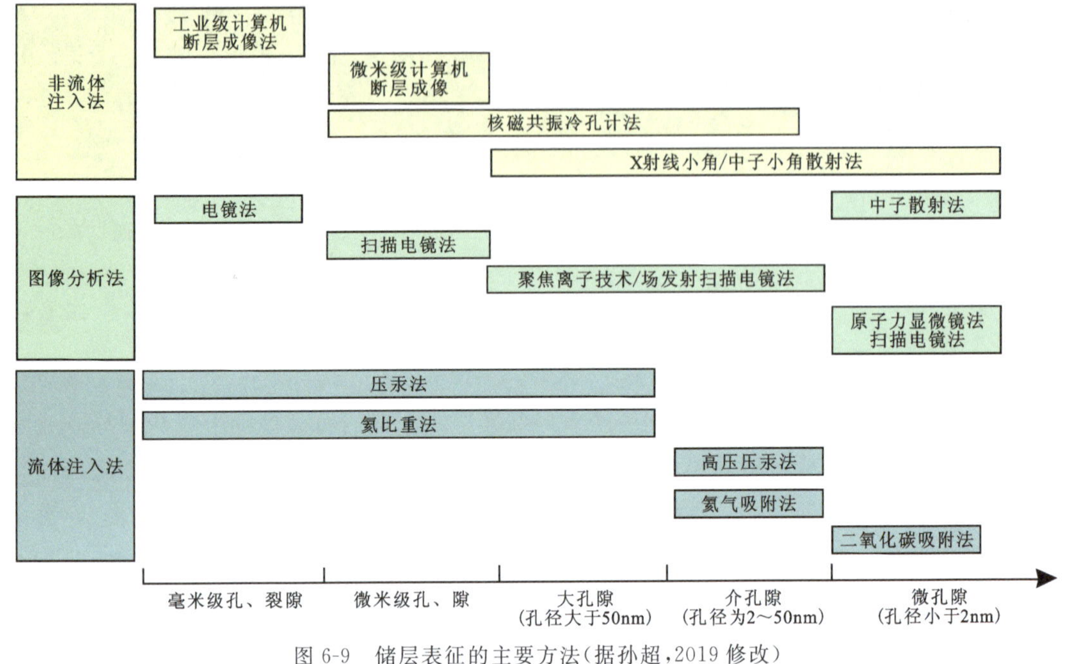

图 6-9 储层表征的主要方法(据孙超，2019 修改)

1. 扫描电镜

扫描电镜(SEM)的原理是利用二次电子、背散射电子等信号成像(图 6-10)。SEM 已成为研究常规储层岩石微观结构特征、黏土矿物特征的主要工具，精度为微米级，因而在观测纳米孔隙时会存在一定的困难。主要由于其电子发射源为钨灯丝，很难放大数万倍以上。利用 SEM 进行实验时，样品需要抛光和干燥处理，并在样品表面喷金(碳)。但这种处理方法限制了一些含水或油样品的测试，而且还可能会对测试结果造成误差。

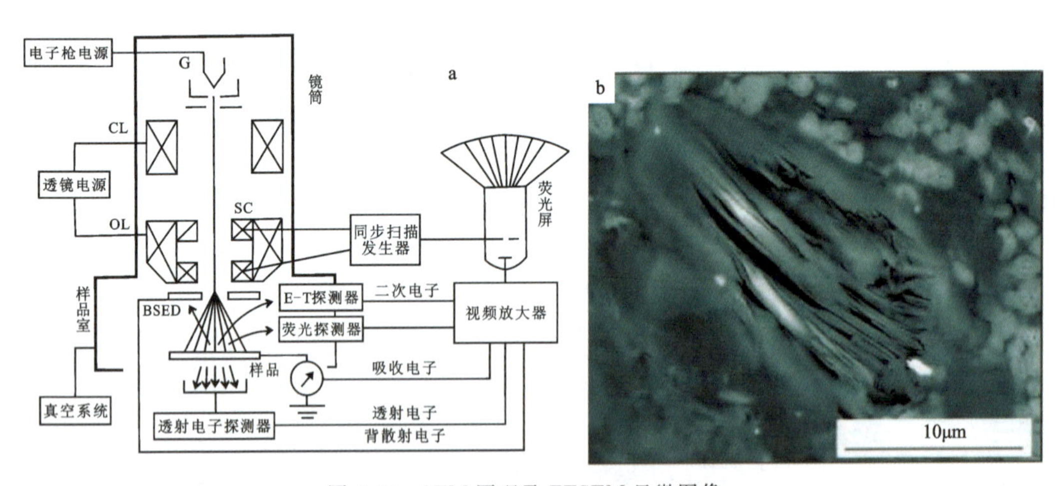

图 6-10 SEM 原理及 FESEM 显微图像

a. SEM 原理图；b. 纤维状伊利石之间分布夹缝状孔隙，秀浅 1 井，167m。

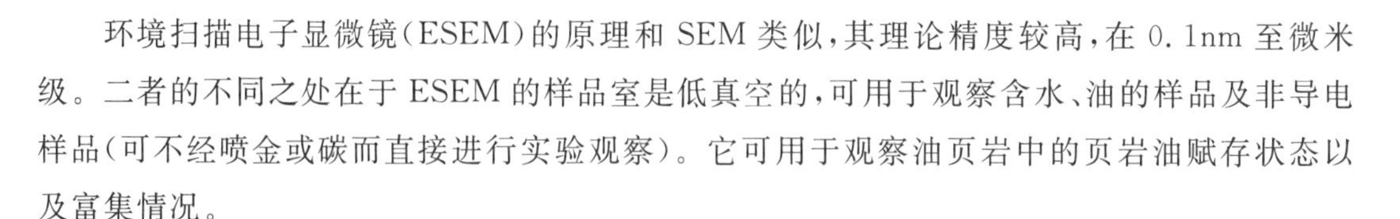

环境扫描电子显微镜(ESEM)的原理和 SEM 类似，其理论精度较高，在 0.1nm 至微米级。二者的不同之处在于 ESEM 的样品室是低真空的，可用于观察含水、油的样品及非导电样品(可不经喷金或碳而直接进行实验观察)。它可用于观察油页岩中的页岩油赋存状态以及富集情况。

高分辨率的场发射扫描电镜(FE-SEM)实现了纳米等级的分辨率。其发射源使用场发射电子枪，亮度是 SEM 发射源钨灯丝的几十倍，原理与 SEM 相似。若与 X 射线能谱仪相结合应用于孔喉微观结构相关参数的测量，精度达 0.1nm，可以直观地观察矿物结构、孔隙类型形态等，但多用于观察有机质孔，而对无机矿物颗粒的孔隙观察有所欠缺。

2. 聚焦离子束扫描电镜(FIB-SEM)

聚焦离子束(FIB)是将一束离子聚焦并作用于样品表面，样品表面原子会溅射出来，所以让离子束扫描样品表面即可得到所需样貌。其理论精度达 0.1nm，适用 10nm 等级孔，可观察其微观形态及连通性。聚焦离子束在 SEM 的基础上增加了纳米加工的功能。

FIB 与 SEM 结合的双离子束系统可实现样品的切割与扫描同时进行，从而实现三维效果观测。该实验需氩离子抛光处理。FIB-SEM 的原理同样是利用二次电子或二次离子成像，并利用大电流轰击出待扫描的洞(剖面)，利用得到的二维图像数值重构，即可生成三维图像。与 FIB 相似的宽离子束(BIB)也可以实现类似的过程，可与 SEM 结合形成 BIB-SEM 进行显微成像。聚焦离子束或宽离子束抛光配合 SEM 的分辨率可达几纳米，且实现三维重构可更加直观地对油页岩的微观结构进行观察。该方法耗时长、成本高，观测范围和使用范围都极小且会破坏样品，可用于油页岩中有机质孔或其他单个孔隙类型研究。

3. 原子力显微镜与透射电镜

原子力显微镜(AFM)原理为通过检测样品表面和一个微型力敏感组件之间的相互作用力，对样品表面结构及性质进行观察研究。该方法可用于观察油页岩中的介孔(2～50nm 的孔)，在常压环境就可实验，无需特殊处理样品，且成像效果为三维。缺点在于成像范围小、速度慢、受探头的影响大。

透射电镜(TEM)为电子穿过介质作用的成像技术，可用于页岩中介孔(2～50nm 的孔)和大孔(＞50nm 的孔)的观测，成像效果为三维，分辨率达 0.2nm。该方法缺点在于还不适用于观测页岩中的微孔(＜2nm 的孔)，且对实验样品的制备要求很严格。

(二)流体注入法

流体注入法使用汞等非润湿性流体及 N_2 和 CO_2 等气体在不同的压力下注入样品并记录注入量，通过不同的理论方法计算以获取孔径分布、比表面积等信息。实验过程相对简单，获取的数据相对全面，因而在目前页岩油气储层孔隙研究中应用最为广泛。受实验方法的限制，流体注入法只能用于研究开孔，不能表征闭孔(图 6-11)。流体注入法实验中开孔与闭孔的划分受到样品粒度影响，样品的粒度越细，闭孔就越有可能转变为开孔，导致开孔数目的增加，使所测比表面积和孔隙度增大。此外，样品的含水性亦对孔隙表征有很大影响。因此，在用流体注入法表征孔隙时应充分考虑样品粒度和含水性的影响，进行对比研究的数据只能在相同的粒度和含水性条件下得到。

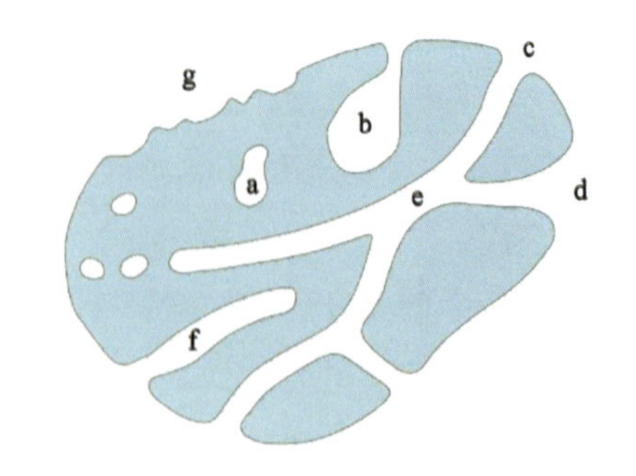

图 6-11　孔隙连通类型

a. 闭孔；b～f. 开孔，其中 b 和 f 为盲孔；c～e 为通孔；g. 粗糙面，与孔隙的区别是其深度小于宽度。

目前，国内大多采用高压压汞实验和恒速压汞实验来表征岩石孔喉结构。高压压汞实验进汞过程快、压力高，可以测得更小的孔径，但无法区分岩石孔隙与喉道，而页岩储层较致密，孔隙与喉道相对不发育，因此精细表征其分布范围及连通性对后续页岩油开发极其重要。恒速压汞实验进汞过程缓慢，接近于准静态过程，可以将孔隙与喉道区分开，适用于测定页岩油等低渗特低渗油藏的孔喉结构，但其较低的进汞压力使其难以表征泥页岩储层中的纳米级微孔隙，而低温氮气吸附实验能对直径 1.5nm 以上纳米级微孔隙进行定量表征。

1. 高压压汞法

压汞孔隙测试或压汞毛细管压力测试，常用于测定储层和盖层孔喉大小分布。压汞仪的最大工作压力决定了最小可测孔径。目前常见的压汞仪最大工作压力约 227.5MPa 与约 413.7MPa，其理论可测孔径范围分别为 0.005～360μm 与 0.003～360μm。

由于泥页岩孔隙孔径小、孔隙度低、渗透率低的特点，将压汞孔隙测试应用于泥页岩孔隙研究受到了一定的限制：①针对泥页岩低孔低渗的特点，需要高排驱压力促使样品进汞，高压会造成人为裂缝带来误差(特别是块样)；②Washburn 方程假设样品孔隙为光滑的圆柱状连通孔，实际测量中泥页岩复杂的孔隙形态与粗糙的孔隙表面会造成误差；③压汞法测量的是孔隙最大开口尺寸，因此孔喉的存在使测量孔径分布偏离真实值(Giesche,2006)。

尽管将压汞法应用于泥页岩孔隙的表征存在着一定的困难，但由于能获取孔隙度、孔径分布、骨架密度、表观密度及比表面积等诸多有关孔隙特性的重要参数，压汞法仍为表征泥页岩孔隙的常用方法之一，并且在研究大孔与有效孔隙度测定方面具有一定的优势。

2. 气体吸附等温线法

气体吸附等温线法是将气体分子(如 N_2、CO_2 等)注入样品，通过记录不同压力下气体分子在介质表面吸附和微孔隙充填的过程，较全面地揭示介质的表面特征和孔隙体系的几何学特征。理论上该方法最小测量尺度为气体分子的直径，最大孔径由高相对压力下测定探针气体吸附量的实际难度决定，一般不超过 100nm，这就使其可以表征样品超微尺度三维空间的分形特征(包括孔隙分形特征和表面分形特征)，具有其他方法不可替代的优势。但由于方法的限制无法单独获取样品的孔隙度信息。目前在泥页岩孔隙表征领域应用最多的是低压 N_2

吸附与低压 CO_2 吸附(图 6-12),前者更适合用于研究介孔的孔径分布,后者更适合用于测试微孔孔径分布(Bustin et al.,2008)。

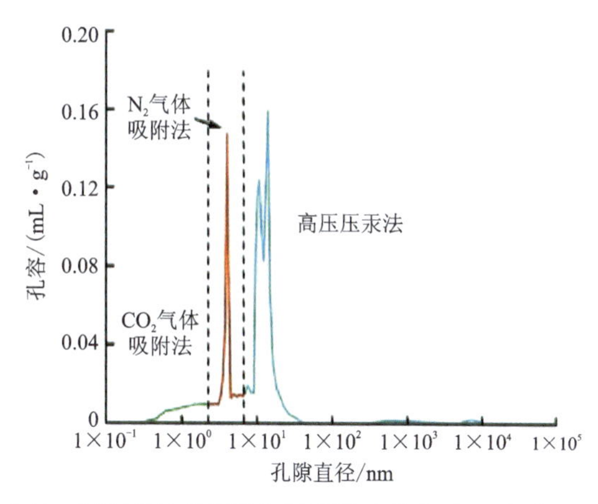

图 6-12　四川盆地龙马溪组页岩孔隙分布(据田华等,2011)

(三)非流体注入法

1.核磁共振

原子核的运动在外加电磁波下会产生核磁共振(NMR)现象,由于不同分子中原子核的化学环境不同,将会有不同的共振频率,产生不同的共振谱。因此,可根据页岩储层中不同组分和结构的不同弛豫过程,观测信号的强度变化,利用带有核磁性的原子与外磁场的相互作用引起的共振现象进行实验,检测孔喉结构与充填物质(朱如凯等,2020)。

实验室 NMR 在表征常规储层孔隙方面的主要应用在于测定孔隙度和孔径分布特征。核磁共振 T_2 谱所计算的特征参数更能全面描述和反映储集岩孔隙分布情况(图 6-13)。图 6-13 中的曲线分别为岩芯核磁共振的饱和谱(蓝色)、离心谱(红色)及饱和谱、离心谱的孔隙度累积曲线。依据谱形态定量表征研究,核磁共振参数可以分 3 类:①以弛豫时间为单位,反映孔隙大小的量化参数,包括最大弛豫时间、最小弛豫时间、半弛豫时间、谱峰弛豫时间、均值、几何均值、中值;②表征孔喉比例及控制流体运动特征相关的参数,包括最大孔隙度分量、区间孔隙分量、可动流体百分比(FFT)、束缚流体百分比(BVI);③表征孔隙分选特征的量化参数,包括歪度、分选系数、变异系数和峰度,此类参数是无法量化到图上的,图 6-13 中仅进行了定性标注(白松涛等,2016)。

泥页岩中的孔隙度、渗透率、孔径通常比常规储层小,导致 NMR 实验的低信噪比且获取数据需要更长的时间。纳米级孔隙的弛豫时间很短,可能低于仪器检测下限而无法被检测。同时由于泥页岩中大量有机质孔的存在,孔隙中的水和有机质属同核而不易区分,增大了数据的解释难度。因此,目前使用 NMR 研究泥页岩孔隙难度较大。尽管如此,国内外学者已经开展了页岩 NMR 实验的理论和应用研究。Kathryn 和 Justin(2013)将固体回波与页岩样品 T_1 和 T_2 测量结合,提供了更为全面的含氢核组分的分布信息,包括含水孔隙、沥青、有机

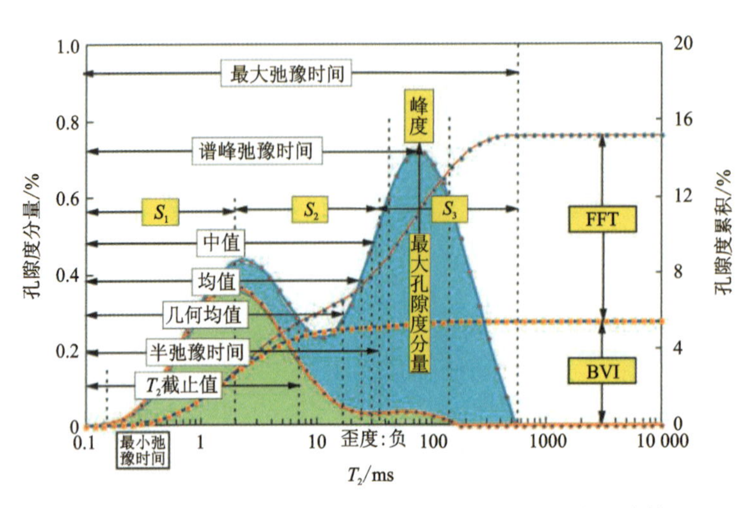

图 6-13　各类定量参数在核磁共振 T_2 图谱中的位置(据白松涛等,2016)

质等。孙军昌等(2012)发现页岩核磁孔隙度普遍小于水测法孔隙度。

尽管目前实验室 NMR 在页岩气储层孔隙表征中受到了一定的限制,但 NMR 测井在地层孔隙初步评价中是较为有效的方法。相信随着仪器精度的提高及数据解释方法的改进,实验室 NMR 将在页岩孔隙度研究方面发挥更大的作用。

2. 中子小角散射和中子超小角散射

小角散射技术(SAS)是利用探测射线照射样品,通过检测射线束穿过样品后发生在小角度范围内(一般 2θ 不超过 3°)的弹性散射来获取样品微结构信息的方法,主要包含中子小角散射(SANS)和 X 射线小角散射(SAXS),两者分别利用中子射线与 X 射线探测核散射截面变化及电子密度变化,以获取样品微结构信息。中子超小角散射(USANS)和小角散射原理一致,用于获取孔径更大的微结构信息。小角散射技术的特点是快速、无损,样品预处理过程简单。SANS/USANS 虽具有诸多优点,但其所依赖的中子源在国际国内数量稀少,其应用并不广泛。在地质学领域,页岩的特性决定其适合于中子小角散射研究,利用中子小角散射及其后发展起来的中子超小角散射能有效表征岩石中 1nm 至 20μm 的微结构,但在处理像致密储层这种孔隙形态复杂的样品时需要对孔隙形态等进行一定的假设(焦堃等,2014)。

3. 计算机断层成像

计算机断层成像(CT)是利用射线(X 射线或 γ 射线)穿过物质后强度的衰减作用研究物质内部结构的无损检测技术,按其分辨率与发展阶段可分为 3 类,即 ICT、Micro CT、Nano CT,其分辨率分别为毫米级、微米级与纳米级。常规工业 CT 的分辨率一般在次毫米级,商业公司为扫描地质岩芯样设计的专用 CT 提供了更便捷的操作和更高的分辨率,如 GEOTEK 公司的 MSCL-XCT 能连续扫描长度 155cm、直径 15cm 的岩芯样并获取分辨率高达 100～150μm 的图像(图 6-14)。Micro CT 通过射线源和感光耦合组件(CCD)的改进将分辨率进一步提升,达到数微米至几十微米。Nano CT 主要有基于传统结构(纳米级微焦点)、基于可见

光光学系统、基于同步辐射源 3 种类型，其分辨率分别为大于 150nm、大于 200nm、大于 10nm。高分辨率 Nano CT 的重建范围通常是毫米级至微米级的。目前的算法无法解决重建中的内问题，给 Nano CT 研究使用的样品[尺寸通常为微米级(李光等，2013)]的预制过程带来了困难。

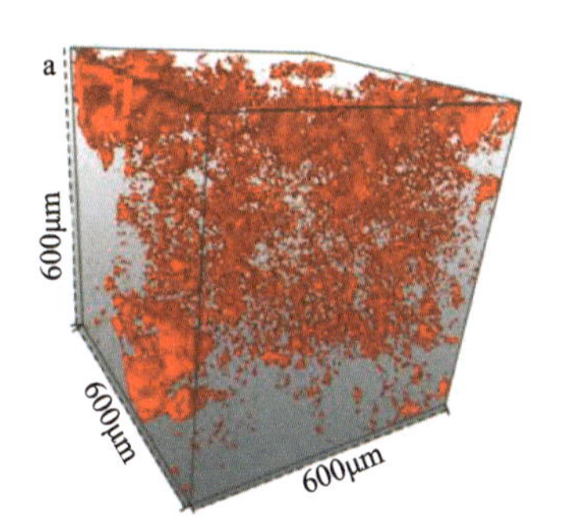

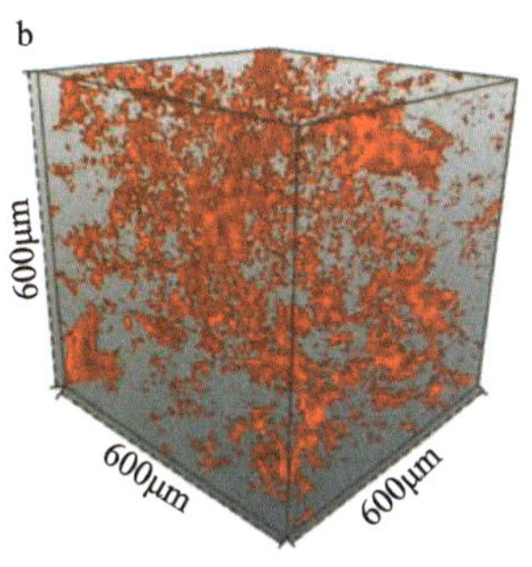

图 6-14　沧东凹陷孔店组二段组分型样品纳米 CT 扫描结果(据邓远等，2019)

a. CM1 型样品，GX 井，3 116.09m；b CM2 型样品，GX 井，2 979.3m。

CT 技术无损分析的特性及三维重建的能力对于页岩油气储层孔隙研究十分有利，ICT、Micro CT 与 Nano CT 提供了不同的表征尺度。目前较为成熟的 ICT 与 Micro CT 虽然分辨率有限，但连续扫描与三维重构能力可揭示孔隙的连续变化，有效应对页岩各向异性强烈的特点，为有利层位优选提供依据。目前来说，Nano CT 技术还存在诸多不足，但已有学者将其应用于非常规储层孔隙的研究(邹才能等，2011；白斌等，2013)。重建算法的改进、微纳米加工技术的进步，以及针对地质样品的专门优化，使得 Nano CT 在泥页岩孔隙研究中发挥更大的作用。

目前，国际上还没有形成广泛被接受的致密储层孔隙结构表征方法。多种实验设备的多尺度表征可以使各种方法得到相互补充，从而全面表征各种致密储层不同级别的孔裂隙结构特征。

二、孔喉结构、形态及分布

(一)孔喉结构

页岩储层的微观孔喉结构主要包括孔喉大小分布、孔喉空间几何形态、孔喉间连通性及配置关系等。通过岩芯薄片观察、扫描电镜及场发射扫描电镜观察手段对不同储集空间的尺寸、连通性及含油气有效性进行总结对比，发现层理缝、构造缝、重结晶晶间孔及有机质孔是优质储集空间类型(表 6-3)。

表 6-3　页岩储集空间常见类型及特征

类型	孔隙载体	形状	尺寸/μm	连通性	有效性	优劣
有机质孔	有机质	串珠状、气泡状	0.05～10	较差	油、气	中
粒间孔	石英、方解石等颗粒间	无规则	0.05～5	差	油、气	劣

续表 6-3

类型		孔隙载体	形状	尺寸/μm	连通性	有效性	优劣
粒内孔	溶蚀孔	方解石、长石	长条形、港湾状	0.1～2	差	油、气	劣
	黏土矿物孔	黏土矿物	缝状、方形	1～10	中等	气	劣
	黄铁矿晶间孔	黄铁矿草莓体	方形	0.02～0.05	较好	气	中
	重结晶晶间孔	方解石晶体	椭圆形、方形	0.5～50	好	油、气	优
裂缝		构造缝	平直、锯齿状	—	较好	油、气	优
		层理缝	水平	—	好	油、气	优
		异常压力缝	锯齿状	—	较好	油、气	中
		矿物收缩缝	无规则	—	差	油、气	劣

（二）孔喉形态

低温氮气吸附实验可以精细表征泥页岩中纳米级孔隙孔径分布特征。国际纯粹与应用化学联合会（IUPAC）提出了 6 种等温线类型（图 6-15a），吸附脱附曲线形态总体呈反“S”形。其中，Ⅰ型指示外表面相对较小的微孔固体；Ⅱ型、Ⅲ型等温线一般由非孔或大孔固体产生；Ⅳ型等温线由介孔固体产生；Ⅴ型等温线极为少见，指示微孔和介孔固体上的弱气-固相互作用；Ⅵ型等温线具有吸附台阶，来源于均匀非孔表面的依次多层吸附。

由于岩石样品孔隙结构复杂，基质表面发生毛细管凝集现象，等温脱附曲线出现明显的脱附滞后现象，脱附量远小于吸附量，从而出现明显的回滞环。根据 IUPAC 提出的分类标准，将吸附回滞环分为 4 类（图 6-15b）。其中，H_1 和 H_4 代表两种极端类型：前者的吸附、脱附分支在相当宽的吸附范围内垂直于压力轴而且相互平行；后者的吸附、脱附分支在宽压力范围内是水平而且相互平行。H_2 和 H_3 是两种极端类型的中间情况（刘辉等，2005）。

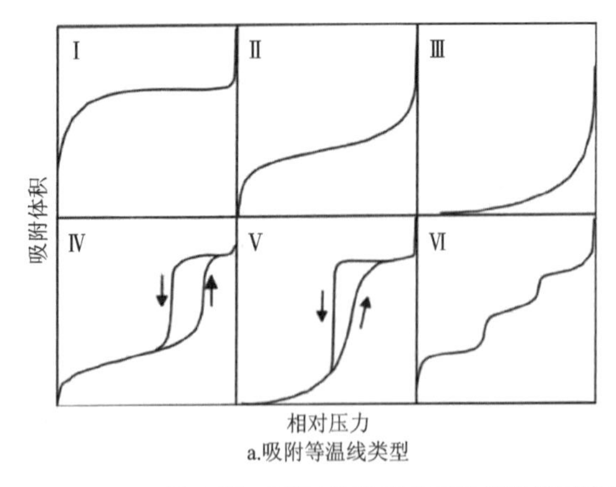

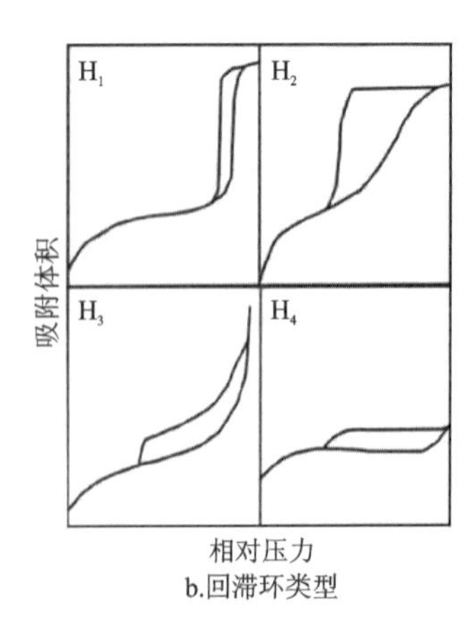

图 6-15　IUPAC 吸附等温线和回滞环类型（据赵迪斐等，2014）

回滞环形貌由多种标准回线叠加而成，兼具圆柱形、裂缝形、圆锥形和墨水瓶形的孔隙特征(图 6-16)(赵迪斐等，2014)。圆柱形孔隙是指两端都开放的管状毛细孔，较粗的圆柱形孔隙有利于油气运移；裂缝形孔隙是指平行壁狭缝状毛细孔隙，有利于油气的运移；圆锥形孔隙包括锥形或双锥形管状毛细孔隙和四面都开放的尖壁型毛细孔隙(板间不平行)两种类型；墨水瓶形孔隙是指具有细颈管状或墨水瓶状孔隙，有利于油气保存，但不利于运移(吴俊，1993)。

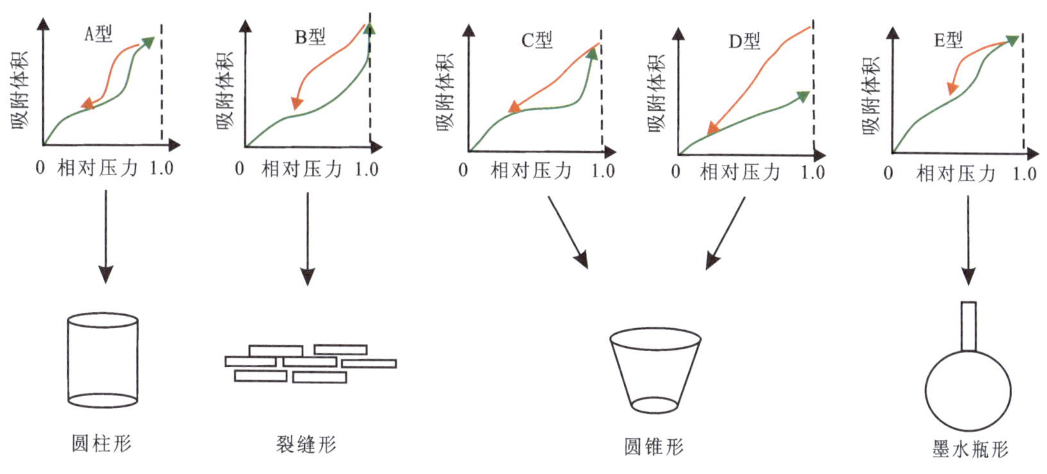

图 6-16 回滞环形貌特征与孔隙形态对应关系(据赵迪斐等，2014)

(三)孔喉分布

对于页岩油开采，只有相互连通的孔隙才具有实际意义，而高压压汞是表征连通孔隙的有效方法。基于页岩储层高压压汞数据分析页岩孔隙系统分布特征，可建立适用于页岩油储层孔隙大小的分类方案。根据 Washburn 方程，毛细管压力(进汞压力)与孔径之间具有一一对应关系：

$$d_c = \frac{4\sigma\cos\theta}{p_c} \tag{6-1}$$

式中，p_c 为进汞压力，MPa；d_c 为毛细管直径，μm；σ 为表面张力，N/m；θ 为接触角，(°)。在页岩孔隙系统中汞为非润湿相，σ 一般取值为 0.48N/m，θ 为 140°。

进汞曲线反映了页岩孔隙分布，随着压力增加汞由大孔隙逐渐进入微小孔隙。通过对 30 块页岩样品进汞曲线分析，页岩毛细管压力曲线自下而上出现 3 个拐点(T_1、T_2 和 T_3，图 6-17)。页岩大孔含量较高时，在一个很小的毛细管压力范围内，汞就能迅速且大量进入页岩孔隙系统，该范围始于进汞，止于第一个拐点(T_1，进汞压力约为 1.47MPa，对应于孔隙直径约为 1000nm)。T_2 和 T_3 两个拐点分开，二者对应进汞压力分别约为 14.7MPa 和 58.8MPa，对应孔径分别约为 100nm 和 25nm。

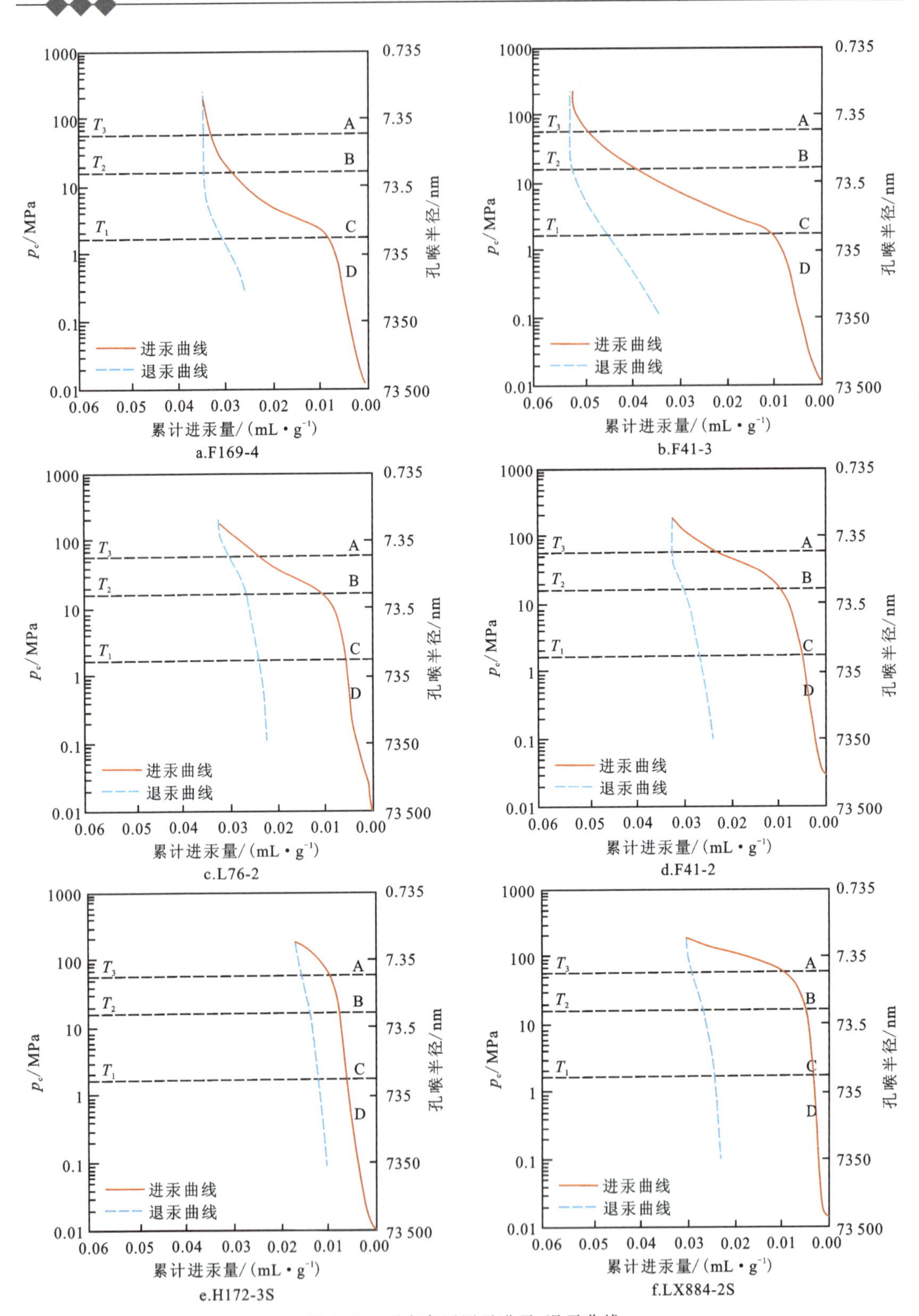

图 6-17 页岩高压压汞进汞-退汞曲线

(四)孔喉连通性

核磁共振方法可以通过对储层流体中^1H的核磁信号进行检测,获取孔隙中流体的横向弛豫时间(T_2)谱,用于分析储集岩的物性和渗流特征。一般孔隙越大弛豫时间越长,孔隙越小弛豫时间越短。如图6-18所示,核磁共振T_2谱波峰个数、分布、连续性和形态反映了各级孔隙的发育特征。每个谱峰反映一种孔隙类型,孔峰越大说明该类孔隙越发育。孔峰在离心前后形态变化不大说明孔隙连通性差。当孔隙峰值较小且在离心后部分谱峰消失,说明该孔隙具备一定的连通性。当孔峰离心后原来的峰消失,说明孔隙的连通性最好,非常有利于流体运移。当两种类型孔峰不连续,说明这两种类型孔隙间的连通性差;当两种类型的孔峰连续性好,说明这两类孔隙间的连通性好。

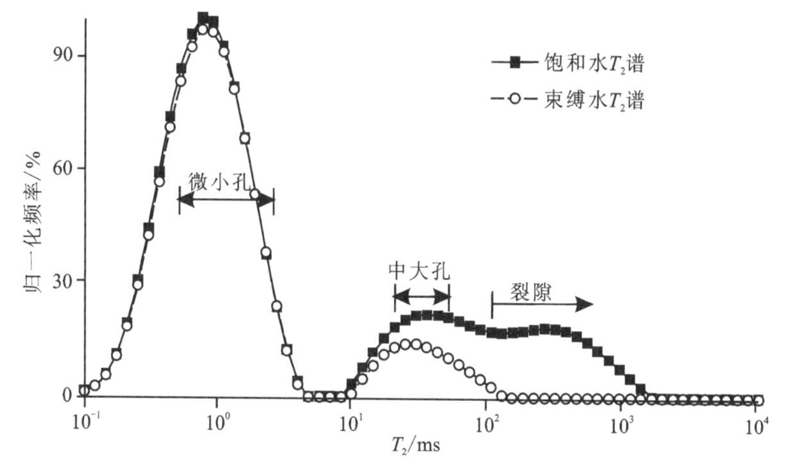

图6-18 典型T_2谱特征(据姚彦斌等,2010)

Nano CT扫描能够识别出页岩孔隙的三维空间结构,包含连通孔和闭孔,进而评价孔隙的连通性。孔隙连通域主要包括死连通域(孤立孔隙)和活连通域(连通孔隙)。活连通域又可分为Ⅰ级连通域、Ⅱ级连通域和Ⅲ级连通域。其中,Ⅰ级连通域由相邻的2个孔隙连接组成,连通范围较小;Ⅱ级连通域由2个以上的孔隙汇聚连接组成,但彼此未通过额外的喉道相连,连通范围中等;Ⅲ级连通域由大量的孔隙通过中—大喉道互相连接组成,部分孔隙在此基础上还通过额外(2个及以上)的小喉道连接,在三维空间呈网状结构分布(图6-19),连通范围一般较广。球棍模型可基于孔隙的空间分布,通过自动骨架模式模拟出孔隙和喉道的信息,从而反映孔隙之间的连通性。通过适当设置模式中的节点比例和管柱比例(如取值为1.5),选择显示的颜色模式,刻画出大喉道、中喉道和小喉道(图6-19)。连通的孔隙由Ⅰ级连通域、Ⅱ级连通域、Ⅲ级连通域以及与之相连的孔隙(球状点)共同构成。在三维空间呈多个网状结构的孔隙,其连通性较好。

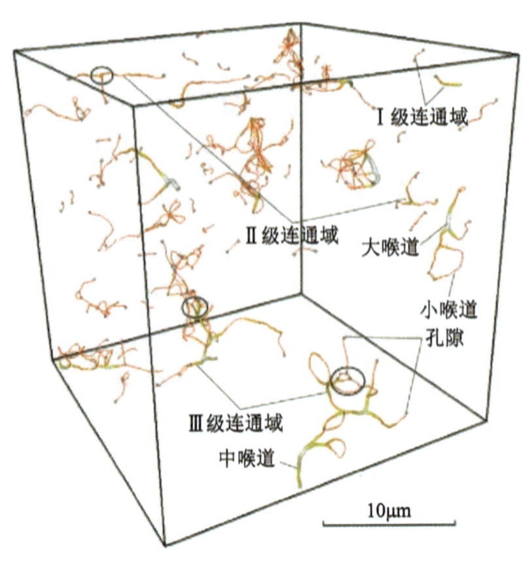

图 6-19 页岩内孔隙连通性三维分布(据苟启洋等,2018)

第三节 页岩油储层控制因素

与常规的砂岩储层相比,页岩油储层具有孔隙类型多样、孔喉尺寸跨度大、孔隙结构复杂的特征,储层的发育和演化受沉积环境、成岩作用、有机质热演化和构造作用等因素的共同控制。沉积环境和岩矿组成、有机质特征是影响页岩油储层发育的内部因素,构造作用是影响页岩油储层发育的外部因素,成岩演化过程对页岩油储层具有改造作用。

一、沉积过程

沉积因素是控制储集性能的"先天"因素,不同沉积环境下形成的储集体在岩石成分、结构构造、孔隙微观结构等方面存在明显不同,因而从根本上影响了有效储层的发育。

(一)沉积环境和沉积相

湖相细粒沉积物对沉积环境的变化十分敏感,气候、陆源输入、水体分层等环境因素决定了岩石的物质组成与混积样式,提供储集空间发育的物质,导致不同沉积环境的储层特征存在明显差异。沉积相主要是通过控制沉积物的分选、磨圆、粒度和基质含量来影响储集岩的原生孔隙。一般而言,颗粒大、分选和磨圆好、基质含量低的岩石孔渗条件好。沉积相对于页岩油储层的控制作用主要体现在两个方面:一是沉积相控制了页岩中有机质的富集程度;二是沉积相控制了页岩的矿物组成,从而控制了不同岩相页岩发育的范围(邹才能,2015)。

前(扇)三角洲—半深湖亚相控制纹层型页岩的主要分布。断陷湖盆具有多物源、近物源、岩性多样的特点,其中(扇)三角洲前缘亚相以中—细砂岩为主,前三角洲—半深湖亚相湖水稳定分层,沉积环境的季节性变化控制物质发生韵律沉降,构成碳酸盐纹层、碎屑纹层和黏土-有机质纹层垂向叠置的纹层型页岩。以黄骅坳陷为例,受多支物源的影响,在湖盆边缘形成多个大小不等的三角洲朵叶体(图 6-20)。其中,沧东凹陷孔店组二段细粒沉积区面积相对较小,环湖发育的(扇)三角洲沉积体系,物源可波及湖盆中心部位,形成前(扇)三角洲—半深湖亚相的纹层型页岩。歧口凹陷沙河街组三段一亚段细粒沉积区面积相对较大,环湖发育辫状河(扇)三角洲沉积体系,在歧北斜坡等部位为前(扇)三角洲—半深湖亚相,是纹层型页岩形成有利区;而湖盆中心部位受物源影响弱,以高黏土含量的泥页岩沉积为主。歧口凹陷沙河街组一段下亚段细粒沉积区面积相对较大,环湖发育扇三角洲、辫状河三角洲和远岸水下扇沉积体系,在凹陷低斜坡部位为"暖、清、浅"湖湾的前(扇)三角洲—半深湖亚相,是纹层型页岩形成的有利区;而湖盆中心部位受物源影响弱,以高黏土含量的泥页岩沉积为主(金凤鸣等,2023)。纹层型页岩内部矿物颗粒细小且堆积紧密,粒间孔不发育,由于不同纹层的矿物组分及力学性质存在差异,纹层界面处易于破裂形成层理缝;分层湖水环境具有高生产力和良好的保存条件,有机质呈纹层状富集,有机质孔隙数量相对较少,受有机质生烃释放的有机酸的影响,相邻的碳酸盐纹层或碎屑纹层中的不稳定矿物发生溶蚀作用形成溶蚀孔,黏土矿物常与有机质形成集合体,在与长英质、碳酸盐等脆性矿物混合沉积时,容易对粒间孔和粒内孔造成充填,导致页岩中的粒间孔和粒内孔数量进一步减少,总孔隙体积和比表面积小。

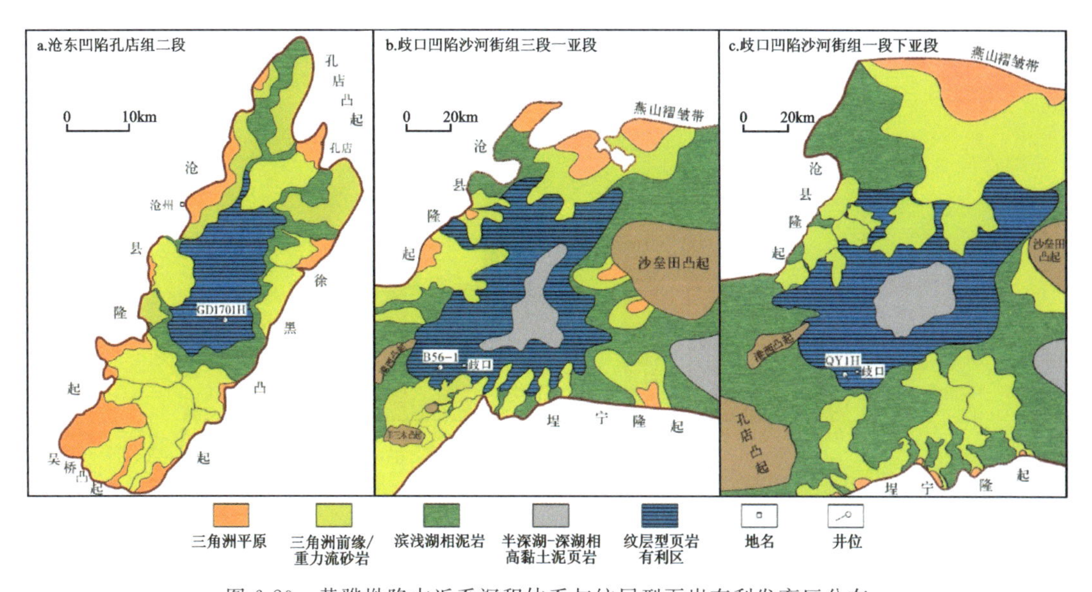

图 6-20　黄骅坳陷古近系沉积体系与纹层型页岩有利发育区分布

半深湖—深湖亚相重力流沉积和三角洲前缘亚相控制了夹层型页岩油的发育。重力流夹层型页岩油以半深湖—深湖相砂质碎屑流沉积、深水远端浊流沉积为主,发育富有机质泥页岩夹多层重力流叠置砂体,分布稳定,横向连续性较好,优质烃源岩与砂质沉积具有很好的配置关系。砂岩储层主要发育溶蚀孔和粒间孔。砂岩储层孔隙度主要分布在 6%～12%之间,平均为 8.2%(图 6-21a);渗透率介于$(0.03\sim0.50)\times10^{-3}\mu m^2$之间,平均为 $0.10\times10^{-3}\mu m^2$(图 6-22a);孔隙半径主要在 2～8μm 之间,喉道半径分布在 20～150nm 之间,孔隙结构以小孔—微喉型为主。CT 测试分析结果显示,小孔隙(2～10μm)所占孔隙体积最大,多尺度孔隙连续分布,数量众多,具有较大的储集空间,纳米级喉道连通孔隙形成复杂孔喉体系,决定了储层的渗流性能(付金华等,2021)。三角洲前缘夹层型页岩发育前缘水下分流河道、席状砂等砂质储集体,叠置厚度较大,横向连续性好。砂岩储层主要发育长石溶孔、粒间孔,另外见少量岩屑溶孔与晶间孔等。砂岩储层孔隙度主要分布于5%～11%之间,平均为7.9%(图6-21b);渗透率主要分布在(0.04～0.18)×$10^{-3}\mu m^2$之间,平均为0.12×$10^{-3}\mu m^2$(图6-22b);孔隙结构为小孔细喉型,孔隙半径主要分布在0～12μm之间,储层分选较好,微米级孔隙与纳米级喉道形成了由多个独立连通孔喉构成的复杂孔喉网络。

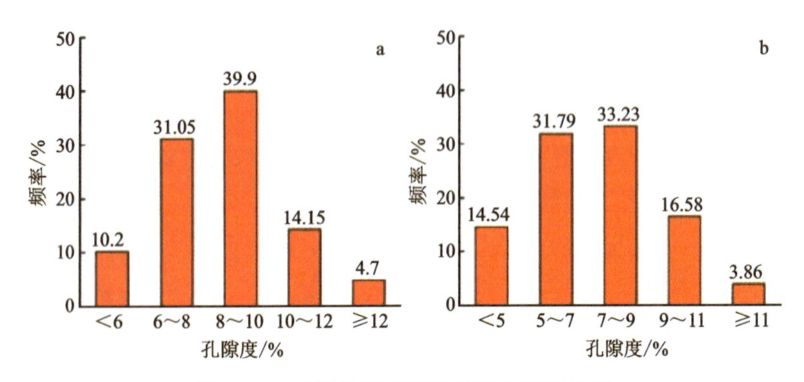

图6-21 不同类型页岩油储层孔隙度特征

a.重力流夹层型页岩油储层;b.三角洲前缘夹层型页岩油储层。

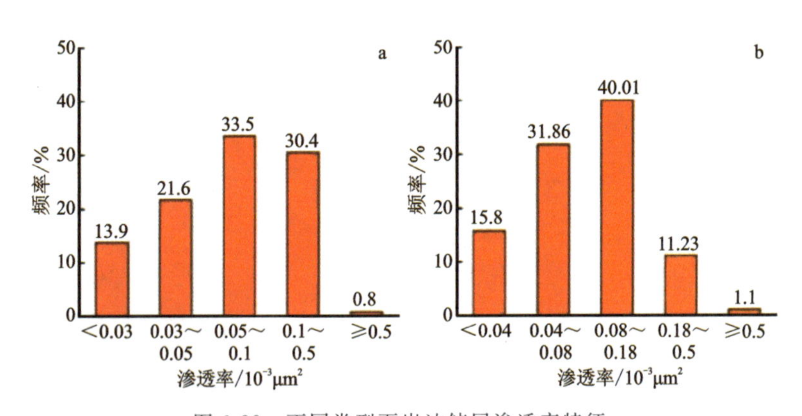

图6-22 不同类型页岩油储层渗透率特征

a.重力流夹层型页岩油储层;b.三角洲前缘夹层型页岩油储层。

(二)岩相组合

岩相很大程度上控制着页岩的储集性能,富有机质纹层型页岩是页岩油富集的基础(宋明水等,2020)。纹层型页岩孔隙类型包括有机质孔、碳酸盐矿物晶间孔、黏土矿物粒间孔、碎屑矿物粒间孔、层理缝等。以济阳坳陷沙河街组四段上亚段—沙河街组三段下亚段为例,主要发育20余类岩相,其中,富有机质纹层状泥质灰岩相、富有机质纹层状灰质泥岩相、富有机质层状泥质灰岩相、富有机质层状灰质泥岩相和富有机质块状灰质泥岩相5类岩相最为发育。综合运用氩离子抛光扫描电镜、SEM和核磁共振技术手段,揭示不同类型岩相储集空间结构特点(表6-4),认为富有机质纹层状岩相孔缝并存、储集空间大、连通性好。如富有机质纹层状泥质灰岩/灰质泥岩相方解石晶间孔孔径范围为 240～825nm，平均孔径为 560nm，高于富有机质层状泥质灰岩/灰质泥岩相和富有机质块状灰质泥岩相的孔径；富有机质纹层状泥质灰岩/灰质泥岩相方解石晶间孔孔喉二维配位数为 1.7～2.8，高于富有机质层状泥质灰岩/灰质泥岩相的 1.5～2.3 和富有机质块状灰质泥岩相的 0.5～0.9；富有机质纹层状泥质灰岩/灰质泥岩相方解石晶间孔孔喉分选性、均质性均好于富有机质层状泥质灰岩/灰质泥岩相和富有机质块状灰质泥岩相；对应的黏土矿物微孔也表现为同样的特征。不同岩相储集空间组合方式存在明显的不同，纹层状岩相发育大量网状缝、顺层缝、碳酸盐晶间孔和溶孔，形成复杂的孔缝网络体系，储集性好，孔隙度为 8.72%；层状岩相主要发育穿层缝、顺层缝和部分粒间孔，孔缝连通性下降，孔隙度为 5.23%（图 6-23）。通常情况下，储集性越好，含油性越高，表现为储集性与可动流体饱和度呈正相关关系。

表 6-4 不同岩相储集空间结构参数统计（据宋明水等，2020 修改）

类型	岩相	储集空间类型	孔径范围/nm	孔径平均值/nm	孔喉二维配位数	孔喉分选	均质性	孔隙度/%
纹层型页岩	富有机质纹层状泥质灰岩/灰质泥岩相	方解石晶间孔	240～825	560	1.7～2.8	19	0.54	5～16
		黏土矿物微孔	11～489	270	1.5～1.8	22	0.26	
	富有机质层状泥质灰岩/灰质泥岩相	方解石晶间孔	126～525	500	1.5～2.3	76	0.31	4～13
		黏土矿物微孔	7～328	7	1.2～1.9	28	0.25	
基质型页岩	富有机质块状灰质泥岩相	方解石晶间孔	68～210	158	0.5～0.9	11.5	0.29	3～8
		黏土矿物微孔	3～92	28	1.1～1.5	26	0.19	

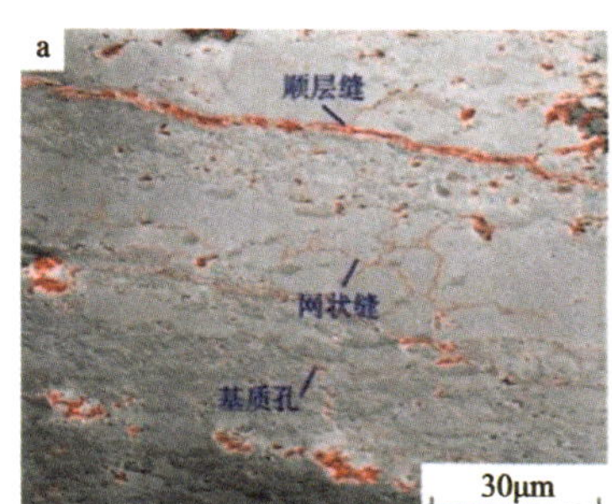

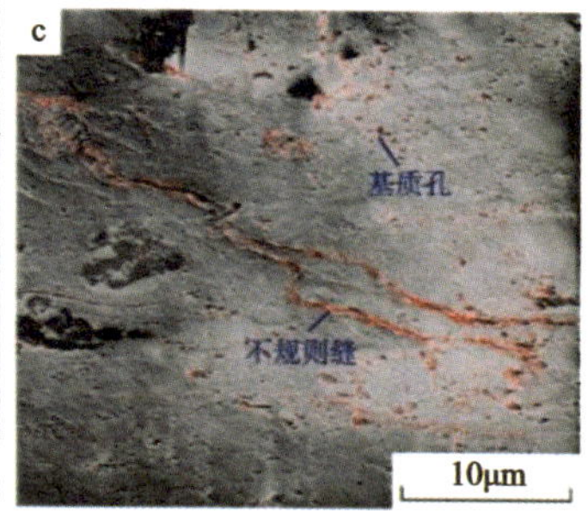

图 6-23 不同岩相储集空间结构特征（据宋明水等，2020）

a. LY1 井，3 603.3m，纹层状泥质灰岩，氩离子抛光扫描电镜；b. NY1 井，3 336.0m，层状泥质灰岩，氩离子抛光扫描电镜；c. NY1 井，3 485.9m，块状灰质泥岩，氩离子抛光扫描电镜。

优质源岩中的薄夹层是页岩油富集的场所，更是夹层型页岩油的输导通道。济阳坳陷优质烃源岩中的薄夹层主要包括两种类型：①碳酸盐岩薄夹层，主要发育在沙河街组四段上亚段和沙河街组一段页岩中；②砂岩薄夹层，主要发育在沙河街组四段上亚段和沙河街组三段下亚段页岩中。碳酸盐岩薄夹层主要发育在东营、渤南等地区的斜坡带，夹层厚度为 0.5～2.5m，大多小于 2m。薄夹层受后期交代、溶蚀成岩作用的影响，发育大量方解石溶蚀孔、白

云石粒间孔，物性好，平均孔隙度为 6.78%，平均渗透率为 $8.36\times10^{-3}\mu m^2$，是页岩油有利储集空间和输导通道，油气显示良好。夹层厚度越大，白云化程度越高，页岩油产能越大，单井试油产能与储集渗透率呈明显正相关。砂岩薄夹层在济阳坳陷广泛分布，但发育规模小且连续性差，受成岩作用的影响，储集空间相对较小，孔隙度相对较低，与相邻页岩差别不大，但渗透率却差别很大(图 6-24a)。当砂岩渗透率超过页岩 10 倍，通过薄夹层输导的页岩油百分比明显增加(图 6-24b)。砂岩储层的主要储集空间由粒间孔、长石溶蚀孔、黏土矿物晶间孔和微裂缝构成，孔喉为纳米—微米级，并且与层间缝网形成孔喉-缝网耦合系统，有利于夹层型页岩油富集(郭旭升等，2023)。

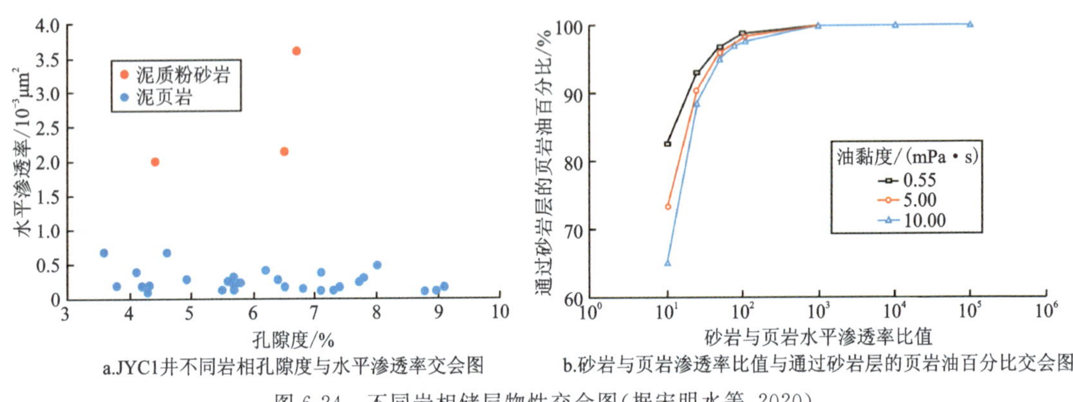

图 6-24 不同岩相储层物性交会图(据宋明水等，2020)

二、有机质对页岩物性的影响

相当于页岩矿物组成对页岩储集性能的影响，其有机质含量及演化对页岩储集性能也有明显影响。

有机质热演化生烃作用是细粒混积岩与常规砂岩储层的重要区别，无机成岩作用和有机质热演化生烃作用紧密协同、相互影响，共同驱动细粒混积岩储集空间的发育与演化，有机质热演化生烃是造成储层差异的关键。纹层型页岩富含有机质，有机质热演化对储层发育的控制主要体现在 3 个方面：①有机质在热演化生烃过程中，气态或液态烃类排出形成有机质内部或边缘孔隙，生烃过程消耗水分也会使有机质体积缩小，产生边缘收缩缝；②有机质热演化生烃过程排出有机酸，使成岩流体偏酸性，通过提供氢离子和络合金属元素来对方解石、白云石和长石等不稳定矿物造成溶蚀，形成溶蚀孔；③有机质热演化生烃作用导致流体压力升高，加速了微裂缝的生成，能够沟通原本孤立的溶蚀孔、黏土矿物粒内孔等，改善储集性能，此外，微裂缝与其他孔隙构成的孔隙网络也更有利于酸性流体的运移。

页岩油储集空间具有“双孔结构”，即干酪根的有机孔系统和矿物基质的无机孔系统同时存在。通过对 TOC 与孔隙度之间的相关关系分析发现，孔隙度随着 TOC 的增大，均呈现先迅速降低再缓慢变大的趋势(图 6-25)。分析认为，页岩层系有机质丰度较低时，主要以矿物基质的无机孔系统为主，岩性以碳酸盐质页岩为主(主要发育晶间孔)，同时有少量长英质页岩及混合质页岩(主要发育粒间孔)；当有机质丰度超过一定的临界范围，则以有机质孔系统

占据主导，岩性主要以具有相对高有机质丰度的长英质页岩和混合质页岩为主。前人研究证实，有机质含量为7%的烃源岩消耗35%的有机碳，可增加4.9%的有机质孔。

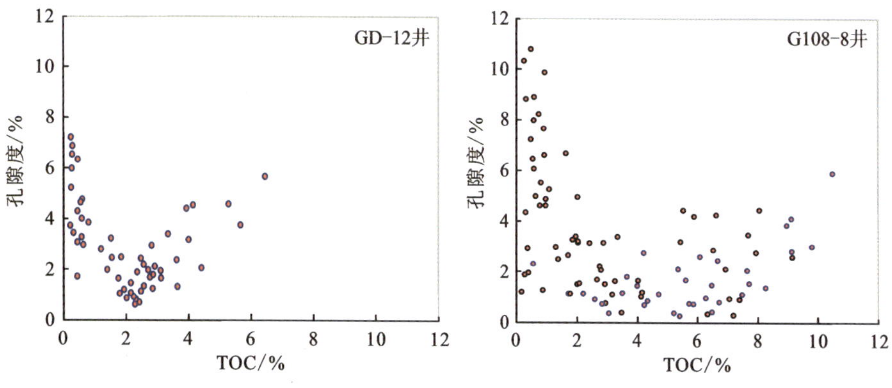

图6-25　沧东凹陷孔店组二段TOC与孔隙度的关系（据大港油田资料）

有机质演化过程中，将释放大量的有机酸，使得地层水酸性增强，碳酸盐、长石及黏土矿物被溶解，这对于新的矿物序列的形成及岩石物理性质至关重要。此外，研究表明，TOC含量还与碳酸盐的晶体形态密切相关。高TOC含量意味着更多的有机酸排出，使得溶解的泥晶方解石量增加，解除Mg^{2+}束缚，致使重结晶后碳酸盐矿物颗粒增大（梁超，2015）。

有机质对储层发育的影响首先表现在对页岩储集空间的控制作用。事实上，有机质孔的发育受到有机质类型及热演化程度的影响，二者决定着可转化有机碳的含量和转化率。基于此可以定量地计算有机质孔对岩石孔隙度的贡献。

有机质的丰度及成层性有利于页理的发育，因此高有机质含量意味着高丰度的层理缝。有机质对储层的控制作用还表现在其对裂缝发育的影响。统计数据表明，构造裂缝发育程度与有机质含量密切相关，二者具有良好的正相关关系。这是由于有机质排烃后留下的残余碳质导致岩石脆性变强，在外力作用下，岩石易断裂和破碎。研究表明，有机碳含量与孔隙度大致呈正相关关系（图6-26）。同时，在对四川盆地志留系龙马溪组页岩的研究中发现，TOC与孔隙体积和含气量呈较好的正相关，这既表明了有机质孔隙对于页岩孔隙网络的重要贡献，还表明了其对于储层物性的重要作用。

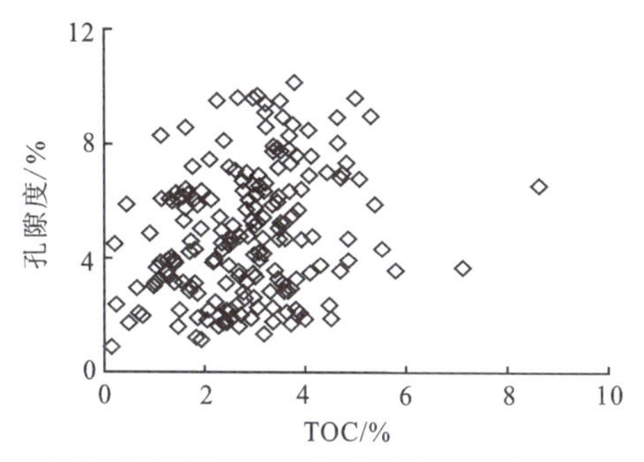

图6-26　东营凹陷页岩TOC与孔隙度关系（据梁超等，2017）

有机质生烃作用过程中形成的孔隙可以改善页岩的孔隙度。页岩孔隙演化主要受控于干酪根热演化，而与基质矿物孔隙演化关系不大。有机质热演化和生排烃过程中释放的有机酸、CO_2溶蚀铝硅酸盐矿物和碳酸盐矿物，能够产生的最大次生孔隙度分别可达 4.49%～7.48%和 1.54%～2.56%。有机质演化过程产生的孔隙并不局限于有机质孔，大量的酸性流体溶解使得一些硅酸盐矿物和黄铁矿等也发生了部分溶蚀（图 6-27a）。在层理比较发育的岩性中，流体顺层渗流比较明显，导致物质的带出，从而产生较多次生溶蚀孔（图 6-27b）。在相对致密的岩层中，流体作用发生在相对封闭的条件下，致使溶蚀与沉淀作用并存，就近形成一些次生矿物，主要是次生方解石、白云石和次生钠长石等（图 6-27c～e）。芦草沟组泥页岩层系中的白云质岩和粉砂岩/细砂岩夹层的溶蚀作用更为强烈。由于这些夹层不仅含有一定量的有机质（特别是云质岩类），且与富有机质泥页岩频繁互层，往往成为成岩流体/酸性成烃流体的排泄通道，溶蚀程度尤为显著（图 6-27f）（胡文瑄等，2019）。

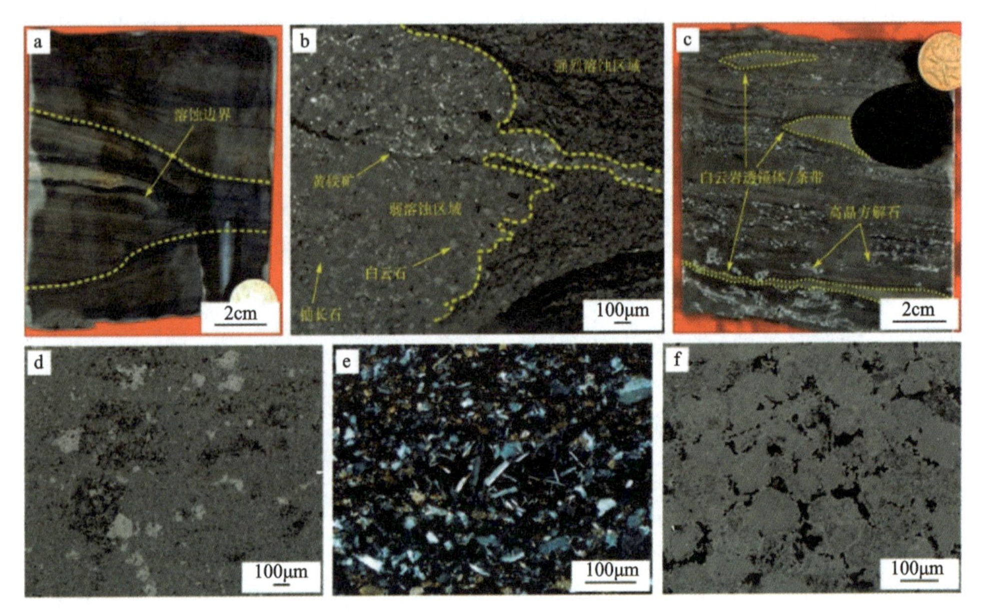

图 6-27　准噶尔盆地吉木萨尔凹陷 J174 井二叠系芦草沟组粉砂质/白云质泥页岩的成岩溶蚀现象（据胡文瑄等，2019）

a. 岩芯照片，样品经受了不均匀的流体溶蚀作用，具有明显的溶蚀边界，J174 井，埋深 3 200.1m；b. 电子探针（BSE）照片，白云质-粉砂质泥岩具显著的不均匀溶蚀现象，左侧为弱溶蚀区（有黄铁矿），右侧为强烈溶蚀区（黄铁矿也溶蚀消失），J174 井，埋深 3 174.2m；c. 白云质条带发生溶蚀，形成透镜状、不规则条带状残留，并就近形成亮晶次生方解石，J174 井，埋深 3 139.5m；d. 白云质-粉砂质泥岩中的不均匀溶蚀现象，形成溶蚀孔与次生方解石（灰白色矿物），J174 井，埋深 3 320.0m；e. 凝灰质泥质粉砂岩中的次生钠长石及次生孔隙，正交偏光，J174 井，埋深 3 121.2m；f. 砂屑白云岩的溶蚀现象，背散射图像，J174 井，埋深 3 114.7m。

咸水湖盆具有生排烃早、生烃周期长、持续生烃能力强的特点（刘庆，2004）。有机质作为泥页岩自身组分的一部分，其在热演化过程中会产生大量烃类产物，从而自身在形态上发生体积收缩、密度增大的变化，形成有机质孔。有机质孔的演化取决于有机质类型及热演化程度。较好的有机质类型是有机质孔发育的必要条件，但较低的热演化程度在一定程度上制约了有机质孔的演化（余志云，2022）。

三、成岩作用及埋藏演化

页岩的成岩作用和砂岩相比，既有相同之处，又存在差异。页岩成岩作用过程受外来物质的影响较弱，溶蚀作用、压实作用、胶结作用、黏土矿物转化、重结晶作用和白云石化作用等多种成岩作用相互关联，控制储层发育特征和优质储层的分布。细粒物质具有不稳定性特点，在埋藏成岩过程中发生转化作用(Essene et al.，1995)。无机矿物转化以黏土矿物的转化作用占据主导(Schieber et al.，2000；Aplin et al.，2011；Macquaker et al.，2013)。除了无机矿物的转化过程，有机质与地下环境介质发生生物、化学及物理作用，且随着介质条件的变化发生不同的演化(姜在兴，2010)。

(一)成岩作用特征

1. 溶蚀作用

富有机质泥页岩中的溶蚀作用主要与有机质生烃过程中产生的有机酸有关，页岩中被溶蚀的物质主要是碳酸盐矿物。而页岩中的酸性溶液不可能来自外部，主要依靠自身内部物质的供给。当有机质丰度较高且碳酸盐矿物较为发育时，有机质生烃使碳酸盐矿物组分被溶蚀，溶蚀作用一般以方解石和铁白云石的酸性溶蚀为主，有机酸近源溶蚀呈阶梯状、港湾状的溶蚀边界和圆点状、不规则状粒内溶孔(图 6-28a、b)。对比纹层状页岩与块状泥岩黏土层中碎屑矿物溶蚀特征可发现，纹层状页岩中方解石表面溶蚀孔十分发育，长石边缘溶蚀呈港湾状，而块状泥岩中碎屑矿物基本无溶蚀或溶蚀较弱(图 6-28a 与 c，d 与 f)。溶蚀强度与有机质生烃强度、碳酸盐矿物组分含量和储集空间连通性有关，在溶蚀作用较强的区域甚至会破坏颗粒的完整性(余志云等，2022)。对于同样是溶蚀较为发育的纹层状页岩，成层性好、有机质含量更高的纹层组合碎屑颗粒的溶蚀作用更强烈(图 6-28a 与 b，d 与 e)。压实作用使页岩的孔隙结构变差，而欠压实和生烃过程中产生的高压体系不仅可以延缓其溶蚀速度，还是保护孔隙和孔隙结构的重要因素。不同赋存状态的有机质在成岩过程中对母岩孔隙结构的改变有不同的影响，富含有机质的页岩在成岩过程中生成的酸性溶液对围岩矿物的溶蚀作用具有增孔作用，在有裂缝发育的地段更为明显。

2. 压实作用

机械压实作用是页岩的主要成岩事件。压实作用系指沉积物沉积后，在其上覆水层或沉积层的重荷下，或在构造形变应力的作用下，发生水分排出、孔隙度降低、体积缩小的情况，同时在沉积物内部可以发生颗粒的滑动、转动、位移、变形、破裂，进而导致颗粒的重新排列和某些结构构造的改变。岩石矿物遭受强烈的压实作用后，主要表现为强压实作用下矿物之间的紧密接触，具有显著的定向排列特征。随压实作用增强，孔隙度不断降低，孔隙的产状也逐渐定向化。但在不同的埋深阶段其变化还存在着一定差异，显然是受压实作用影响的结果。埋深在 2000m 以上时压实作用对储集层孔隙度的改造非常显著，黏土沉积物在早成岩期发生第

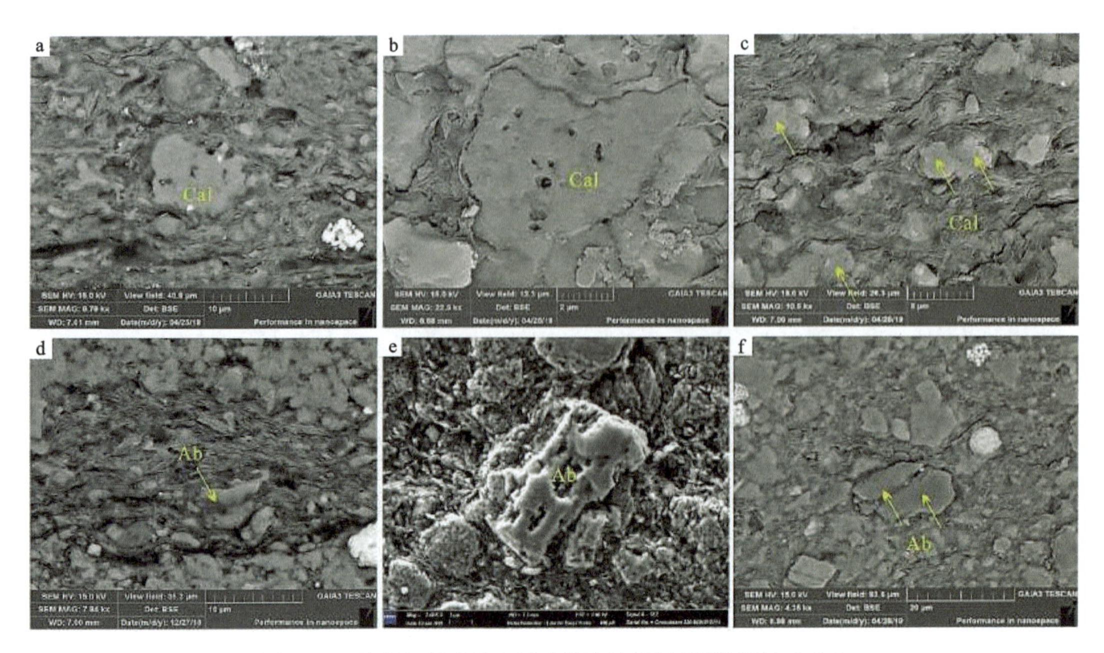

图 6-28　页岩与泥岩黏土层矿物溶蚀差异（据缝淑伊，2020）

a. 纹层状页岩黏土层方解石被溶蚀，NY1 井，3 317.52m；b. 有机质含量相对更高的纹层状页岩黏土层中的方解石溶蚀更强烈，NY1 井，3 315.55m；c. 块状泥岩中方解石几乎无溶蚀，NY1 井，3 306m；d. 纹层状页岩黏土层中的长石被溶蚀，NY1 井，3 326.35m；e. 有机质含量相对更高的纹层状页岩黏土层中的长石溶蚀更强烈，NY1 井，3 443.6m；f. 块状泥岩中长石几乎无溶蚀，NY1 井，3 306m。

一阶段的快速脱水，使得孔隙水和过量的层间水大量减少。埋深 2000m 以下时，随着压力与温度的继续升高，化学压实作用逐渐加强。化学压实作用对储集层物性起着重要的改造作用，主要表现为以碎屑石英为主的层理、纹层及夹层处，压溶现象出现在碎屑颗粒的边缘，页岩中石英颗粒边缘出现不规则形貌。鄂尔多斯盆地合水地区延长组七段储层中压实现象为塑性颗粒被挤压变形呈假杂基充填孔隙（图 6-29a），储层颗粒间以点-线接触为主（图 6-29b），无凹凸接触与缝合线接触。由于延长组七段埋深小于 2000m，储层压实程度不高（曹江骏等，2023）。

图 6-29　鄂尔多斯盆地合水地区三叠系延长组七段夹层型页岩油储层压实作用典型镜下特征（据曹江骏等，2023）

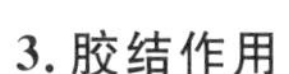

3. 胶结作用

胶结作用是泥页岩中最主要的成岩作用类型之一。胶结作用是指矿物质在碎屑沉积物孔隙中沉淀，形成自生矿物并使沉积物固结为岩石的作用，它是导致储层孔隙度降低的重要因素。页岩储层中常见的胶结作用包括碳酸盐胶结作用、硅质胶结作用、黏土矿物胶结作用和铁质胶结作用等。无论哪种胶结物类型，它们均会充填孔隙空间，使得岩石致密化。鄂尔多斯盆地合水地区延长组七段储层中自生黏土矿物是含量最高的胶结物类型，自生黏土矿物以伊利石为主，由早期蒙脱石转化而来。扫描电镜下，可见 2 种产状的伊利石胶结孔隙（图 6-30a、b）。伊利石胶结时，将储层中的大孔隙及粗喉道进行分割，减小了储层的储集空间。部分储层中还可见绿泥石与伊/蒙混层发育。扫描电镜下，可见部分孔隙被绒球状绿泥石胶结（图 6-30c），造成了储层原生孔隙的丧失。伊/蒙混层作为早期蒙脱石向伊利石转化的过渡产物，在早成岩 B 期就开始形成（图 6-30d）。与伊利石相似，伊/蒙混层胶结时，同样将储层中的大孔隙及粗喉道进行分割，减小了储层的储集空间，对储层起到破坏作用。此外，高岭石通常为酸性流体对长石等硅铝酸盐矿物溶解后的产物（图 6-30e、f）。整体上，绿泥石、伊/蒙混层及高岭石对储层的影响较小，碳酸盐矿物的含量仅次于自生黏土矿物，主要为铁方解石与铁白云石，其次为少量的方解石与白云石。早期方解石一般形成于大规模压实作用之前，是延长组七段储层中形成最早的胶结物（图 6-30g），随着成岩作用的进行，方解石逐渐向铁方解石转变（图 6-30h）。阴极发光下也可见铁方解石发橘红色光，胶结次生孔隙（图 6-30i）。储层中白云石已基本向铁白云石转化，以胶结次生孔隙及交代铁方解石的形式产出（图 6-30j）。电子探针中也可见马鞍状铁白云石充填次生孔隙（图 6-30k），表明铁方解石与铁白云石均形成于溶蚀作用之后的成岩作用晚期，铁白云石的形成晚于铁方解石。除上述胶结物外，延长组七段储层中还可见少量黄铁矿与硅质胶结物。黄铁矿以胶结长石溶孔为主（图 6-30l），铸体薄片中可见黄铁矿形成时储层已被伊利石大量胶结，其含量较低，形成于溶蚀作用之后，晚于伊利石，早于铁方解石（图 6-30m）。硅质胶结物主要以石英二级加大边的形式产出，早于高岭石形成（图 6-30n），对储层的影响程度有限。

4. 黏土矿物转化

在相对封闭的泥页岩成岩体系中，黏土矿物转化是重要的成矿物质来源（张鹏辉等，2020）。蒙脱石在转化过程中伴随着层间脱水、伊利石的生成以及 Ca^{2+}、Mg^{2+}、Fe^{2+} 等成矿离子的析出，孔隙流体呈现出富碱性阳离子的高矿化度特征。随着铁白云石的析出，Mg^{2+}、Fe^{2+} 由流体向矿物内部迁移。同时，随着有机酸的排出，钾长石溶蚀产生高岭石沉淀、二氧化硅和 K^+，二氧化硅以微晶石英的形式析出，K^+ 则向孔隙流体内富集。一方面，K^+ 的富集促进了蒙脱石向伊利石的转化；另一方面，富含 K^+ 的碱性环境下有利于高岭石向伊利石转变。蒙脱石转化为伊利石后主要以针尖状、丝片状为主（余志云，2022）。

黏土矿物对不同储集层质量的改善能力存在差异。以东营凹陷樊页 1 井沙河街组四段上亚段为例，结合扫描电镜观察，纯上 1 小层中黏土矿物多为顺层发育，受压实作用影响彼此呈紧密接触（图 6-31b），对储集层物性的改善较差，黏土矿物含量与孔隙度的相关性较差（图

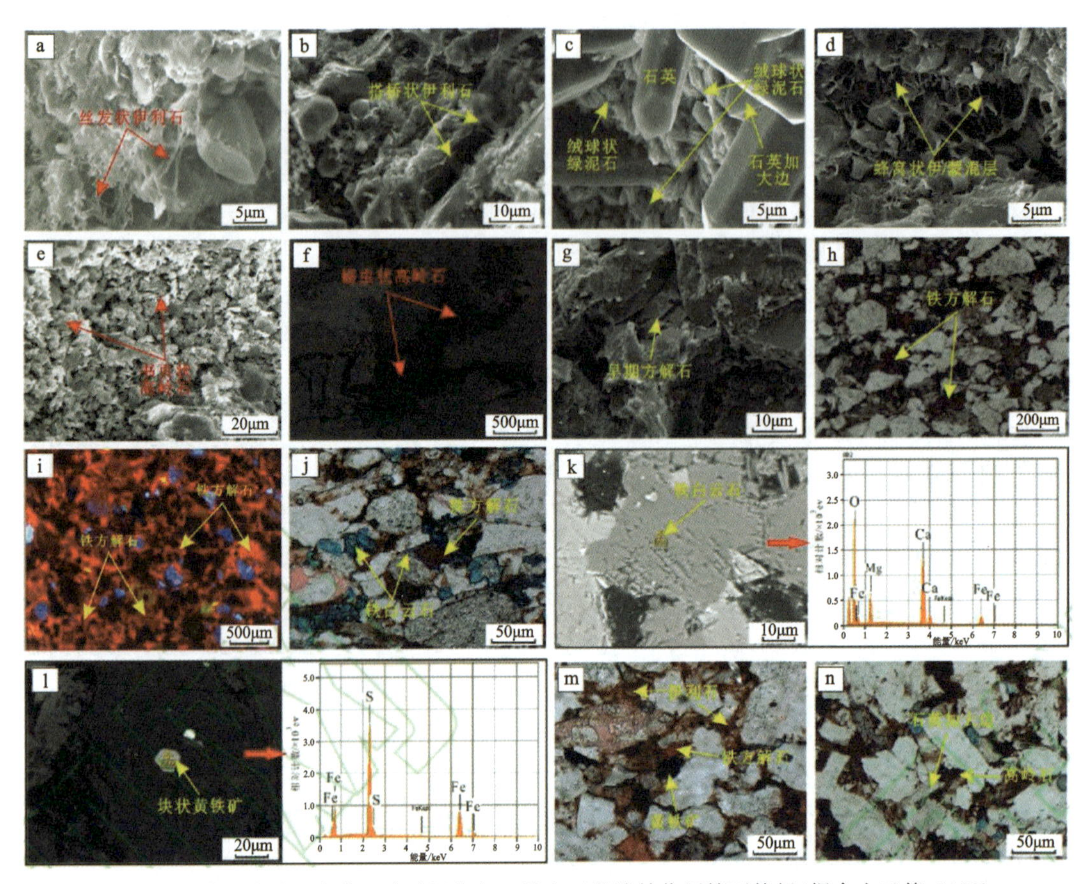

图 6-30　渤海湾盆地东营凹陷沙河街组四段上亚段胶结作用镜下特征(据余志云等,2022)

a. 丝发状伊利石胶结,Z225 井,1 778.6m,扫描电镜;b. 搭桥状伊利石胶结,Z140 井,1 826.3m,扫描电镜;c. 绒球状绿泥石胶结,其形成晚于硅质胶结物,B4 井,1 841.5m,扫描电镜;d. 蜂窝状伊/蒙混层胶结,N80 井,1 692.0m,扫描电镜;e. 书页状高岭石充填孔隙,Z140 井,1 373.4m,扫描电镜;f. 蠕虫状高岭石胶结孔隙,N142 井,1 709.0m,电子探针;g. 早期方解石胶结原始粒间孔,N89 井,1 637.2m,扫描电镜;h. 铁方解石胶结次生孔隙,B11 井,1 770.5m,铸体薄片;i. 铁方解石胶结次生孔隙,发橘红色光,Z240 井,1 766.0m,阴极发光;j. 铁白云石胶结次生孔隙及交代铁方解石,N89 井,1 704.4m,铸体薄片;k. 马鞍状铁白云石充填次生孔隙,B29 井,1 549.5m,电子探针、能谱;l. 块状黄铁矿胶结长石溶孔,L20 井,1 596.4m,电子探针、能谱;m. 块状黄铁矿胶结次生孔隙,N89 井,1 639.0m,铸体薄片;n. 石英二级加大边形成早于高岭石,N33 井,1 686.3m,铸体薄片。

6-31a)。纯上 2 小层中黏土矿物含量与孔隙度呈现出良好的正相关,受其影响下的最大孔隙度可达 12%(图 6-31c)。结合扫描电镜观察发现,虽然此时黏土矿物仍以顺层发育为主,但黏土矿物在转化过程中释放了大量的晶间孔(图 6-31d),对于储集层质量的改善和孔隙连通性的提高有重要意义。纯上 3 小层中黏土矿物含量与孔隙度也呈现出较差的相关性,当黏土矿物含量相对较低时,可发育较高的孔隙度,反之则孔隙度相对降低(图 6-31e)。结合扫描电镜观察发现,此时黏土矿物主要以赋存于刚性矿物格架内的针尖状、絮状伊利石为主(图 6-31f),黏土矿物的转化已近乎处于停滞状态,该阶段下由黏土矿物脱水转化而来的次生孔隙相对有限,对储集层的贡献大大降低。

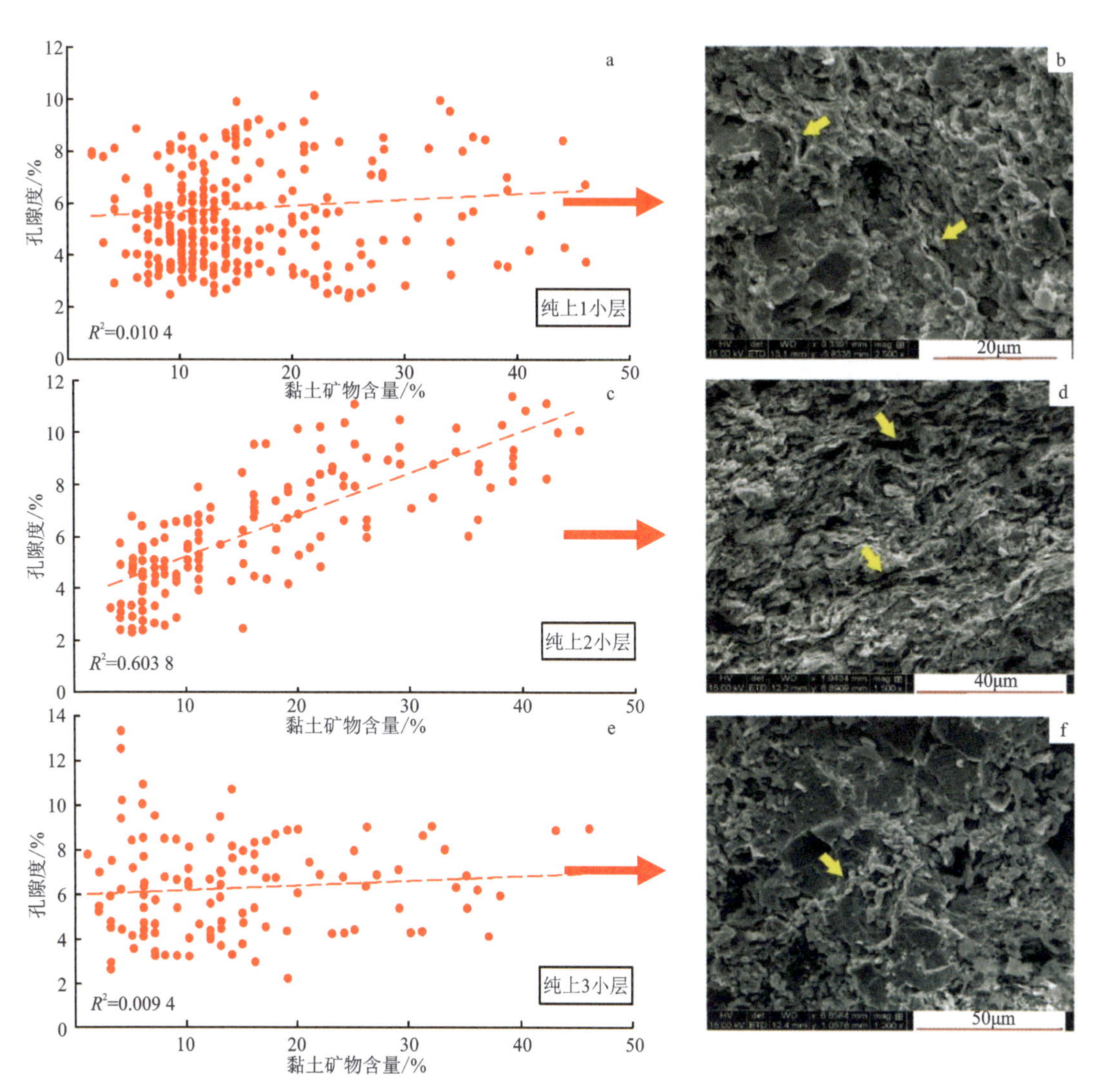

图 6-31　渤海湾盆地东营凹陷樊页 1 井沙河街组四段上亚段黏土矿物含量与孔隙度相关性及镜下特征

a. 纯上 1 小层有利深度段黏土矿物含量与孔隙度相关关系；b. 片状黏土矿物晶间孔发育程度较低，岩石接触紧密，樊页 1 井，3 298.16m；c. 纯上 2 小层有利深度段黏土矿物含量与孔隙度相关关系；d. 黏土矿物顺层发育，晶间孔发育程度高，樊页 1 井，3 353.02m；e. 纯上 3 小层有利深度段黏土矿物含量与孔隙度相关关系；f. 黏土矿物充填于基质矿物粒间孔内，孔隙发育程度较低，樊页 1 井，3 439.34m。

5. 重结晶作用

咸化湖盆形成的页岩储层广泛发育方解石的重结晶作用，主要以亮晶方解石纹层的形式产出，在不同的深度段呈现出平直连续纹层、断续纹层或透镜体叠置等特征，纵向上多与暗色富有机质层叠置。显微镜下可观察到粗大的马牙状方解石重结晶，富有机质层在其中遭错断而呈现断续条带状分布。扫描电镜下可观察到重结晶方解石成层分布，内部晶间孔发育（余志云，2022）。

方解石的重结晶作用对储集层物性的改造存在明显的差异性，生烃溶蚀背景下的方解石重结晶作用对储集层物性具有良好的改善能力。以渤海湾盆地东营凹陷樊页1井为例，纯上1小层和2小层，TOC与孔隙度呈现良好的线性正相关(图6-32a)，扫描电镜下发现亮晶方解石层内发育大量次生溶孔(图6-32b)，表明在该层段，尤其是纯上2小层中，经由此作用，孔隙度可以达到8%～13%(1小层为8%～10%)；纯上3小层，TOC与孔隙度呈现出微弱的线性负相关，但经由此作用，孔隙度仍可以达到6%～9%(图6-32c)，扫描电镜下发现亮晶方解石层相对致密，结晶程度高(图6-32d)。由于泥页岩中的孔隙流体性质基本保留了原始沉积水的性质，尽管方解石的重结晶作用对于孔隙仍有较强的改善能力，但白云石、方解石、石膏等自生矿物的持续沉淀会进一步降低方解石重结晶晶间孔对泥页岩储集层的增孔贡献。

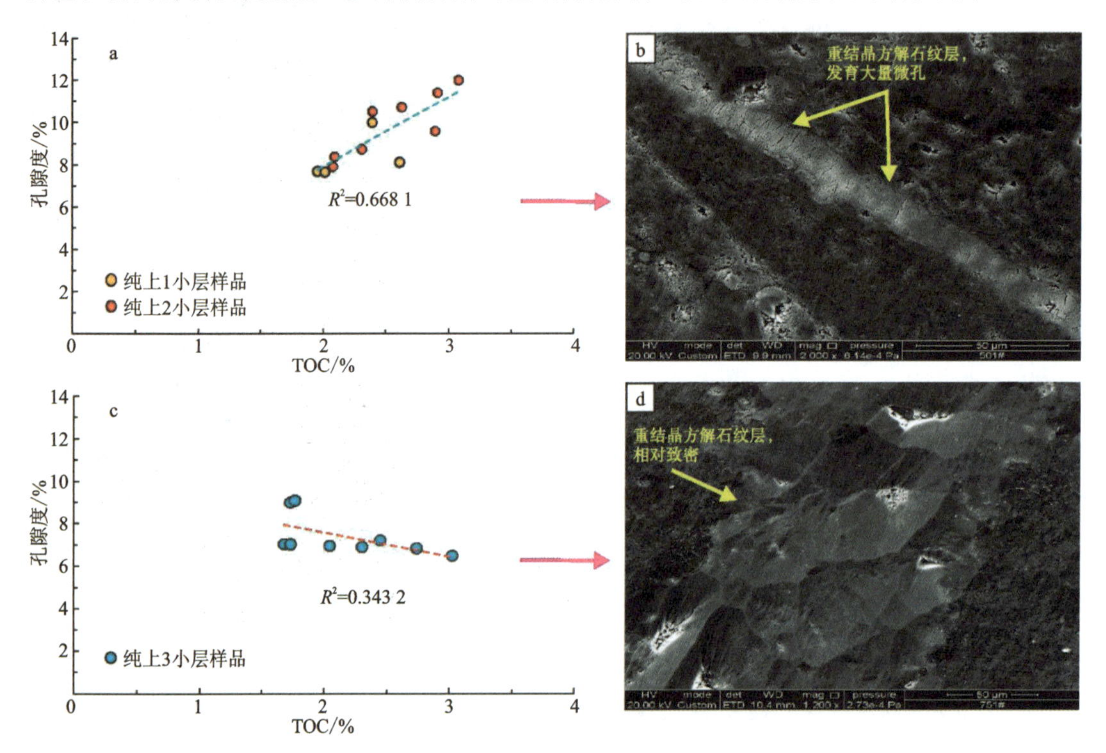

图6-32 渤海湾盆地东营凹陷樊页1井沙河街组四段上亚段亮晶方解石岩芯样品TOC与孔隙度相关性及镜下特征

a.纯上1、2小层亮晶方解石样品TOC与孔隙度相关关系图；b.亮晶方解石层，层内次生溶孔发育，樊页1井，3 376.9m；c.纯上3小层亮晶方解石样品TOC与孔隙度相关关系图；d.亮晶方解石层，层内相对致密，樊页1井，3 420.64m。

6.白云石化作用

白云石化作用就是由镁方解石或者原生白云石转变为次生白云石的过程，也是碳酸盐化的一种。有关的围岩主要是各种碳酸盐类岩石，共生矿物除白云石外，还有方解石、铁白云石及重晶石等，有关的矿产有铅、锌、锑、汞和重晶石等。

页岩储集层中主要发育两种类型的白云石，分别为泥晶白云石和微晶铁白云石。发生在准同生作用阶段的白云石化作用形成的白云石粒度较细，以泥晶为主，自形程度差(图6-33c)，常

见膏岩、石盐等碱性矿物伴生，可能为近地表高盐度、强蒸发湖泊环境下形成（李得立等，2010）。泥晶白云石发育大量晶间微孔隙，这类孔隙的形成与白云石化作用过程中所产生的体积收缩关系密切，往往会使晶间孔隙体积增大，对储层物性改善起建设性作用。而埋藏白云石化所形成的白云岩以微晶为主，自形程度好（图 6-33d），一般充填于特大孔隙中，常与黏土矿物伴生发育，对储层物性起破坏作用（沈均均等，2021）。白云石含量较高的泥页岩储集层通常具有良好的脆性特征，对于脆性裂缝的发育具有重要意义（赵迪斐等，2021）。

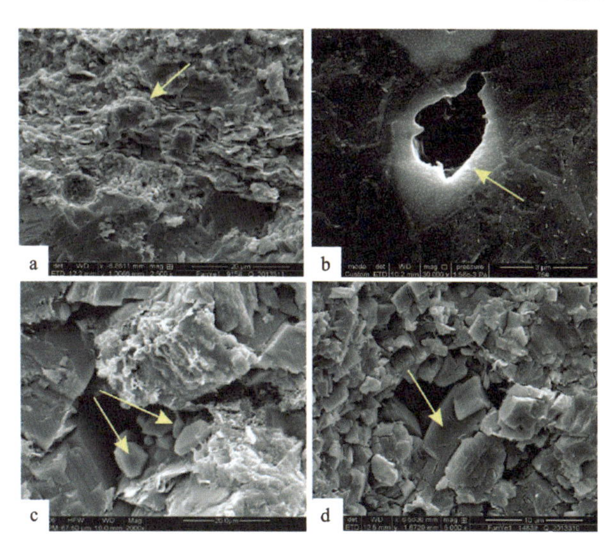

图 6-33　渤海湾盆地东营凹陷沙河街组四段上亚段溶蚀作用和白云石化作用镜下特征（据余志云等，2022）

a. 港湾状、阶梯状方解石颗粒溶蚀边界，樊页 1 井，3 264.42m；b. 白云石粒内溶孔，樊页 1 井，3 380.82m；c. 泥晶白云石，晶间孔发育，樊页 1 井，3 420.48m；d. 铁白云石，晶体直径约 62.5μm，樊页 1 井，3 343.81m。

（二）成岩演化过程

页岩油储层具有源储一体的特征，除了复杂的矿物成分转化作用，细粒物质的埋藏演化与油气的生成及储层的形成密切相关（图 6-34、图 6-35）。

成岩阶段 / 期	早成岩期		中成岩期		晚成岩期
成岩阶段 / 亚期	A	B	A	B	
深度/m	<1600	1600～2200	2200～3500	3500～4300	>4300
古温度/℃	<65	65～85	85～140	140～175	175～200
R_o/%	<0.35	0.35～0.5	0.5～1.3	1.3～2.0	2.0～4.0
I/S中的S/%	>70	50～70	15～50	<15	混层很少
孢粉颜色TAL	浅黄色<0.2	黄色2.0～2.5	橘黄色—棕色 >2.0～3.7	棕黑色 >3.7～4.0	黑色>4.0
成熟阶段	未成熟	半成熟	低成熟—成熟	高成熟	过成熟
砂岩固结程度	未固结	半固结	固结	强固结	
孔隙类型	原生孔	以原生孔为主	次生孔隙发育	次生孔隙减少	次生孔隙消失
接触类型	点	点	点—线	线—缝合接触	
压实作用					

图 6-34　成岩演化阶段划分（据梁超，2015）

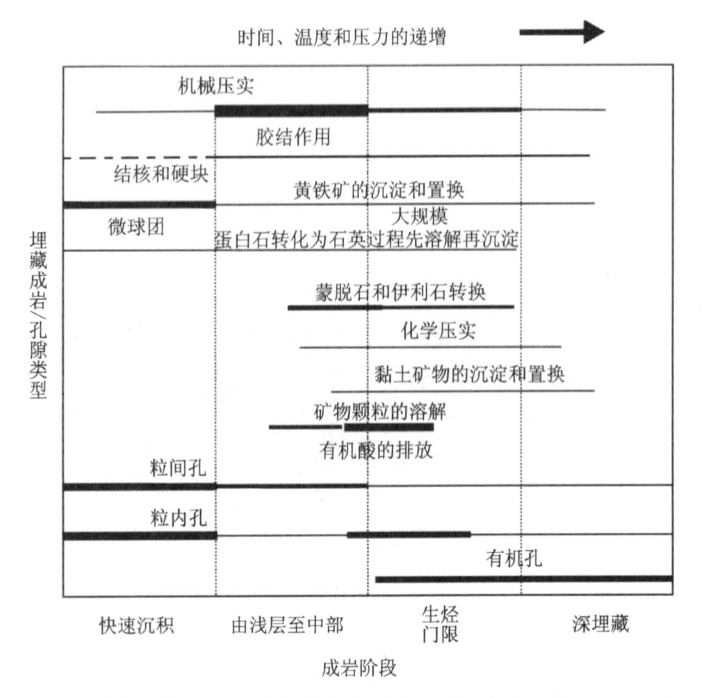

图 6-35 泥页岩埋藏成岩作用主要阶段与孔隙类型随埋深演化的变化(据 Loucks et al.,2012)

1. 早成岩期

R_o<0.5%,该时期有机质尚未成熟,主要的成岩作用为机械压实,此外以黏土矿物转化、胶结作用以及黄铁矿的沉淀和交代为主。此时孔隙类型以原生的粒间孔为主,随着压实程度的加深,粒间孔含量逐渐降低。由于页岩中含有较多的黏土矿物,黏土矿物的晶间孔含量也较为可观。同时,处于还原至强还原环境下,黄铁矿含量相对丰富,在黄铁矿草莓状晶体内可见连通性较好的晶间孔。此外,储集空间类型还包括少量的溶蚀孔和重结晶晶间孔。

2. 中成岩 A 期

0.5%<R_o<1.3%,有机质已进入成熟阶段,该时期主要的埋藏成岩过程为有机质生烃和排酸以及黏土矿物转化,这两个成岩作用类型主导着该时期的岩石物理化学变化。有机质的排酸,改变储层水介质条件,促使长石及碳酸盐矿物的溶蚀,还可发生碳酸盐矿物及长石等的交代现象;有机质生烃过程恰好对应于黏土矿物的脱水过程,这对于页岩内的油气初次运移及短距离的二次运移至关重要。同时,黏土矿物的伊利石化过程产生大量的自生石英及其他自生矿物,增加了岩石的脆性,对于裂缝的产生极为有利。此外,成岩作用类型还包括胶结作用及压溶作用。

此阶段中,储集空间类型丰富,对于基质孔隙而言,有机质孔及重结晶晶间孔是最主要的储集空间类型。进入生油窗后,有机质孔出现,并随着 R_o 增大含量增加。释放的有机酸对碳酸盐矿物进行溶蚀及重结晶有促进作用,重结晶晶间孔及溶蚀孔有所增加。此外,黏土矿物晶间孔及黄铁矿晶间孔也有所增加。由于岩石脆性的增加及页岩垂向各向异性,构造缝及层理缝

含量有所增加，且是非常重要的储集空间类型。另外，有机质演化过程中产生局部异常压力使岩石破裂而形成异常压力缝，且随着演化程度的增加及生烃过程的增进，含量有所增加。

3. 中成岩B期及晚成岩期

R_o>1.3%，在此过程中，黏土矿物的继续转化（伊利石化）是主要作用和驱动力。该时期有机质生成有机酸能力下降，溶蚀作用减弱，而胶结作用增强。有机质孔依然是重要的基质孔隙，由于储层逐渐致密，脆性增强，构造破裂作用明显增强，构造裂缝丰度升高。层理缝仍是烃类运移通道和重要的储集场所，生烃作用及孔隙水的排出困难易形成异常压力，因此异常压力缝也较常见。因此，该时期主要储集空间类型为有机质孔、层理缝、构造缝和异常压力缝。

根据储集空间随埋藏演化的变化以及孔隙中油气赋存方式的变化特征，总结了埋藏过程中烃类的赋存状态。进入生油窗后，早期生成烃类以吸附态赋存于有机质内或表面，并逐渐向邻近的其他孔隙内运移，形成孤立分布的游离态烃类。随着 R_o 升高、烃类排出量的升高及有机酸释放量的提高，重结晶作用明显，烃类逐渐排出到邻近的重结晶晶间孔、层理缝及构造缝中，且呈连续的游离态分布。R_o>1.3%后，有机质从成熟阶段进入湿气阶段，残余的液态烃类吸附于有机质孔内及颗粒表面，部分则呈游离态存在于裂缝中。

此外，研究表明，随着成岩作用的增强，岩石脆性逐渐增强（图6-36），特别是对于细粒沉积岩而言。由于具有高含量的黏土矿物，在成岩作用过程中，黏土矿物脱水、矿物转化等过程，使得脆且稳定的矿物组分比例增加，从而使得岩石脆性增强，有利于人工水力压裂。而在岩石脆性较高时，其可压裂性增长速度将加快。

四、构造缝对页岩物性的影响

构造缝是页岩的重要储集空间，同时对于页岩油气产能也至关重要。储层裂缝的成因不同，分布规律和影响因素也均不相同。纵向上，裂缝发育主要受岩性影响，岩石发生白云石化后，其脆性普遍变大，在构造作用力下极易发生破裂；空间裂缝发育程度主要受构造条件影响，一般情况下主断裂附近为裂缝发育的密集区。构造裂缝的特征可以从裂缝长度、倾角、开度及充填状况进行详细观察分析。如在东营凹陷沙河街组四段上亚段—沙河街组三段下亚段页岩中，裂缝长度主要集中在10～12cm之间，裂缝倾角较小，集中在0～20°之间，裂缝开度主要集中在0～0.2mm，裂缝多数未被充填（图6-37）。

准噶尔盆地西北缘哈山地区位处前陆冲断带，构造活动强烈，断裂发育，距离断裂的远近决定储层裂缝的发育程度，即越靠近断裂，裂缝发育程度越高。哈山地区风城组页岩岩芯中常见微裂缝发育，微裂缝作为一种有效的油气运移通道，经常被油质沥青充填，且明显可见页岩油顺着微裂缝向周缘孔隙中发生运移。以往研究表明，构造活动所产生的裂缝不仅可以改善储层储集空间，而且还可为后期的溶蚀作用提供流体运移的通道，形成裂缝-溶蚀孔体系。准噶尔盆地西北缘玛湖凹陷风城组白云质储层裂缝和溶蚀孔配置关系较好，且常在靠近断裂带附近发现高产油气流井（Xiao et al.，2015；许琳等，2019）。因此，后期构造活动对页岩油储层的改造，可以有效提高页岩油储层的孔渗条件。

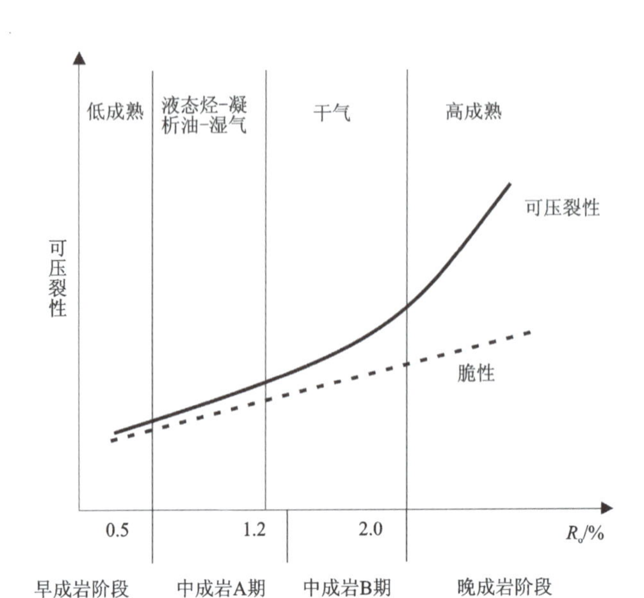

图 6-36　页岩脆性及可压裂性与成岩演化关系(据唐颖等,2013)

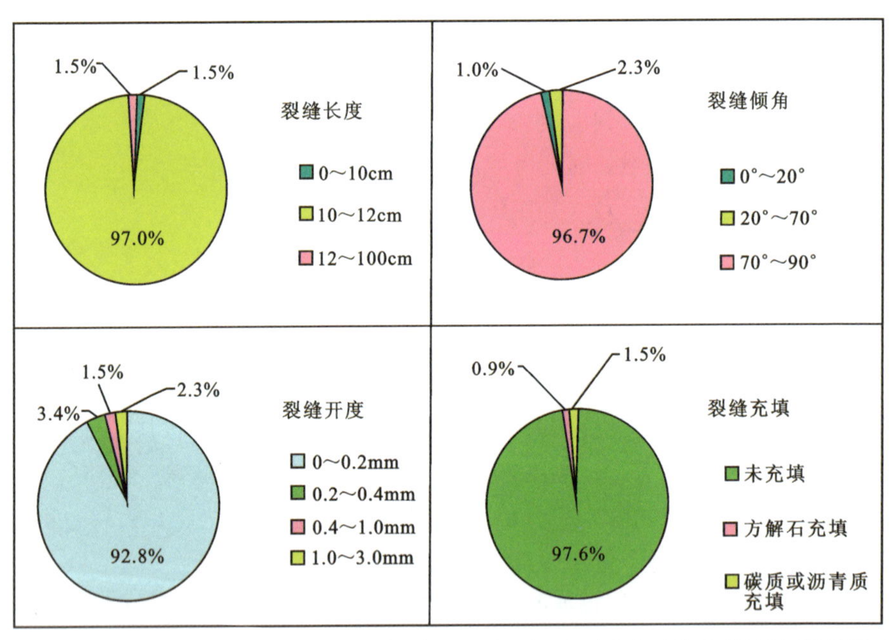

图 6-37　东营凹陷沙河街组四段上亚段—沙河街组三段下亚段页岩构造缝发育情况(据梁超,2015)

微裂缝在一定程度上可改善页岩储集性,极大地提高页岩的渗流能力,为页岩油渗流提供必要通道,多级次微裂缝网络体系极大限度提高了页岩储集空间的连通性和压裂效果。页岩在成岩成烃过程中,构造应力、压实、脱水收缩、生烃增压、重结晶等诸多作用产生多类型、多级次微裂缝,包括纳米级的成岩收缩缝(缝宽主要为 20~800nm)、贴粒缝(缝宽主要为10~1000nm),微米级的层理缝、异常压力缝(缝宽主要为 0.1~2.0μm)、溶蚀缝(缝宽主要为

0.5～10.0μm)及压溶缝(缝宽主要为0.5～2.0μm),毫米级的构造缝(缝宽一般大于1mm)等。在某些特定地质背景下,各类不同级别的微裂缝大量发育,与不同类型的孔隙组成复杂的孔缝网络体系,不仅为页岩油赋存提供储集空间,更重要的是连通各类储集空间,大大提高了页岩的渗流能力。

第三篇
陆相页岩油富集规律

第七章　页岩油赋存状态

页岩油作为一种重要的非常规能源资源，其性质、赋存状态以及可动烃评价对于油气资源开发与利用具有重要意义。本章综合分析了页岩油的物化性质，包括相对密度、黏度、组分组成等。利用对页岩油赋存状态的研究方法，如加热释放法、溶剂分步萃取法、二维核磁共振技术，揭示了页岩油包括游离油、吸附油及溶解油在储层中的分布特征及赋存机理。同时，探讨了核磁共振 T_1-T_2 谱对评价页岩油可动烃的可行性，以及可动性的影响因素及其有利岩相，为页岩油资源的合理开发提供了理论支撑和技术指导。

第一节　页岩油性质

一、物理性质

页岩油是化石能源的一个重要组成部分，类似于天然石油。页岩油常温下为褐色膏状物，带有刺激性气味。页岩油中含有大量石蜡，含蜡量最高可达 50%。凝固点在 15～44℃之间，气油比在 3～204 之间，沥青质含量较低，氮含量高，属于"高含蜡、高凝固点、高密度、低黏度、低气油比"的原油；页岩油的相对密度和黏度均呈随深度增加而降低的趋势，而气油比随埋深增大却逐渐增高。我国页岩油与原油分类相似，同样以相对密度 0.84 和 0.92 为界，将页岩油分为轻质、中质和重质油（武晓玲，2018），可动性更强的轻质油是目前页岩油开采中的普遍优选。页岩油的组成与性质会因地区不同而存在一定差异（赵桂芳等，2008），而这种差异也会使其在相对密度、含蜡量、凝固点、沥青质、元素组成方面有很大不同（表 7-1）。

表 7-1　国内外典型页岩油的组成与性质

项目	中国鄂尔多斯（延长组七段）	中国松辽（青山口组一段）	爱沙尼亚	美国绿河
密度（20℃）/（$kg \cdot m^{-3}$）	830	790	1010	934
凝固点/℃	15	21	15	24
ω（蜡）/%	20.2	16.82	—	—
ω（沥青质）/%	0.50	0.81	—	—
ω(C)/%	85.39	84.82	83.30	84.69
ω(H)/%	12.09	11.40	10.00	10.71
ω(S)/%	0.54	0.48	0.70	0.84
ω(N)/%	1.27	1.10	0.30	1.85
ω(O)/%	0.71	2.20	5.70	1.90
ω(C)/ω(H)	7.06	7.44	8.33	7.90

二、化学性质

页岩油是烷烃、环烷烃、芳香烃和烯烃等多种液态烃的混合物。主要成分是碳、氢、氮、硫、氧五种元素，此外，还存在微量的磷、砷、钾、钠、钙、镁、镍、铁、钒等元素。

页岩油中的轻馏分较少；汽油馏分一般仅为2.5%～2.7%；360℃以下馏分占40%～50%；含蜡重油馏分占25%～30%；渣油占20%～30%。由于页岩油轻馏分含量较低且含氮、硫、氧等有机化合物，故其相对密度较大，一般为0.9～1.0。除去馏分方面，其他化学性质与天然原油具有相似性。

三、页岩油组分特征

1. 有机组成

页岩油一般由烃类、含硫化合物、含氮化合物、含氧化合物等化合物组成，其中烃类富含烷烃、芳烃；陆相页岩油所含的烷烃中大部分为高分子量的正构烷烃，芳烃中则含有较多的萘、烷基萘，其次是烷基苯及较少量的其他多环芳烃；同时其中存在烯烃等不饱和烃，含氮、硫、氧等非烃类有机化合物含量也较高，在组成上与天然石油存在明显差异。

2. 组分差异

不同沉积环境下形成的页岩油有机组成存在差异。相比于北美大多数的海相页岩油，我国广泛分布的陆相页岩油中含氧化合物的含量远小于海相，主要以一些烷基酚、脂肪酸、醇等形式存在(朱志荣，2001)；两者含硫化合物(包括分子中含氧、氮元素)含量基本相同，陆相页岩油中主要以一些杂环化合物形式存在，如各种噻吩等，其次还有硫酚、硫醇等(图7-1)；陆相页岩油的芳烃中含有较多的萘、烷基萘，其次是烷基苯及较少量的其他多环芳烃，海相页岩油中则各种烷基苯含量较高，但两种页岩油中芳烃总含量相近。

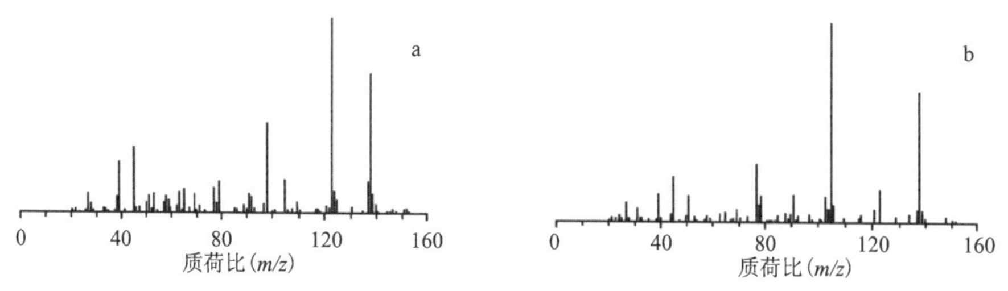

图7-1 陆相页岩油样品中典型化合物质谱图(据朱志荣，2001)

a. 2-甲基噻吩；b. 2,5-二甲基苯硫酚。

中国陆相富氢有机质页岩主要发育在半深湖—深湖沉积环境，陆相湖盆主要发育淡水与咸水两类典型烃源岩环境。研究表明，淡水、咸化环境都可以发育烃源岩，但无论是烃源岩的矿物组成，还是产生原油的组成均有差异。

鄂尔多斯盆地延长组七段页岩形成于淡水湖泊环境，矿物成分中长英质矿物(25%～

75%)和黏土矿物(25%～75%)含量较高,以富长英质页岩和富黏土质页岩为主。济阳坳陷沙河街组三段下亚段和四段上亚段页岩形成于半咸水—咸水环境,碳酸盐矿物含量(25%～75%)增加,以富灰质页岩为主。江汉盆地潜江组三段页岩形成于盐湖环境,矿物组成中碳酸盐矿物含量较高,钙芒硝等硫酸盐矿物含量增加,以泥质白云岩/灰岩为主。总体而言,随着水体含盐度增加,化学成因的碳酸盐、硫酸盐矿物含量增加。

在生烃潜力方面,咸化湖盆页岩相比于淡水湖盆页岩,具有倾油有机母质占比高、活化能较低,形成液态烃的主窗口出现早,中低熟阶段液态烃形成数量多,饱和芳烃含量偏低(质量分数为76%～88%)等特点。同时,由于咸化湖盆页岩的黏土矿物含量低,长英质矿物和碳酸盐矿物等脆性矿物含量高,页岩的脆性较好,且对页岩油的吸附能力偏弱,所以可动烃含量较高,这对于提高页岩油流动性和实现有效开发是相对有利的,淡水湖盆页岩油则相反。

除此之外,两者有机质富集也存在差异。淡水湖盆环境烃源岩有机质具有分段富集的特点,页岩丰度高(TOC平均为13.81%),泥岩丰度相对偏低(TOC平均为3.74%),页岩有机质丰度是泥岩的近4倍。咸化湖盆环境有机质分布非均质性强,页岩TOC含量为5%～16.1%、平均为6.1%,泥岩TOC含量为1%～5%、平均为3.2%,页岩TOC是泥岩的2倍。

不同赋存状态的页岩油其有机组成存在差异。以国内典型页岩油赋存层位鄂尔多斯盆地三叠系延长组七段一亚段页岩油为例,由图7-2可见,该地区夹层型页岩油的游离态与吸附态在分子组成上存在明显的不同,通过逐级分布抽提将游离态与吸附态的烃充分分离。其中,游离态页岩油中轻质烃占主要地位;相反,吸附态页岩油则以重质组分为主(李家程等,2023)。

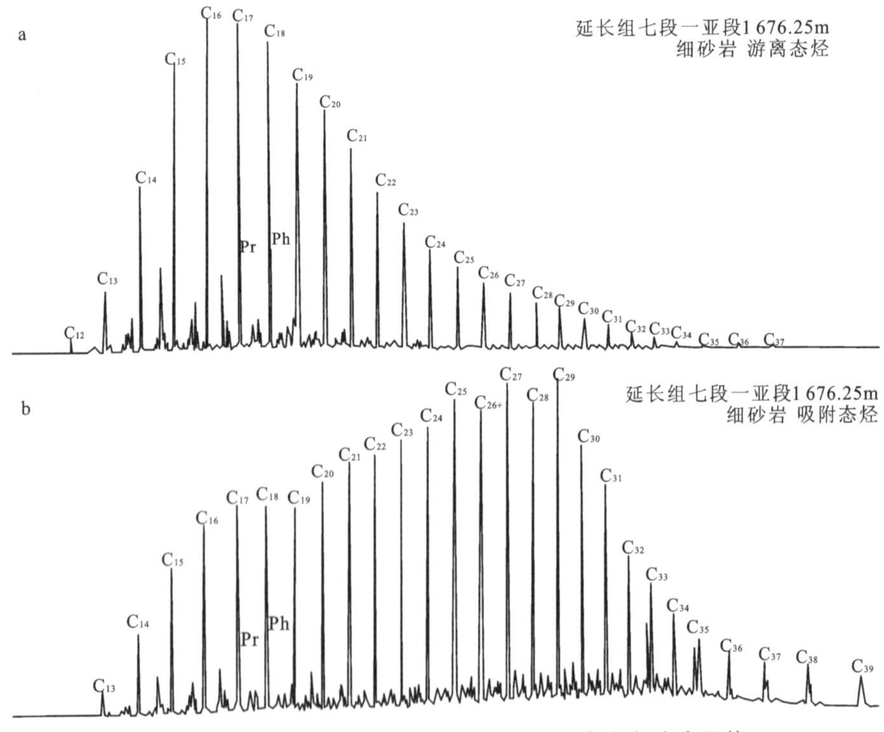

图7-2　延长组七段一亚段细砂岩不同赋存状态色谱图(据李家程等,2023)

第二节　页岩油赋存状态分析

一、页岩油赋存方式

页岩油在页岩中的赋存状态关系到页岩油资源有效勘探开发，是页岩油研究的重要科学问题之一。

页岩油以游离态、溶解态或吸附状态赋存于泥质烃源岩中，具有滞留聚集的特点（Zou et al.，2013）。在页岩生烃初期，生成的页岩油与烃源岩分子结构差异较小，页岩具有较强的吸附亲和力（Wang et al.，2019a）。在这种情况下，页岩油主要吸附在页岩有机孔质表面。此外，它还可以吸附在有机物质的微断裂表面形成吸附膜，或者吸附在具有较大孔隙表面积的黏土矿物的无机孔隙中。随着页岩生烃作用的增强，页岩油的聚集可能超过有机质孔和微裂缝的最大储集能力。因此，页岩油倾向于向邻近的较大孔隙和微裂缝中运移，此时游离态和吸附态同时存在，并有少部分以溶解态存在。

不同地区的页岩油在赋存状态分布上有细微的差别。柯思（2017）在研究泌阳凹陷时分析得出，该地区页岩油赋存的三种状态中以游离态和吸附态为主，仅含有少量溶解态页岩油，同时他利用扫描电镜结合能谱分析技术，发现泌阳凹陷页岩油分子主要以游离态和吸附态两种形式存在，证据为：①页岩基质颗粒间的游离态油滴（图 7-3a）；②黏土颗粒表面覆膜状吸附态油膜（图 7-3b）。支东明等（2019）发现吉木萨尔凹陷芦草沟组液态石油主要为吸附态与游离态两种赋存形式。泥页岩层段中烃源岩干酪根与矿物颗粒表面的烃类主要为吸附态。偏光显微镜下可见部分液态烃直接呈浸染状吸附在富有机质纹层的干酪根表面（图 7-4e），场发射扫描电镜可以清楚地观察到岩层中发育的纳米级孔隙结构，大多数页岩油以油膜的形式呈吸附态赋存在矿物颗粒的晶间孔内（图 7-4f～i），矿物溶蚀孔（图 7-4c、d）、剩余粒间孔（图 7-4k、l）及微裂缝（图 7-4j）中的烃类主要为游离态。

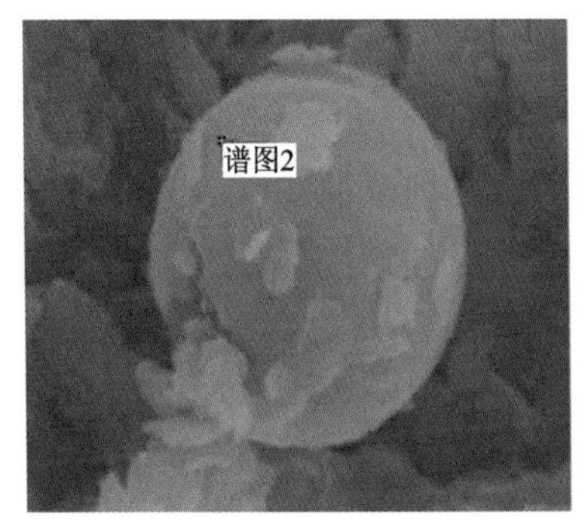

a.泌页HF1井2 436.64m岩芯扫描电镜照片

b.泌页HF1井2 436.65m岩芯扫描电镜照片

图 7-3　泌页 HF1 井扫描电镜照片（据柯思，2017）

邹才能等（2019）通过低真空环境扫描电镜直接观察鄂尔多斯盆地、四川盆地典型页岩油储层，揭示了两地区页岩油主要以 3 种状态存在：油珠状游离态、油膜状吸附态、短柱状吸附态（图 7-5）。

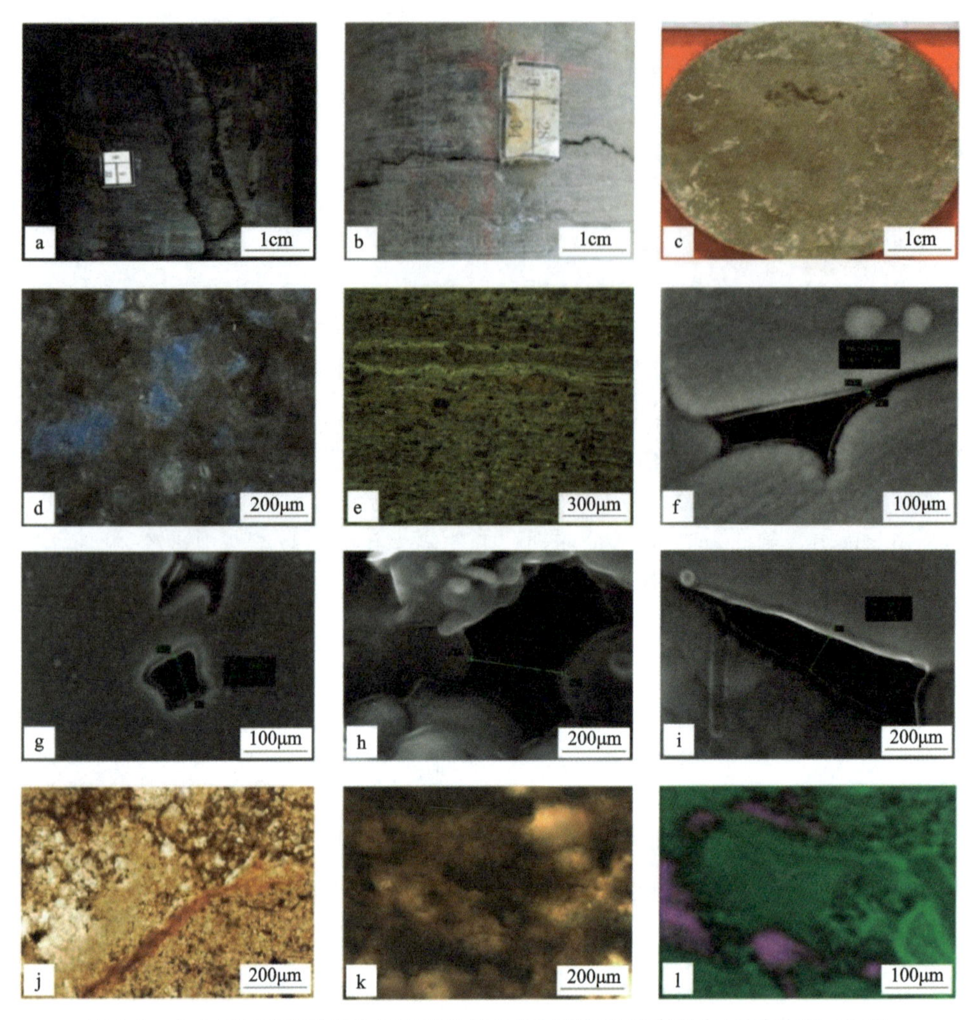

图 7-4 吉木萨尔凹陷芦草沟组页岩油储集空间特征及赋存状态(据支东明,2019)

a.构造缝;b.溶蚀缝;c.泥晶砂屑白云岩,溶孔含油;d.溶蚀孔荧光显示;e.富有机质泥质纹层;f.含白云质粉砂岩,纳米级微孔周围油膜包裹;g.含泥质粉砂质白云岩,纳米级微孔被油膜包裹;h.白云质泥岩,白云石晶间溶孔被油膜包裹;i.灰质粉砂岩,方解石晶间孔被油膜包裹;j.基质与裂缝中均含油;k.赋存于粒间孔中的页岩油;l.赋存于粒间孔中的页岩油。

不同类型的页岩中页岩油在微观赋存状态上也不尽相同。基质型页岩油的赋存状态基本为溶解态,烃类主要溶解在地层水中,该类型页岩油随着开采,其综合含水率基本不变(宁方兴,2014);纹层型页岩以具有代表性的鄂尔多斯盆地延长组七段三亚段和松辽盆地青山口组一段为例,该类型页岩产出的页岩油中游离态烃占据优势,其次为吸附态烃,游离态烃最高可占到总含烃量的80%,其烃类主要富集在黏土杂基和颗粒中;夹层型页岩分布较为广泛,在渤海湾盆地、鄂尔多斯盆地等多个盆地中均有发育,也是目前页岩油勘探的重点目标,该类型页岩中的页岩油微观赋存状态和纹层型页岩基本一致。

综上所述,页岩油以游离态、吸附态(干酪根、矿物颗粒)、溶解态等多种赋存形式存在,其中游离态与吸附态为主要赋存形式。

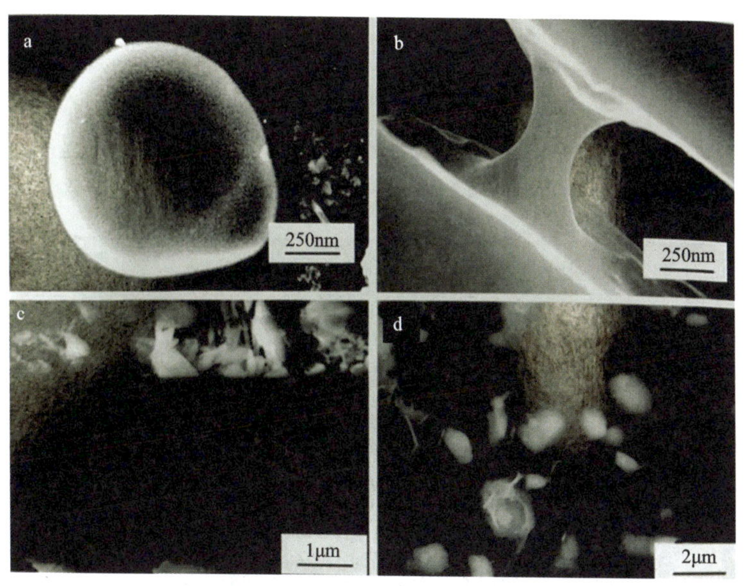

图 7-5　页岩油赋存状态环境扫描电镜照片(据邹才能等,2019)

a. 油珠状游离态;b、c. 油膜状吸附态;d. 短柱状吸附态。

二、页岩油赋存机理

对页岩油赋存机理的认识是进行页岩体系油气成功开采的关键之一。研究明确了页岩油赋存机理是客观评价页岩油资源潜力、客观描述页岩可流动性和预测页岩油有利区的必备要素。

页岩油三种赋存状态对应三种赋存机理,即游离机理、吸附机理和溶解机理,但因为溶解态受控于页岩中的含水量和含气量,通常在生油窗阶段溶解态一般不计;而游离态含量可以由扣除吸附体积外的孔隙空间来评价,所以本书主要讨论吸附油的吸附机理。

从原理上讲,油气的赋存形式和状态受控于油气分子与周围矿物、有机质分子之间所存在的分子间作用力的类型和大小,即赋存机理。因此,定量评价分子间作用力类型和大小的分子模拟方法是了解和揭示油气赋存机理的有效方法。正因为如此,近些年来,很多国内外学者都利用这一方法对油气的赋存机理、状态、影响因素进行了系统、深入的研究。

在研究中经常选取高岭石作为吸附剂来研究页岩油的吸附特征,这是由于高岭石片层具有独特的物理性质,其硅氧四面体是非极性表面,铝氧八面体是极性表面,研究高岭石中页岩油的吸附机理可以同时了解页岩油分子在极性和非极性表面的吸附特征。高岭石晶胞化学式为 $Al_2Si_3O_5(OH)_4$,晶胞中没有离子替换,初始晶胞的原子位置取自美国矿物学家晶体结构数据库(AMCSD)(Bish et al.,1993)。高岭石壁面模型包含三个周期性的高岭石片层,由 252(12×7×5)个立方晶胞构成,尺寸约为 62nm ×6.3nm × 19nm。在模型中,高岭石壁面最初占据了 $0<z<1.9$nm 的区域,并且高岭石位置在模拟过程中略有变化。Curtis 等(2002)的研究发现,当 $R_o>0.9\%$时,在页岩储层中出现了大量的纳米级孔隙。在页岩中小于 20nm 的孔隙占有相当大的比例(Li et al.,2015),模型建立了 8nm 的高岭石狭缝型孔隙来代表这些孔隙。由于高碳数烷烃在进行气态烃模拟时，十分容易发生凝聚现象，研究中一般使用正戊烷(nC_5H_{12})来进行气态烃与液态烃吸附模拟。在进行气态烃吸附模拟时，模型中正戊烷分别加载了10个、25个、50个、100个及200个分子，用以代表不同的气态烃吸附压力。在进行液态烃吸附模拟时，模型中正戊烷加载了2000个分子。使用Packmol程序在高岭石模型中插入正戊烷分子，初始吸附模型示意图如图7-6所示(以25个正戊烷气态烃吸附模型为例)。

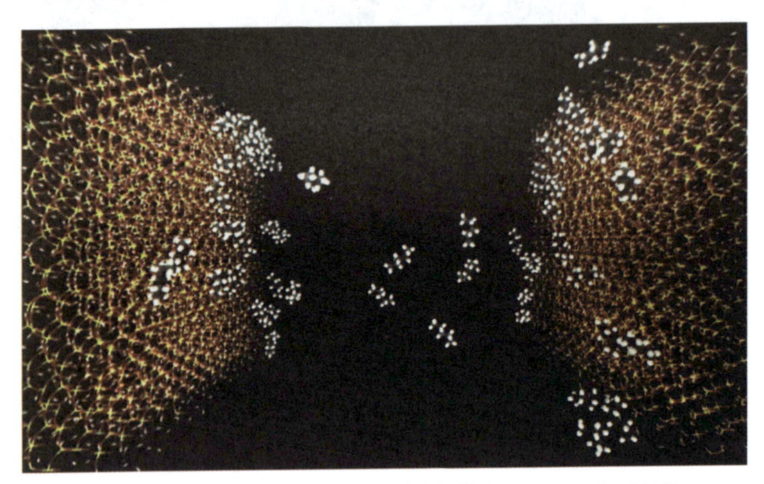

图7-6 正戊烷初始吸附模型示意图(据Sposito et al.,2008)

卢双舫等(2021)在使用Gromacs 4.6.7软件模拟中，高岭石和正戊烷分子分别使用ClayFF力场及Charmm36/Cgenff力场，静电力模型使用Paticle-Meshb-Ewaid模型(PME)。范德华半径代表着分子间相互作用力的范围，范德华半径越大，计算结果越准确，但是模拟时间会大大加长，因此需要对范德华半径的选取进行权衡。使用NPT系统，选取不同范德华半径(0.8nm、1.0nm、1.4nm、1.6nm及1.8nm)对液态正戊烷进行模拟，能量最小化及弛豫过程中的参数与前人研究一致，模拟温度为40°C，压力为10MPa，模拟时间为20ns。

为了计算高岭石狭缝型孔隙内烷烃的质量密度分布，首先在与固体壁面平行的方向上将纳米缝划分为N_s个单元，并定义如下函数：

$$\begin{cases} H_n(z_{i,j})=1,(n-1)\Delta z<z_i<n\Delta z \\ H_n(z_{i,j})=0,\text{其他} \end{cases} \tag{7-1}$$

式中，$(z_{i,j})$为与固体壁面平行的方向上的坐标参数。

则对于第n个单元，从时间步J_N到J_M的各原子的质量密度分布(ρ_{Mass})为

$$\rho_{\text{Mass}}=1/A\Delta z(J_M-J_N+1)\sum_{j=J_N}^{J_M}\sum_{i=1}^{N}H_n(z_{i,j})\cdot m_i \tag{7-2}$$

式中：ρ_{Mass}为从时间步J_N到J_M原子质量密度分布；A为固体壁面表面积；N为模拟体系中构成流体的所有原子的个数；m_i为原子i的摩尔质量；将ρ_{Mass}除以常数可将其单位转为g/cm^3。

利用式(7-2)，可以得到不同范德华半径下液态正戊烷吸附密度曲线，如图7-7所示。从图中可以看出，随着范德华截断半径逐渐增大，游离油密度逐渐增大且整个体系变小(z轴距离减小)，当范德华半径不小于1.4nm时，游离油密度不变(图7-7a)，吸附密度曲线呈现相同

规律，吸附密度随着范德华半径增大而先增大后不变（图 7-7b），所以以 1.4nm 为范德华半径。

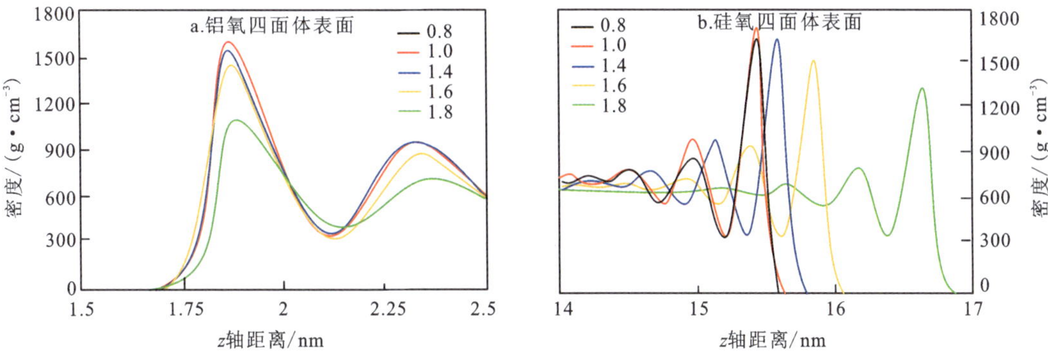

图 7-7　正戊烷吸附密度曲线（据卢双舫等，2021）

正戊烷吸附量可以通过吸附密度曲线进行积分求得：

$$M_{ada} = \int_{L_1}^{L_2} S_{model} \cdot \rho_{oil} \mathrm{d}L \tag{7-3}$$

$$M_{ads} = \int_{L_3}^{L_4} S_{model} \cdot \rho_{oil} \mathrm{d}L \tag{7-4}$$

式中：M_{ada} 为铝氧八面体表面吸附质量；M_{ads} 为硅氧四面体表面吸附质量；S_{model} 为模型矿物表面积；ρ_{oil} 为吸附相密度；L_1 为密度曲线起始位置；L_2 为硅氧四面体表面吸附层的截止位置；L_3 为硅氧四面体表面吸附相与游离相分开的位置；L_4 为密度曲线截止位置。

由于用蒸汽法难以准确表征地质情况下的液态烃吸附量，所以卢双舫等（2021）直接使用气态烃吸附量表征吸附机理。通过式（7-1）和式（7-2），可以得出气态正戊烷吸附密度曲线。通过数据分析，可以得出单位表面积下气态正戊烷的吸附量，并建立其随相对压力变化的趋势图（图 7-8）。

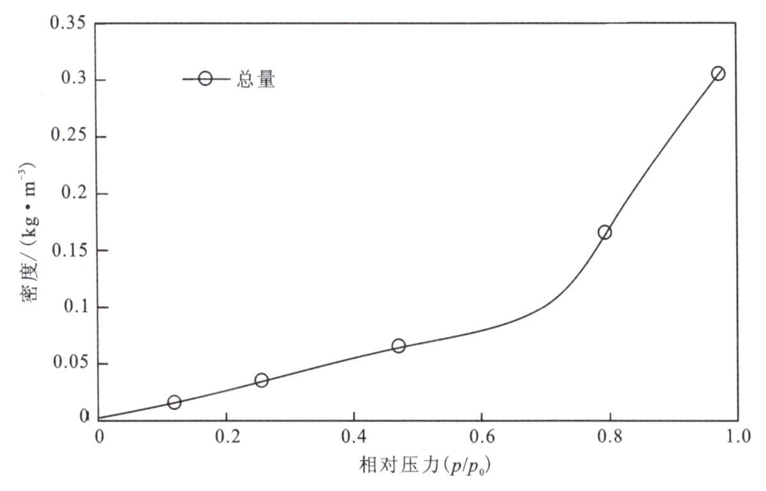

图 7-8　单位面积高岭石表面气态正戊烷吸附量随相对压力变化趋势图

（p 为蒸汽压力；p_0 为饱和蒸汽压力）

由图7-8可得，单位面积高岭石表面气态正戊烷吸附量不断增大，在相对压力小于0.8时，单位面积吸附量呈线性吸附并平稳增大；但是当相对压力大于0.8时，单位面积吸附量急剧增大。卢双舫等(2021)分析认为在单位面积吸附量线性增大阶段(相对压力小于0.8)，正戊烷不断填补第一吸附层上的吸附位，第一吸附层密度峰值不断增大，吸附量不断增大，但在此阶段，第二吸附层并不明显，所以单位面积吸附量表现为线性平稳增大的趋势；在单位面积吸附量急剧增大阶段(相对压力大于0.8)，正戊烷还在填补第一吸附层上的吸附位，但是，在此阶段气态正戊烷明显出现了第二吸附层，这导致在第一吸附层吸附量增大的基础上，又增加了第二吸附层的吸附量，这是导致单位面积吸附量出现急剧增大阶段的根本原因。

经过研究可以得出，页岩油呈层状吸附且由于吸附过程中吸附层数变化导致吸附量并不为线性增加。

三、页岩油赋存状态研究方法

页岩油存在多种赋存形式，其中游离油有较大的可动性，是天然弹性能量开采方式下页岩油产能的有效贡献者，因此如何对页岩中游离油含量进行定量表征一直是研究热点。目前被广泛用于表征页岩油游离油量的方法主要包括加热释放法、溶剂分步萃取法、二维核磁共振技术等。

1. 加热释放法

加热释放法即根据不同赋存状态页岩油具有不同的分子热挥发能力，赋存于裂缝及大孔隙内的页岩油相对于小孔隙内的页岩油更容易释放出来，小分子化合物相对大分子化合物更容易热释出来，而游离态的化合物相对吸附态的化合物更容易热释出来。蒋启贵等(2016)通过对热解分析的条件和方法进行改进和优化，建立了独特的页岩热释烃定量分析方法。以济阳坳陷为例，蒋启贵等(2016)将现行分两次升温方式修改为更为精细且更适合剖析页岩油组分特征的100～600℃三次恒速升温的方式，得到$S_{1\text{-}1}$、$S_{1\text{-}2}$、$S_{2\text{-}1}$、$S_{2\text{-}2}$四种热释烃，并通过二氯甲烷萃取。通过对比萃取前后残留率得到不同温度段热释烃(表7-2)，并通过对比明确其代表的地质意义，热释烃$S_{1\text{-}1}$与$S_{1\text{-}2}$主要为无极性或弱极性的轻油和中质油，两者之和表征了页岩中游离态油量，由于$S_{1\text{-}1}$是轻油，也反映了现实可动油量；$S_{2\text{-}1}$主要是极性较强的重烃、胶质沥青质组分，表征了页岩中吸附态油量(含干酪根互溶烃)；高温段的$S_{2\text{-}2}$则主要为页岩中干酪根热解再生烃。

表7-2　济阳坳陷样品二氯甲烷萃取前后热释烃对比分析表

项目	$S_{1\text{-}1}$	$S_{1\text{-}2}$	$S_{2\text{-}1}$	$S_{2\text{-}2}$
原始样/(mg. g^{-1})	0.21	3.46	2.16	2.11
萃取样/(mg · g^{-1})	0	0.06	0.75	1.82
残留率/%	0	1.73	34.72	86.26

2. 溶剂分步萃取法

溶剂分步萃取法是利用不同赋存状态的页岩油的赋存空间及其分子极性的差异性，采用适当溶剂对块样和粉末样分别萃取获取页岩油，游离态的页岩油由于赋存的空间相对较大，因而其与溶剂的接触能力较强，容易被萃取，而赋存在微孔中的以及干酪根大分子包络的页岩油，由于与溶剂接触能力受限，难以被萃取出；另外，游离态页岩油分子呈无极性或弱极性，容易被非极性溶剂萃取，而吸附态的页岩油一般分子极性较大，更容易被极性溶剂萃取，因而可以选择不同极性的溶剂，通过不同的萃取时间、温度等方式来研究页岩油的赋存状态及组分。此类方法的缺点是分析过程复杂，实验时间过长、难度较大。钱门辉等(2017)分别利用弱极性溶剂二氯甲烷/甲醇(体积比 93：7)和强极性溶剂四氢呋喃/丙酮/甲醇(体积比 50：25：25)两种不同极性溶剂组合在室温超声环境下逐次分级抽提济阳坳陷沙河街组三段下亚段—沙河街组四段上亚段典型湖相页岩，结果表明，在泥页岩样品中，干酪根吸附-互溶态可溶有机质占有较大比例，其次为游离态，吸附态含量最低。另外，钱门辉等(2017)在对比不同岩相的页岩时发现，纹层状页岩相比块状页岩相的游离态可溶有机质含量占比较高，而块状页岩相比纹层状页岩相中干酪根吸附-互溶态可溶有机质含量占比较高，这意味着纹层状页岩可动油量更高，更利于开采。

3. 二维核磁共振技术

除以上两种较为广泛应用的方法外，还有一种十分具有发展前景的二维核磁共振技术(2D-NMR)也被用于表征页岩油赋存状态。其原理为不同赋存状态页岩油与页岩基质相互作用强度存在差异，游离油与基质相互作用较弱，吸附油则较强，具体通过和页岩基质相互作用强度成正比的纵向弛豫时间(T_1)、横向弛豫时间(T_2)之比，即 T_1/T_2 来识别赋存状态(图 7-9)。T_1/T_2 与氢的迁移率呈负相关，即 T_1/T_2 越高，流体的迁移率越低，由此也可得出游离油基本位于 T_1/T_2 低值区($T_2>1$ms，$10<T_1/T_2<100$)，同时由于油相对于水的 T_1/T_2 要更高，也可以凭此区分油水分界(图 7-9)。在此基础上，Li 等(2020)还提出了一种利用 T_1/T_2 图去除 T_2 光谱中的水信号来辅助区分吸附油和游离油的新方法。其原理为：首先，对接收状态(AR)、SBS 热解 350℃(P350)和溶剂萃取状态(EX)页岩分别在 T_1/T_2 图上对应区域 1、2 和 3 的 T_1 区间采集 T_2 光谱。这些 T_1 特异性的 T_2 光谱被总结成一个有机氢 T_2 光谱，作为页岩样品中总有机氢的代表。其次，绘制 AR、P350 和 EX 页岩从 T_2 弛豫时间短到 T_2 弛豫时间长的累积振幅谱，通过将 AR 页岩的累积振幅与 P350 页岩和 EX 页岩的累积振幅进行匹配，可以

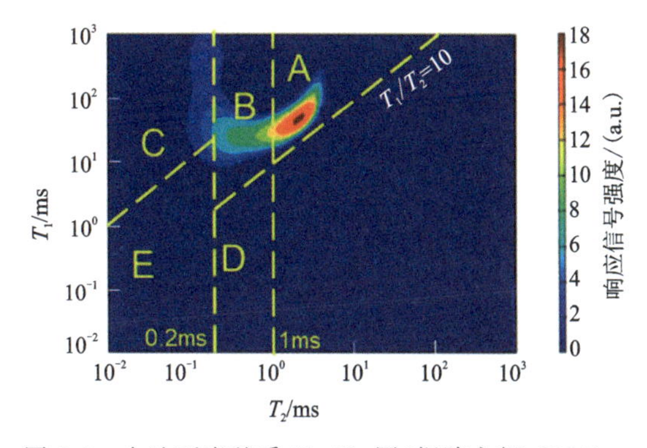

图 7-9 含油页岩基质 T_1-T_2 图(据陈永辉，2023)

A. 游离油；B. 吸附油；C. 干酪根；D. 自由水；E. 结构水和吸附水。

确定游离油(T_2CF)和吸附油(T_2CA)的 T_2 截止值(图 7-10)。但由于页岩油组分的复杂性,对于不同赋存状态下页岩油的 T_1/T_2 识别仍存在分歧。

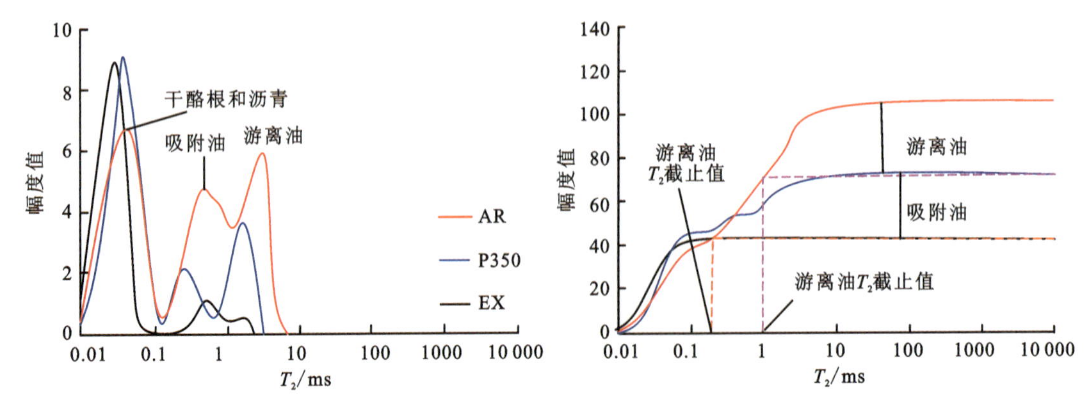

图 7-10　页岩的 T_1/T_2 图得到的接收态(AR)、SBS 热解至 350℃(P350)和溶剂萃取(EX)形式的 NMR 增量振幅图(a)和累积振幅有机氢 T_2 谱图(b)

还有学者通过溶胀法、分子模拟动力学法、毛细凝聚理论法等方法定量表征不同赋存状态页岩油,不同方法均具有其局限性,或结果不一定准确,或难以大范围推广。故如何对页岩中游离油与吸附油含量进行定量表征仍为页岩油开发研究的焦点与难点问题之一。

四、页岩油赋存特征

1. 游离油存在形式与赋存条件

页岩油的赋存状态具有较强的孔隙依赖性,对于同一形状的孔隙,随着孔径减小,其吸附油占比逐渐增加,游离油占比逐渐减小;不同形状的孔隙在同一孔径的游离比也有较大差别,以常见的圆柱形和平板形孔隙为例,在同一孔径下,圆柱形孔隙中吸附油的占比高于平板形孔隙,而其游离油的占比则低于平板形孔隙(图 7-11)。当孔径小于 3nm 时,孔隙内页岩油以吸附油为主;当孔径大于 3nm 时,孔隙内页岩油以游离油为主(党伟等,2022)。根据形成原

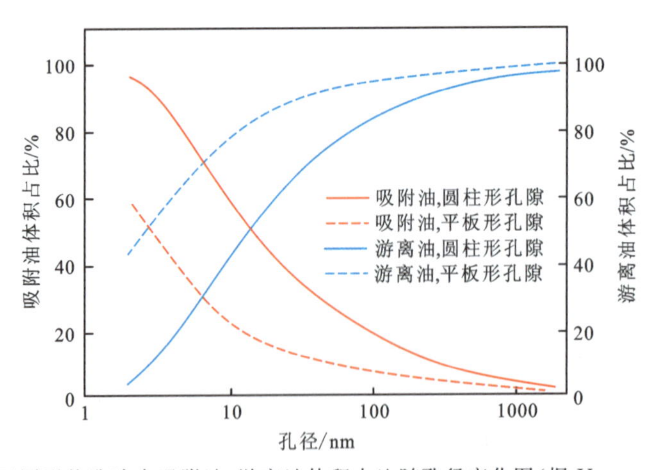

图 7-11　不同形状孔隙中吸附油、游离油体积占比随孔径变化图(据 Yang et al.,2020)

因，可将含油储层孔隙分为有机孔隙和无机孔隙，由于形成物质不同，对油滴吸附能力也不同。在实验中，常用分子模拟作为实验方法的辅助手段，建立页岩油和页岩基质的分子模型，估算游离页岩油和吸附页岩油的优势赋存孔径。通常用石墨和二氧化硅(SiO_2)分别代表页岩基质的有机孔隙和无机孔隙，同时，各种烷烃被用作页岩油的模型化合物(Yang et al.，2020)。实验结果证明，有机孔隙和无机孔隙中游离页岩油的截止孔径分别为3.84nm和0.88nm。若低于这个数值，孔隙中页岩油将以吸附态或溶解态存在。

2. 吸附油存在形式与赋存条件

不同于页岩气，页岩油在储层孔隙中为液态，加上烃分子间存在复杂的相互作用，导致单一孔隙内吸附油和游离油赋存状态的界定难度较大，二者没有明显的界限(卢双舫等，2016)。党伟等(2022)认为类固体层可理解为由多分子层吸附形成的且具有一定厚度的吸附油膜，相当于吸附态页岩油，这也进一步佐证了上文提到页岩油多层状吸附的吸附机理。页岩中的吸附油是由多分子层吸附形成的且具有一定厚度的油膜，平均厚度为0.129～1.558nm，吸附层数为1～4层，随孔径增加呈Langmuir型吸附曲线增长(图7-12)，总的来说，随着孔径的增大，吸附膜的层数和厚度也相应增加。同时，在分子模拟实验中发现页岩油在石墨上的吸附为多层吸附，而在SiO_2上的吸附为典型的单层吸附，即吸附油的吸附层数在不同类型的孔隙中也存在差异。

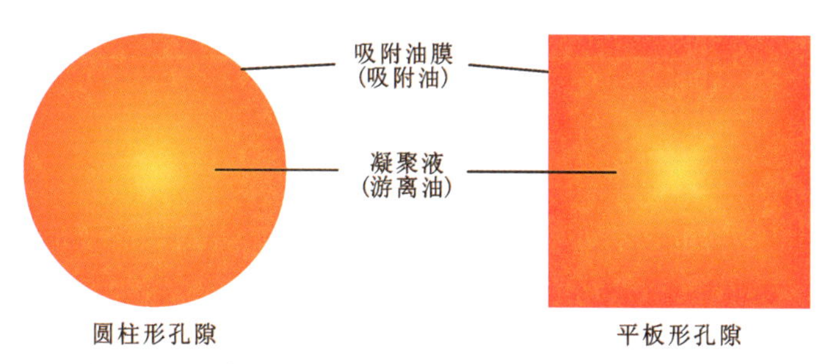

图7-12　孔隙中页岩油赋存特征示意图(据党伟等，2022)

3. 页岩油赋存状态影响因素

页岩中的吸附油量或页岩油吸附能力是造成页岩油微观赋存差异的主要原因，而这也是进一步制约页岩油可动性的关键因素，有机质是影响页岩油微观赋存特征的关键。

TOC常被用来指示有机质丰度和估计页岩油储量。通过前人实验和数据可以发现(图7-13)，在液态烃供给充足情况下，随着TOC含量升高，游离油量和吸附油量均有提高，但吸附油量增幅要远大于游离油量，可能原因为：①有机质的大比表面积为页岩油吸附提供大量位点(Xu et al.，2022)；②有机质表面存在大量亲油性好的基团，可形成高能吸附点位，对页岩油的吸附能力增强(党伟等，2022)。

热演化成熟度对页岩油赋存状态也存在一定影响。在热演化早期，干酪根结构与页岩油结构相似，因此容易吸附页岩油(Bagri et al.，2010)。在热演化后期，干酪根热解油中含有丰富的饱和烃，同时，重油热解生成轻油，吸附比例有所下降，游离油量则相应提高(图7-14)。

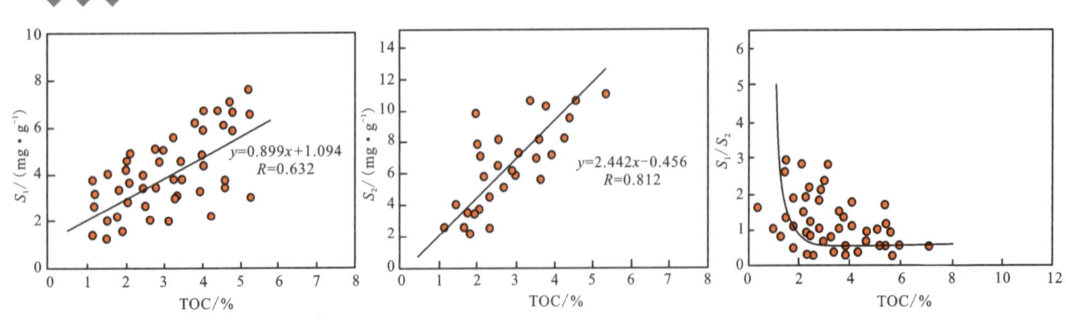

注：S_1为游离页岩油含量；S_2为吸附页岩油含量。

图 7-13　页岩油含量与 TOC 含量关系趋势图(据 Xu et al.,2022)

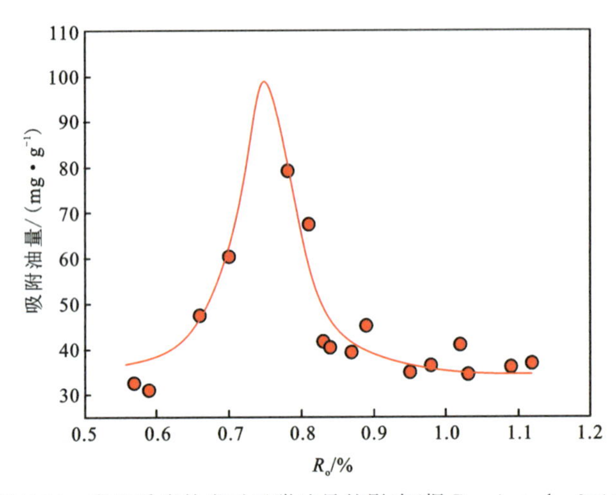

图 7-14　有机质成熟度对吸附油量的影响(据 Bagri et al.,2010)

基质中多种无机矿物也是不可忽略的因素。无机矿物含量取决于储层岩石的成岩作用和化学成分(Chen et al.,2016),其中的黏土矿物的压实、胶结、溶蚀和转化对储层具有一定程度的影响。一般情况下,压实和胶结会导致孔隙和微裂缝的闭合,对页岩油的吸附起到抑制作用;而溶蚀和转化会形成新的溶解孔和溶蚀孔,能够为页岩油的赋存提供一定的储集空间和表面吸附点位。尽管黏土矿物能够吸附一定的页岩油,但黏土矿物的平均吸附油量仅为5.85mg/g,远低于有机质。

综上所述,页岩油的赋存特征特别是吸附油量由有机质丰度、无机矿物、孔隙结构等多种因素控制,但有机质是控制吸附油量的主要因素,无机矿物影响较小。此外,页岩的成熟度对吸附油量也存在影响,随着页岩的成熟度增加,吸附油量先增加后降低。

第三节　页岩中可动烃量

页岩中含油量高是进行页岩油开采的基础,但页岩致密、低孔低渗以及页岩油本身黏度大、相对密度大等因素制约了页岩油在页岩中的流动,因此其可动性是勘探开发急需解决的科学问题。

核磁共振技术是能够建立页岩孔隙系统与其流体渗流特性有机联系的有效技术手段,可

实时、动态监测页岩油渗流过程中储集空间大小等变化。本节将利用核磁共振技术定量评价页岩油可动油量，明确各地质条件对页岩油流动的控制作用，揭示页岩油流动影响因素。

一、页岩游离油量与可动油量

页岩游离油量为理论最大可动油量，反映了页岩油潜在可流动性，表征页岩油可动潜力。卢双航等(2021)利用 T_2 谱与吸附-游离评价模型计算东营凹陷 38 块页岩样品不同温度游离油百分比及孔隙度，如图 7-15 所示。从图中可以看出，随着温度升高页岩游离油百分比逐渐增大，20℃时游离油百分比为 10%～82%，平均为 45.58%，主要分布在 30%～60%之间，其中 30%～40%分布量最多(图 7-15a)；60℃时游离油百分比增大，平均为 48.65%；90℃时游离油百分比平均为51.84%；110℃时游离油百分比最高，平均达到 53.81%。

页岩游离油孔隙度为游离油百分比与核磁共振孔隙度乘积，反映了页岩游离油量，20℃时游离油孔隙度分布在 0.59%～11.10%之间，平均为 3.89%；60℃时游离油孔隙度均值为 4.14%；90℃和 110℃时游离油孔隙度分布基本类似，均值分别为 4.39%与 4.55%，也体现了游离油孔隙度与温度的正相关关系。

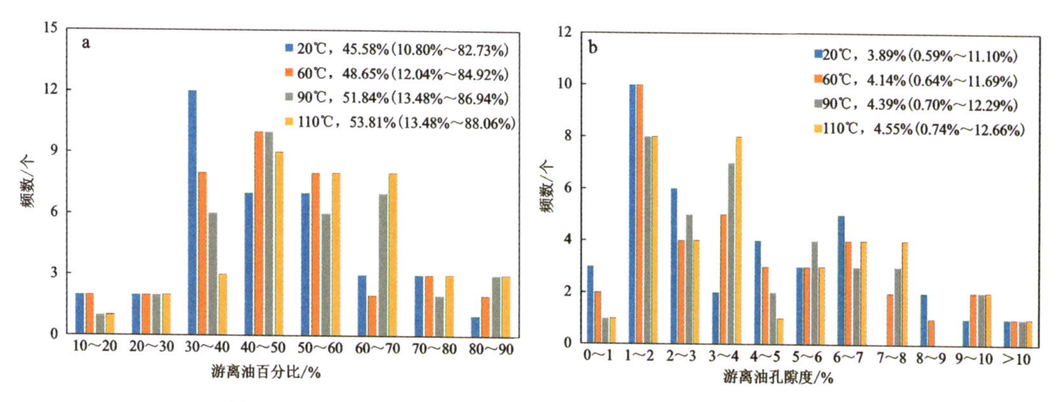

图 7-15　页岩游离油百分比及孔隙度分布(据卢双航等，2021)

离心-核磁共振测试技术可以有效表征实际页岩可动油量，如图 7-16 所示，离心前后 T_2 谱信号幅度差值即可表征定性页岩可动油量，即页岩油可动能力。根据离心前后页岩 T_2 谱信号幅度差值可定量计算页岩可动油百分比，而可动油孔隙度为可动油百分比与核磁共振孔隙度乘积，可以定量反映页岩可动油量。

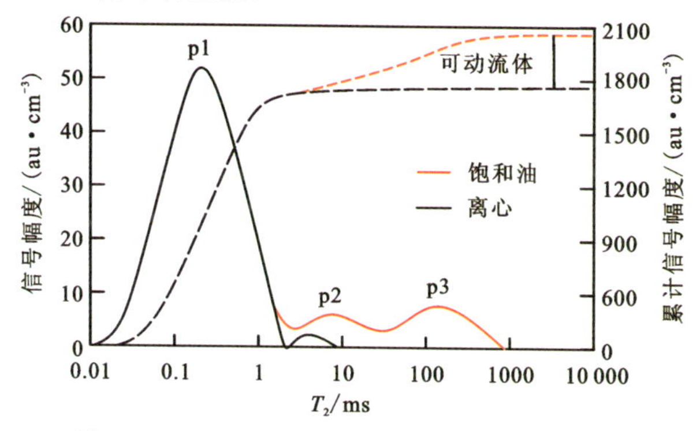

图 7-16　T_2 离心-核磁共振图(据卢双航等，2021)

二、页岩油可动性影响因素分析

页岩油可动性受到多种因素影响，本节主要讨论 TOC、成熟度(R_o)、孔隙结构及岩相等对页岩油可动性的影响。

1. TOC 对页岩油可动性的影响

有机质丰度是影响页岩油富集和可动性的重要因素之一(张厚民，2021)，而 TOC 含量是评价页岩有机质丰度的重要指标，所以有机质丰度对页岩油可动性影响主要通过 TOC 含量来表征。

前人在对吉木萨尔凹陷芦草沟组、松辽盆地青山口组、渤海湾盆地沙河街组等典型地层的研究中发现随着 TOC 的增大，页岩油可动性均呈现"三段式"分布特征，即：当 TOC 小于最小限度时，生成的烃类较少，页岩油主要以吸附态赋存于有机质和矿物表面，游离态页岩油含量往往较低(S_1一般小于 4.8mg/g)；当 TOC 大于最大限度时，随着 TOC 进一步增大，生成的烃类也进一步增加，游离态页岩油含量达到稳定高值(S_1接近 17.8mg/g)，但此时由于有机质丰度增高，其吸附作用增强，导致页岩油可动性整体反而变差；当 TOC 介于两者之间时，随着 TOC 增大，生成的烃类快速增加，吸附油饱和度逐渐超过 100%，游离态页岩油开始增多，并填充于页岩油储层微孔隙和微裂缝中，此时页岩油可动性不断攀升(图 7-17)。范彩伟(2024)和陈永辉(2023)分别在研究涠西南凹陷流沙港组页岩油和吉木萨尔凹陷芦草沟组页岩油中均有验证，区别在于两者将 TOC 最小限度分别定为 1.5%和 2%，本书根据蒋启贵等(2016)提出的页岩油富集和工业采收的 TOC 下限和前人数据，将下、上限值分别定为 2%和 4%。

2. 成熟度对页岩油可动性的影响

热演化程度是评价烃源岩的重要指标。一般来说，热演化程度对页岩油含量有显著影响。如图 7-18 所示，可动油百分比与热演化程度之间的关系较为复杂。前人在研究中普遍认为，随热演化程度的增加，有机质开始转化生烃，这些早期生成的烃类以大分子化合物为主，主要以吸附态附着在干酪根和黏土矿物表面；热演化程度的继续增加，会使得气油比和轻油组分增加，原油黏度降低，导致可动油含量增加。然而，热演化程度对页岩油可动性具有双重影响：一方面，页岩成熟过程中产生的液态烃会占据或者堵塞孔隙空间；另一方面，在烃源岩演化过程中，烃源岩化学性质的变化也会导致压力增加，从而诱发微裂纹，并且烃源岩排烃达到阈值时，页岩油以游离相的形式排烃，可动油逐渐向孔隙和微裂缝中扩散，进一步运移至邻近储集层，导致可动油含量降低。

3. 孔隙结构对页岩油可动性的影响

页岩油可动性与储层的孔隙结构及物性密切相关。孔喉半径越大、孔隙连通性越强、储层物性越好，流体在孔缝介质中的流动能力就越强，页岩油可动性就越好(余志远等，2019)。

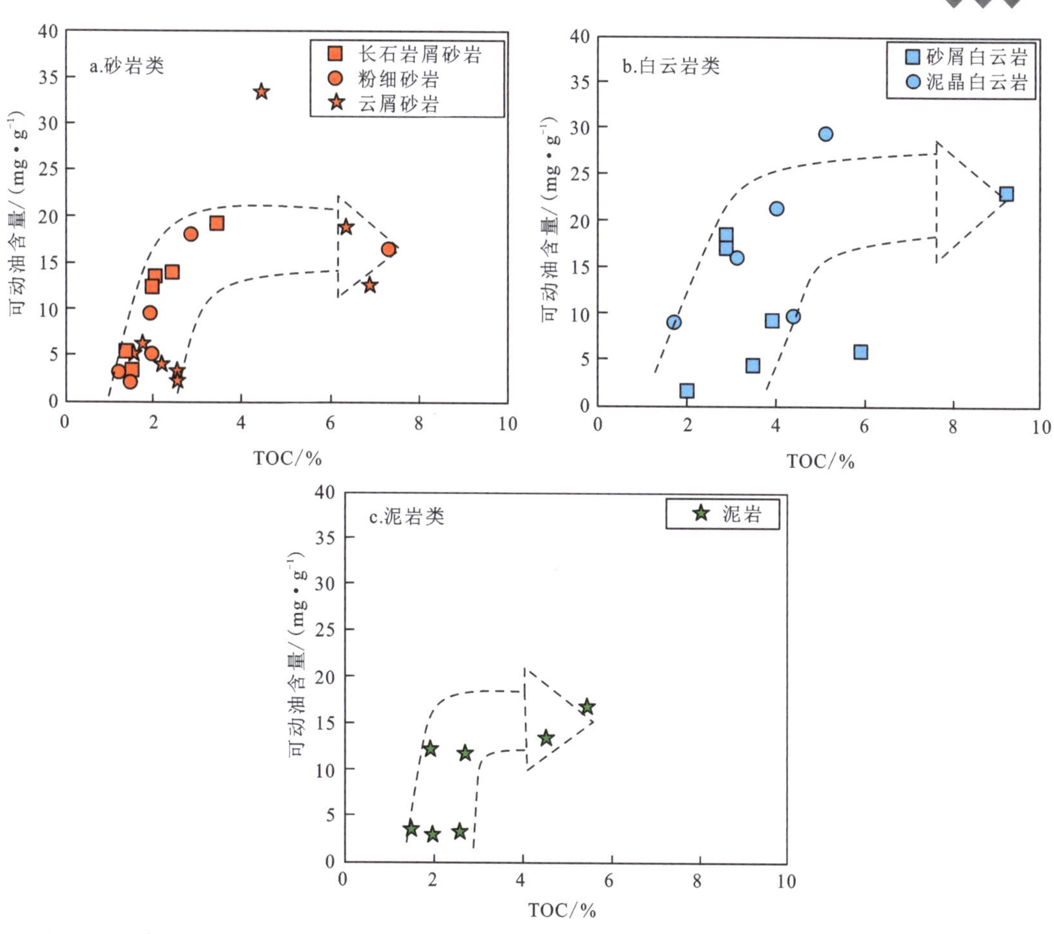

图 7-17 吉木萨尔凹陷芦草沟组不同岩相类型样品 TOC 与可动油含量相关性图(据陈永辉,2023)

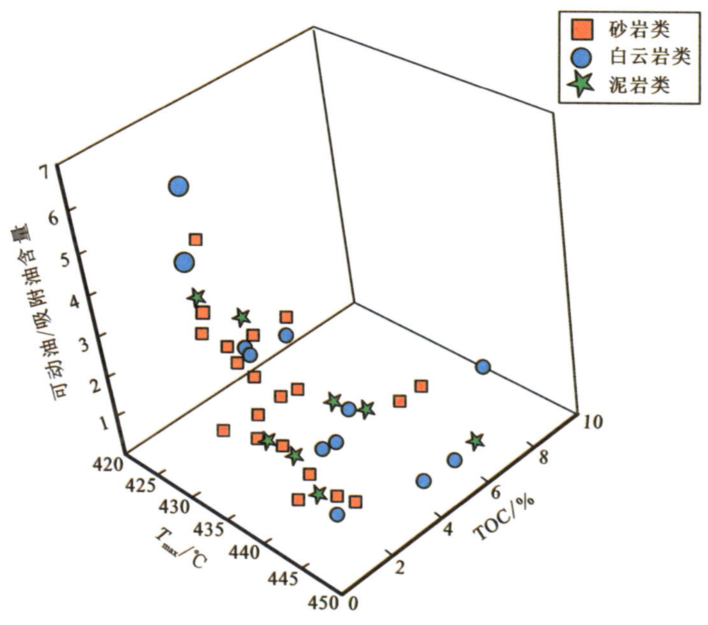

图 7-18 芦草沟组页岩可动油/吸附油含量与热演化程度和 TOC 关系图(据陈永辉,2023)

不同类型页岩油储层物性差别较大，对页岩油在储层孔缝介质中的流动能力的影响也较大。范彩伟(2024)在涠西南凹陷研究中发现纹层型页岩储层除了发育纳米级微孔外，还发育一定量中孔，孔隙度主要集中在5%～15%之间，渗透率主要集中在(0.1～1)$\times10^{-3}\mu m^2$之间，含油饱和度指数(OSI)平均为107mg/(g・TOC)；相较于纹层型页岩来说，夹层型页岩储层物性更好，其中大孔较为发育，孔隙度主要介于15%～20%之间，部分大于20%，渗透率多数大于$10\times10^{-3}\mu m^2$，OSI平均为205mg/(g・TOC)。

4. 岩相对页岩油可动性的影响

页岩岩相也是制约页岩储集特性及页岩油富集和可流动性的直接因素，有利岩相可指示页岩油勘探开发有利靶区分布。不同岩相页岩储集特性，吸附油、游离油及可动油分布不同。卢双舫等(2021)在东营凹陷的研究中利用可动油百分比与不同岩相对比关系，直观得出纹层状富有机质钙质页岩和块状含有机质富硅质泥岩具有较高可动油比例(图7-19)。

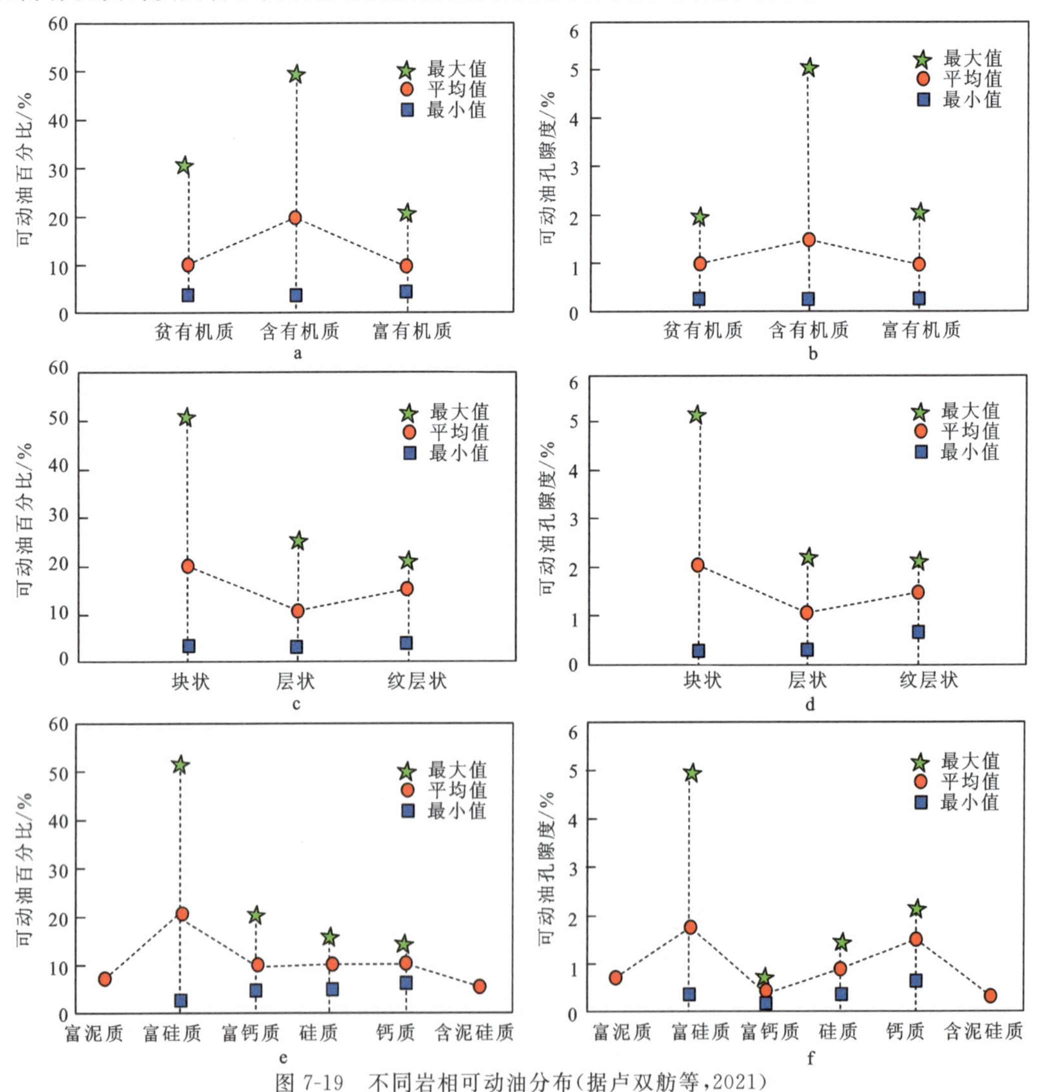

图7-19　不同岩相可动油分布(据卢双舫等，2021)

纹层状富有机质钙质页岩中由于钙质含量高，使得页岩中孔隙类型丰富，其中晶间孔孔隙较大，提高了储集和渗流的能力；而块状含有机质富硅质泥岩中丰富的长英质矿物使得粒间孔和颗粒边缘孔发育，大孔含量高，形成优势储集空间和渗流通道。

有利岩相分布显示，页岩储集特性直接决定页岩油的富集和流动性，页岩储集性越好，大孔及裂缝含量越高，越利于可动页岩油富集，越利于开采。

第八章　页岩油成藏模式

陆相页岩油勘探开发是一个全新的探索领域,国内走在世界油气产业的前沿,在本领域已经有很好的研究基础。初步研究表明,页岩油富集成藏特征及成藏模式与源储分离的常规石油有很大不同,对于不同的页岩油类型,其富集条件、滞留机理或者成藏模式也有所差异。

第一节　纹层型页岩油

世界上没有完全相同的页岩,所以页岩油富集高产的主控因素也不相同。总结陆相页岩油富集主控因素,需要结合陆相页岩的地质特点。国内外研究大都从页岩厚度与分布、岩石矿物组成、地球化学特征、储集空间与物性、裂缝发育程度、压力系数、构造作用、保存条件等因素出发,对陆相页岩油富集高产的主控因素进行研究。

一、页岩油富集主控因素

(一)页岩岩相

陆相页岩不同岩相通过控制陆相页岩的生烃能力、储集能力、裂缝发育情况及可压性,进而控制了页岩油富集高产潜力。生烃能力方面,一般黑色钙质页岩、灰色白云质页岩有机质丰度高,生烃能力好;其次是灰色钙质页岩、灰色粉砂质页岩;灰色黏土质泥页岩及白云岩有机质丰度较低,生烃能力较差。储集能力方面,一般灰质页岩、硅质页岩储集空间发育,储集物性较好;黏土质页岩、白云质页岩储集物性较差。裂缝发育方面,一般灰质页岩、白云质页岩、硅质页岩裂缝较发育,改善了页岩储层渗透性;黏土质页岩裂缝发育程度较差,渗透性相对较差。可压性方面,一般灰质页岩、硅质页岩可压性较好;白云质页岩、黏土质页岩相对较差。

(二)烃源岩生烃潜力

页岩油具有自生自储的特征,有机质的生烃潜力是决定页岩油富集的重要因素之一。从有机地球化学角度来看,有机质丰度高、类型好、成熟度适中的页岩生烃潜力大(姜福杰等,2023)。有机质是页岩油富集的基础,高有机质丰度有利于页岩油大量生成,在有机质类型相似的情况下,页岩含油量随有机质丰度增大而增大(图 8-1)。一般认为有机质发育可以改善页岩储集物性及储集能力,增加岩石脆性;有机质演化产生有机酸,利于方解石的重结晶,可产生大量有机质孔隙、重结晶晶间孔及溶蚀孔缝;有机质排烃后残余的碳质,导致岩石脆性变

强，易形成微裂缝。这些都对页岩油的富集有很大影响。此外，有机质类型不同，其生油范围以及生油量也存在差异。通常认为Ⅰ型和Ⅱ型有机质主要来源于藻类等，相对于Ⅲ型有机质具有更多的脂肪等直链，生油能力更强，更利于页岩油的富集。

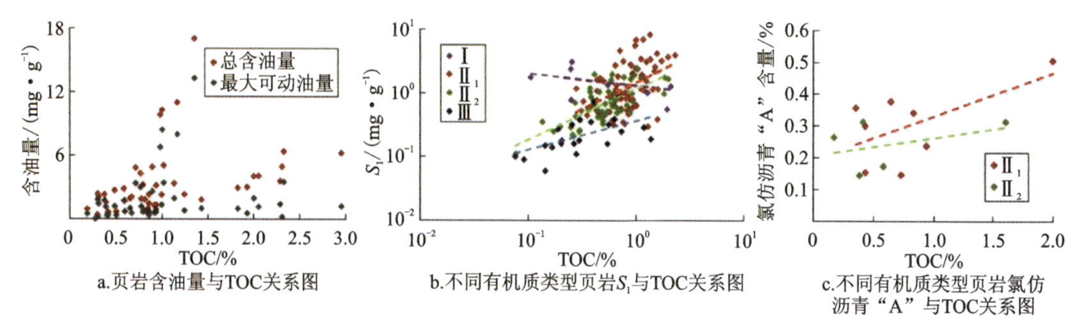

图8-1　风城组页岩含油性与有机质丰度关系图

（三）储层物性

中国页岩油主要发育于陆相大地构造背景，页岩油储层受不同沉积盆地类型、构造活动性与沉积环境的差异性等因素控制。陆相湖盆分割性强，在凹陷-斜坡地区，构造相对稳定宽缓，有利于大面积分布的薄砂层、碳酸盐岩和混积岩形成。沉积环境变化、岩石类型分异、成岩作用不同和构造改造程度差异等因素，导致不同盆地、不同地区的相同和不同类型烃源岩层系非均质性较强，主要表现在岩性复杂多样与分布面积、厚度和储集性能等方面的差异性。一般而言，页岩油储层既可以是烃源岩层系中的非烃源岩夹层，也可以是富有机质纹层状岩相。同时，烃源岩层系微裂缝发育程度也可以对烃源岩储集性能和烃类滞留程度产生重要影响。

（四）可动性

根据物质平衡方程，页岩油可动性主要由原油物性特征（主要指原油密度、黏度和气油比）和动力条件决定。

原油物性诸如原油密度、气油比主要是通过影响原油黏度来影响页岩油的可动性。页岩油地面原油黏度与试油产量的关系较为复杂，无论有无夹层，产量均随地面原油黏度的增加先升高而后降低，其分界处原油的黏度为40～60mPa·s（图8-2），造成该现象的原因是地面黏度大于50mPa·s时，原油流动性差，影响油气产量；在地面黏度小于40mPa·s时，由于原油黏度较低，原油流动性增加，有利于页岩油的富集高产；当原油黏度更小时（小于10mPa·s），页岩油的日产量不增反降，这可能与轻烃部分散失及液态成分降低有关。简而言之，原油黏度决定页岩油可动性，即黏度越小，页岩油越易流动。统计表明，原油黏度与地层温度、成熟度以及气油比负相关，与原油密度正相关。

动力条件主要包括异常压力和流体势两方面。在整个页岩油运移阶段，沿着主运移路径运移的油气，一旦流体压力差足够大，能够克服细小喉道的阻力，油气快速向前运移；当运移前缘遇到更细小的喉道时，运移阻力变大，驱动压力不能克服运移阻力，油气停止运移，直至

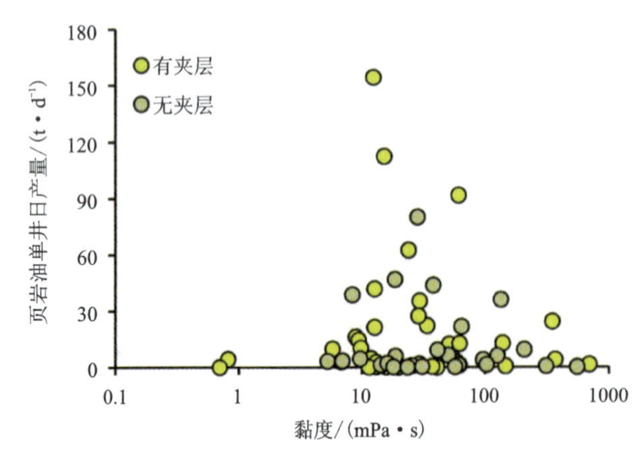

图 8-2 济阳坳陷页岩油日产量与黏度关系图

喉道两侧流体压力差升高至可以克服阻力时，油气才可以继续向前运移。压差是页岩油非原位短距离运聚的主要动力，差值越大，页岩油流动的动力条件越好，油井越容易形成高产。研究认为主要有欠压实增压和生烃增压两种超压机制。而浮力虽然不是页岩油等连续性油气藏的主要油气运移动力，但统计发现，大部分已发现的页岩油流井仍位于构造相对高位置，这表明浮力亦是页岩油短距离运移的动力之一。因此，类似常规油气，流体势也能反映页岩油运移的动力条件。

二、纹层型页岩油富集条件配置

纹层型页岩油的富集常与储层物性、页岩岩性及烃源性密切相关。例如我国沧东凹陷属于新生代断陷湖盆，古近系孔店组二段页岩油富集层系主要形成于湖盆的半深水—深水沉积区，为典型的深盆湖相纹层型页岩层系，属于滞留富集的纹层型页岩油类型（赵贤正等，2022）。下面以该地区为例具体分析。

"三高一低"优质页岩是该区域纹层型页岩油富集的物质基础。G108-8、G19-25 等井 700m 系统取芯和 10 万余条分析数据分析表明，孔店组二段页岩具有高频纹层结构、高有机质丰度、高长英质等脆性矿物含量、低黏土矿物含量的“三高一低”地质特征，是页岩油形成与富集的物质基础。孔店组二段页岩有机质类型主要为Ⅰ型和$Ⅱ_1$型，TOC 为 2%～6%，平均为 4.87%，最高可达 12.92%，烃源岩品质好，奠定了页岩油形成的生烃基础。储集空间主要是纳米级至微米级有机质孔、粒间孔、晶间孔、溶蚀孔等基质孔隙和层间缝、构造缝、异常压力缝、成岩收缩缝等各类微裂缝，是页岩油运移与聚集的重要通道与载体。不同矿物组合形成微观“源储”韵律叠置互层，有利于页岩油的滞留和富集，其纹层密度可达 11 000 层/m。S_1值为 0.3～12.4mg/g，平均为 3.21mg/g，局部长英质矿物纹层含油超过 18mg/g；OSI 值为 23.6～735.6mg/g，平均为 168.6mg/g。页岩粒径普遍小于 0.062 5mm，其中粒径小于 0.003 9mm 的矿物占比达到 75%，主要由陆源碎屑（石英、长石）、碳酸盐（方解石和白云石）、黏土及其他矿物（方沸石、黄铁矿等）组成，陆源碎屑平均含量超过 50%，而黏土矿物平均含量仅为 16%，为页岩油高效压裂改造奠定了工程基础。

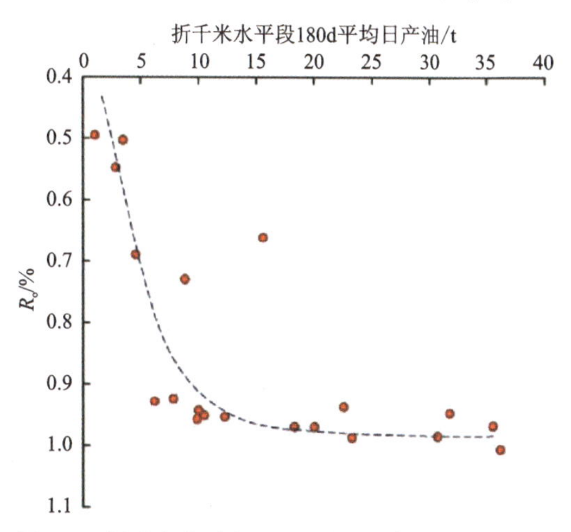

图 8-3　折千米水平段 180d 平均日产油与 R_o 关系

不同类型干酪根单位有机碳含油率均随着 R_o 值的增大呈现先上升后下降的趋势，明确烃源岩热演化程度为 0.7%～1.2% 时，对应埋深在 3300～4300m，此区间范围页岩中滞留可动烃量相对较大，占总烃量的 20%～60%。沧东凹陷纹层型页岩油具有中偏高热演化。通过对沧东凹陷 20 口水平井折算为千米水平段后稳定生产 180d 平均日产油与 R_o 关系分析证实（图 8-3），R_o 为 0.7%～1.1%时，产量一般高于 5t/d，且页岩油产量随 R_o 值增大而增加。中偏高热演化页岩滞留烃量大、气油比高、原油黏度低，是页岩油高产的必要条件。

纹层状长英质页岩是湖相纹层型页岩油最优富集层。将沧东凹陷孔店组二段页岩层系划分为纹层状长英质页岩、纹层状混合质页岩、薄层状碳酸盐质页岩、厚层状碳酸盐质页岩 4 类页岩组构相，其中纹层状长英质页岩具有高长英质、高纹层频率、高 TOC 值及超越效应明显等特征，纳米 CT 及核磁共振实验可见孔隙层状分布、连通性好，可动流体饱和度高达 46.7%，微钻取样后富长英质纹层索氏抽提含油量达 27.1mg/g，是页岩油的最优富集层（图 8-4）。GD1702H 井产液剖面测量分析也证实，纹层状长英质页岩是产量的主要贡献者，长度占总水平段的 38.5%，而产油量占全井段产量的 74.8%，百米日产油量大于 3t。纹层状长英质页岩主要发育于前三角洲—半深湖长英质矿物输入程度较高的区域，而长英质矿物波及程度弱的深湖区域主要发育碳酸盐纹层与黏土有机质纹层，纹层状碳酸盐岩则成为该区域页岩油相对有利的富集层。

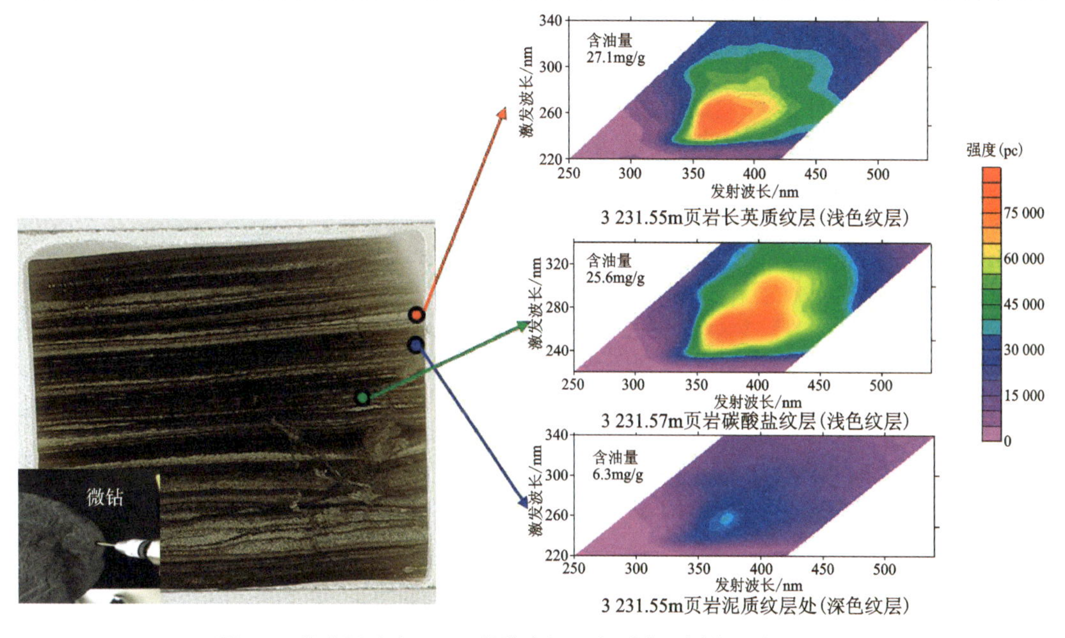

图 8-4　沧东凹陷官 108-8 井孔店组二段页岩不同纹层含油性差异

三、纹层型页岩油成藏模式

页岩油一般赋存于富有机质细粒沉积岩中，页岩油储集层一般具有低—特低孔隙度和渗透率。页岩油因其储层的致密性，在生油岩中产生后基本未运移或极短距离运移，具有典型的自生自储特征，因此将其成藏模式划分为源储一体成藏模式和近源成藏模式。

纹层型页岩油以源储一体成藏模式为主，页岩油富集成藏主要受岩性和烃源岩的控制，自生自储是其最主要的特征，储层主要为白云质岩、泥质岩、泥质粉砂岩。烃源岩在生烃过程中产生的增压效应，使得原油在压力的驱动下，赋存于泥页岩、白云质岩的储层中(图 8-5)。

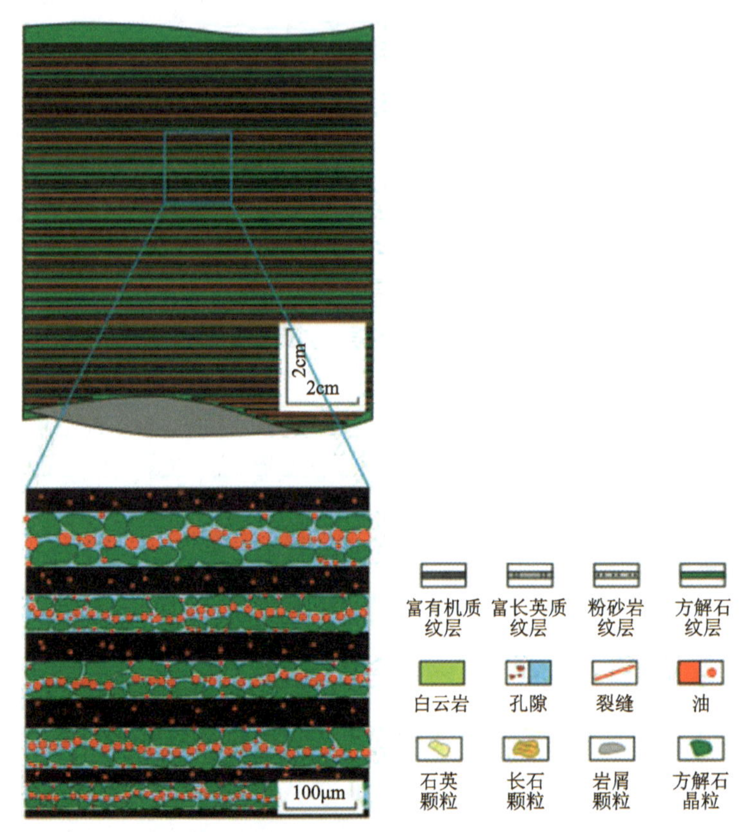

图 8-5　纹层型页岩油源储一体成藏模式

一般认为页岩型页岩油发育于较为致密且渗透率极低的储层之中，油气基本无运移，常形成源储一体的成藏模式。在这种成藏模式下，页岩中的有机质经过热解作用，产生了原位的油气(据李正强等，2022)。这些油气分子以吸附态存在于岩石的微孔、纳米孔和有机质表面，形成吸附态页岩油。同时，页岩储层中可能存在的裂缝也起到重要作用，通过裂缝的连通性，吸附态油气能够流动并释放。由于页岩储层的渗透率极低，油气的储集主要依靠孔隙储集和吸附储集。

纹层型页岩油的高长英质脆性矿物、高频纹层、高有机质丰度、低黏土质页岩，既有利于生油，又有利于滞留油的赋存与可动。高有机质页岩有“强吸附性”，只有满足自身吸附后多

余的液态烃才可动，即必须具有超越吸附烃量效应；可动油最高的纹层状长英质和纹层状混合质页岩分布区常是最优“甜点”。纹层型页岩油由富有机质纹层（源）向长英质纹层（储）运移成藏，富集受控于多种纹层结构的“源-储”频繁互层，因此“优势组构相-滞留烃超越效应”是目前纹层型页岩油的富集新模式，为该类页岩油“甜点”层划分与“甜点”区识别提供了重要的认识基础（图 8-6）。

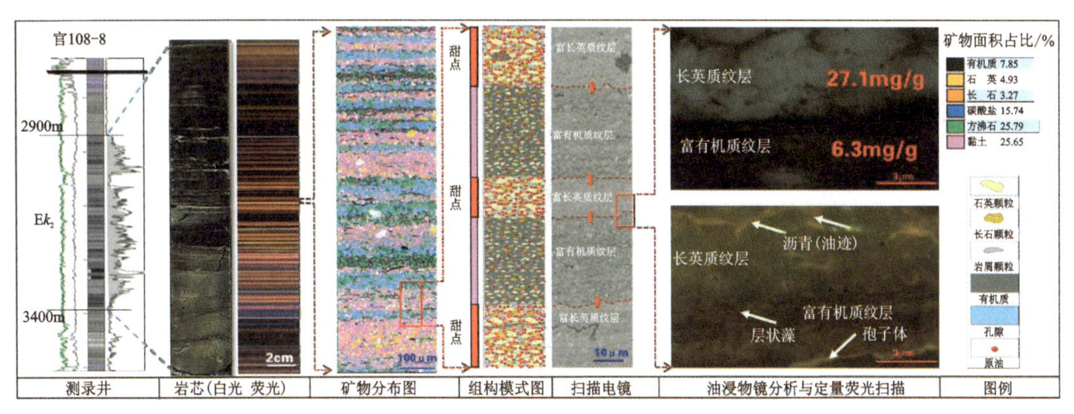

图 8-6　纹层型页岩油“优势组构相-滞留烃超越效应”成藏模式

第二节　夹层型页岩油

一、夹层型页岩油富集条件配置

夹层型页岩油主要发育于盆地中部地区的不同类型页岩岩相中，同样以密度、黏度较小的轻质油为主，上下邻层页岩有机质含量高，生油窗内的富有机质页岩生油能力强，生成的原油只需经过极短距离的运移即可进入夹层聚集。页岩油主要赋存在页岩基质中的有机质、黏土矿物粒间孔、粒内孔、溶蚀孔等各类微孔隙、微裂缝及薄夹层中。同时，夹层的岩性较脆且易于进行储层改造，从而形成页岩油流，因此，夹层是原油赋存富集的有利场所，层数多、厚度薄、物性好、脆性强的夹层是页岩油勘探开发的有利目标。相对于其他类型页岩油，夹层型页岩油具有产能高且相对稳定、生产周期相对较长的特点，其富集主要受烃源岩质量、源储配置、储层物性和异常压力等因素影响。

研究证实，富有机质优质烃源岩的存在是夹层型页岩油形成富集的地质基础，烃源岩的质量和热演化控制着页岩油的总生成量。此外，烃源岩在区带尺度上的控制也具有两个特点：一是烃源岩对页岩油的分布边界和富集区带具有控制作用；二是在页岩油富集区带内部，对更小尺度页岩油富集的控制较弱（庞正炼等，2023）。产生这两个特点的原因是页岩层系内砂岩夹层中的页岩油聚集经历了短距离的二次运移。

源储配置也对油层富集效果具有控制作用。页岩油在砂岩夹层中的运移需烃源岩生烃增压提供动力，随着运移距离的增加，距离烃源岩层越远，页岩油运移的动力就越小。一旦运移动力产生的压力梯度小于砂岩夹层的启动压力梯度，页岩油将“停滞”，砂岩夹层将无法聚集页岩油。理论上,页岩油在砂岩夹层中运移的距离为运聚动力和启动压力梯度之商。运聚动力由烃源岩控制,启动压力梯度受砂岩夹层的储层物性控制。

在油层尺度,在源储配置条件相似的样品中,储集物性越高含油性越好。在砂岩内部,碳酸盐胶结物的大规模发育堵塞原生粒间孔,极大降低砂岩的储集物性,进而降低了页岩油的富集程度。储层物性对油层以及砂岩夹层内部页岩油富集的控制作用,主要体现在两个方面:一是孔隙度越大,越能为页岩油聚集提供更多的储集空间;二是渗透率越高,越能促进石油运移,提高聚集效率。

此外,相较于泥页岩型页岩油产出地层普遍具有的异常高压,夹层型页岩油产出地层同样具有一定的高压特点。烃源岩生烃是地层高压形成的主要机制,烃源岩开始生烃的深度与地层出现高压的深度具有较好的吻合性,也表明生烃作用是超压形成的主要机制。地层高压间接反映了泥页岩的生烃能力,高压可导致烃源岩破裂,有利于裂缝的发育和油气的产出。分析试油井段实测的压力和产量特征发现,夹层型页岩油产量随着压力系数的增大而增大,两者具有较好的正相关关系(图 8-7)。

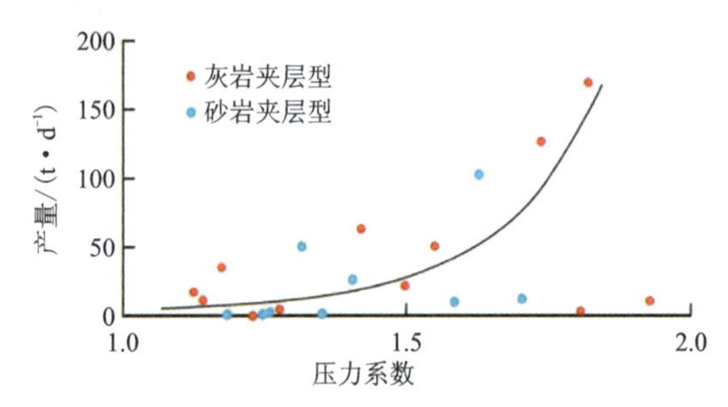

图 8-7　夹层型页岩油单井产量与压力系数的关系

二、夹层型页岩油成藏模式

夹层型页岩油以近源成藏为主,成藏模式根据源储划分又可分为两种类型:一种为储层厚度较薄的互层或夹层型;另一种为储层厚度较大的临源型。夹层型页岩油的成藏模式一般为近源成藏,原油经短距离运移到相邻夹层之中聚集(图 8-8)。

互层或夹层型页岩油,以源岩到储层的直接排烃为主。源岩中生成的烃类以生烃增压为动力,以孔喉为通道,直接进入相邻的页岩储层。虽然页岩储层孔喉较小,排烃速率低,但由于源储大面积接触,页岩油的聚集量亦是可观的。据文献调研,源储互层或夹层型页岩油聚集量与源岩生排油量、互层的厚度及孔隙度有关。从源岩中生成并排出的油,一部分将进入互层中,形成“源内”的源储互层油,被称为“内排油”;另一部分则将进入相邻的储层中,被称为“外排油”。

临源型页岩油储层厚度较大,在与烃源岩的接触面附近以直接排烃为主,在距离接触面较远的层段,缝合线与裂缝将起到侧向和纵向的沟通作用。烃源岩中由分散有机质形成的烃类首先向就近的空间汇聚,它们可以是动物潜穴、动物化石空腔或岩石的纹层界面。通常情况下,泥岩基质的孔隙度和渗透率远远低于纹层界面、动物潜穴或动物化石空腔,汇聚于孤立

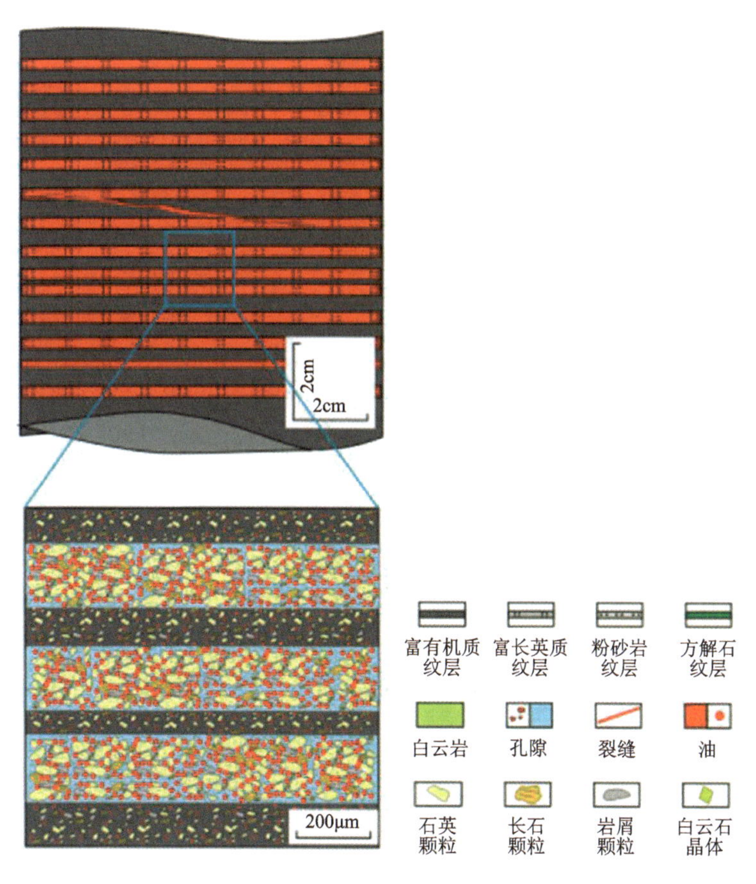

图 8-8　页岩油近源成藏模式

的动物潜穴或动物化石空腔中的烃类将难以再次移动。岩石的纹层界面可以提供再次运移的空间，由于纹层界面的横向均质性远远强于垂向，所以汇集于岩石纹层中的烃流体在地层复合作用下将发生水平移动。当水平移动的含烃流体遇到垂直裂缝时，含烃流体将发生垂向运移。由于岩石基质汇聚到纹层界面中的烃类是有限的，只要纹层界面具有一定规模，并且有与之沟通的裂缝时，纹层界面就能汇聚到更多的烃类，成为烃类初次运移的通道。同时在储层中发育的缝合线与裂缝沟通形成油气侧向运移的通道，从而提高了储层中页岩油的聚集量。

随着陆相页岩油勘探开发的不断深入，在很多页岩油勘探开发区都发现了常规-非常规油气序次分布特征，形成完整的常规油-致密油-页岩油“全油气系统”格局，成藏呈现出有序性和连续性特征。例如松辽盆地北部勘探实践表明，源内青山口组主要发育页岩油以及一定规模致密油、常规油藏。源内页岩油主要分布在青山口组一段和青山口组二段，以纹层型页岩油为主，发育一定规模夹层型页岩油。源内青山口组油气自盆地边缘到湖盆中心，常规油藏、致密油、页岩油呈环带状分布，其中常规油藏主要发育在盆地边缘，致密油主要发育在斜坡部位，页岩油位于湖盆中心（图 8-9）。

沧东凹陷孔店组二段和歧口凹陷沙河街组一亚下亚段也呈现常规油、致密油、页岩油有序

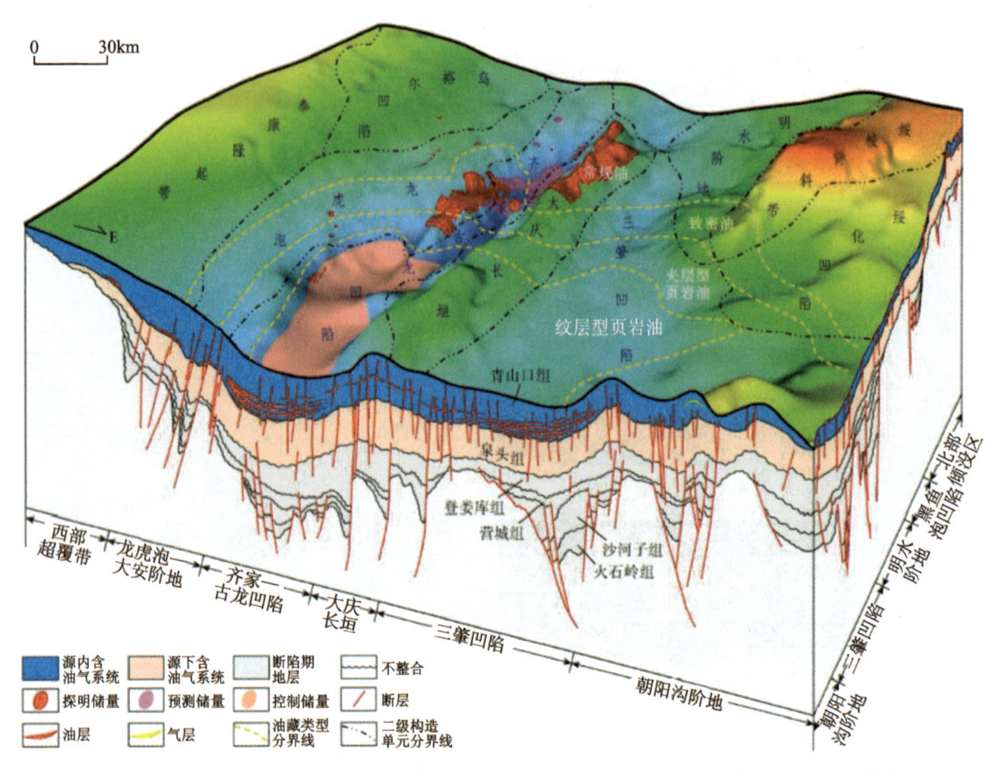

图 8-9 松辽盆地北部青山口组常规油-致密油-页岩油“全油气系统”成藏模式(据张赫等,2023)

且连续成藏特征(周立宏等,2023)。沧东凹陷孔店组二段泥页岩为主要烃源岩,致密岩层生烃条件较差,以源外致密油和源内致密油为主,低部位半深湖—深湖区则以纯页岩油和含夹层页岩油为主,形成由高部位至低部位的常规油、致密油、页岩油成藏模式(图 8-10)。歧口凹陷沙河街组一段中—高斜坡区发生多期咸化过程,藻类勃发,具备较好生油条件,且碳酸盐矿物含量增加,改善了页岩储层脆性,形成夹层型页岩油;低斜坡区薄层远岸水下扇砂体构成较好储集体,源内致密油是现阶段勘探主要目标。从而形成了“中—高斜坡区页岩油、低斜坡区致密油”的勘探模式。

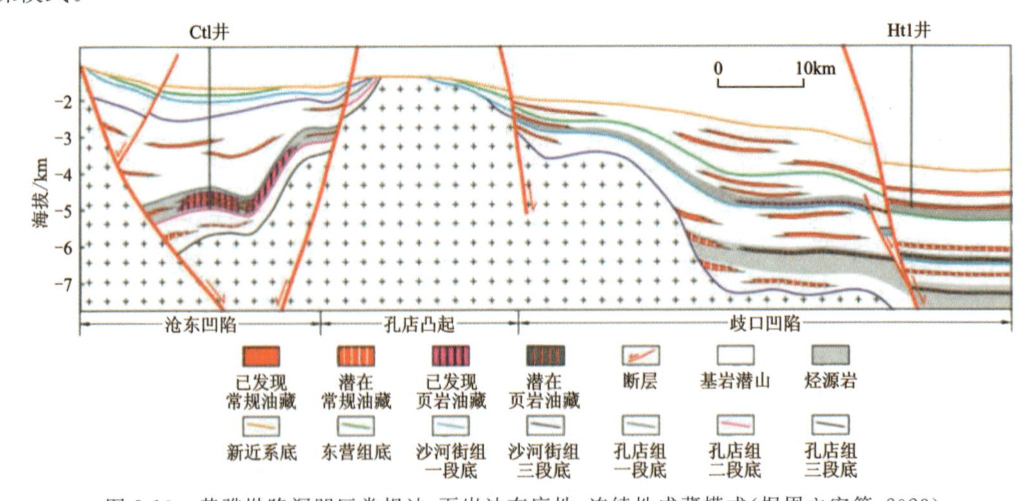

图 8-10 黄骅坳陷深凹区常规油-页岩油有序性、连续性成藏模式(据周立宏等,2023)

第四篇
陆相页岩油评价技术

第九章 陆相页岩油评价

我国的陆相含油气盆地中页岩油分布极为广泛。由于陆相湖盆泥页岩储层具有显著的非均质性，页岩层系内部含油丰度存在着较大差异。在开发过程中，不同类型"甜点"的单井产量也呈现出显著的差距。在现有工程技术条件和开发技术手段下，优选最具勘探开发潜力的区块、锁定最优的"甜点"层(段)并精准预测"甜点"层(段)的平面分布是开展页岩油勘探开发地质评价的核心目标。

第一节 页岩油地质评价目的与思路

一、页岩油地质评价目的

中国陆相页岩油经过近10年的勘探开发探索，初步落实了中—高成熟度页岩油资源量283亿t，使页岩油已经成为重要的油气接替资源。全方位加大页岩油上产规模，推动页岩革命，对立足国内、保障国家能源安全意义重大。

中国陆相页岩油资源丰富，在准噶尔盆地、松辽盆地、渤海湾盆地、鄂尔多斯盆地和柴达木盆地等含油气盆地广泛发育。由于我国陆相湖盆页岩受水动力、成岩作用和成藏过程中流体性质等因素影响，不同相带页岩矿物成分、岩相、生烃能力及储集性能等地质条件差异明显，直接决定了页岩油富烃"甜点"段/区与最佳改造效果的工程"甜点"段/区。同时，由于页岩油本身"源储"体的富集特征，在微米—纳米级孔-缝系统内油气赋存与产出机理复杂，对其成因机理、资源潜力预测及勘探效果有着不同程度的制约。

因此，为了准确评估页岩油资源潜力、明确页岩油成因机理并优选页岩油勘探靶区，就必须对陆相页岩油区块的地质条件开展页岩油地质评价，推动陆相页岩油的规模勘探与有效动用，建立陆相页岩油地质勘探开发标准，进一步推动陆相页岩油理论创新，为其他相似区域的页岩油勘探开发提供理论和技术借鉴。

二、页岩油地质评价思路

页岩油地质评价主要从生烃品质、储层品质、工程力学品质及综合评价4个方面进行。

生烃品质主要包括从有机碳含量(TOC)、镜质体反射率(R_o)、岩石热解分析(T_{max}、HI、S_1+S_2)、干酪根镜检、干酪根元素分析及有机显微组分等方面评价生油能力，确定富有机质页岩分布。

储层品质指标则基于露头、岩芯、测录井、裂缝分布图解，依据矿物组成、结构，岩石构造，

裂缝分布，微观孔隙分析，基质孔隙度、有效孔隙度测定等，评价页岩岩系储层质量，确定有利储层。

工程力学依据含油饱和度、可动油饱和度及原始地层温度压力条件下原油黏度、气油比等评价含油性。

综合评价则是对页岩油进行资源评价。

除此之外，近年来，不少学者在构建梳理细粒沉积模式、讨论有机质富集机理、总结岩石结构与矿物组成特征、表征微米—纳米级孔-缝系统、探讨流体赋存与可动流体状态、探索可压性与裂缝扩展等方面，取得了全面研究进展和创新成果，并据此提出页岩油地质评价的实验方法要实现从烃源岩向储层、从生烃能力向储烃能力、从排烃能力向产烃能力的转变，并为陆相页岩油富集理论深化研究和可动性评价技术创新提供借鉴。

陆相页岩油地质评价围绕上述 4 个方面内容开展，宏观上优选勘探开发的区带。在此基础上，进一步精细评价页岩油地质条件，优选页岩油地质“甜点”，为后期开发方案的实施提供科学依据。

第二节　页岩油录井评价技术

录井技术在页岩油勘探评价中具有重要作用。现阶段页岩油录井、评价尚未形成统一技术流程，各油田和学者从不同领域对页岩油录井进行了一定的改进和探索：胜利油区形成了页岩油井油基钻井液录井技术系列(谢广龙，2016)；针对松辽盆地古龙凹陷页岩油，张丽艳和秦文凯(2019)将气测参数、岩性及岩芯裂缝观察、地球化学岩石热解参数、残余碳分析、元素分析等多种录井参数结合，综合评价页岩油；新疆油田在吉木萨尔凹陷二叠系芦草沟组页岩油水平井钻探过程中，引入元素录井技术，实现小层精细对比，并将轨迹控制在高 K、Si、Al 和低 Ca、Mg、P 元素目的层内，有效指导页岩油水平井平稳高效钻进(高阳等，2021)。

大港油田在泥页岩录井技术与评价方面取得了长足的进步，经历了 3 个阶段：2013 年以前，针对泥页岩段主要开展生烃条件和盖层能力评价，录井项目以岩屑录井、气测录井为主，岩屑录井仅简单描述泥页岩，无含油级别描述，尚未被当作油藏来对待；2013—2016 年，泥页岩录井技术增加岩屑连续碳酸盐岩分析，井壁取芯做岩石热解、气相色谱分析和薄片鉴定等录井项目，提升对岩石矿物组成和结构构造特征的识别分析水平；2016 年以来，随着对页岩油认识的不断深化，从岩性脆性、烃源岩、可动烃评价的需求出发，增加了元素地球化学全岩分析、岩石热解对岩屑的连续分析，深化了页岩油的录井综合评价，形成页岩油脆性-含油性综合评价图版，摸索出了一套适合湖相页岩油录井及综合评价技术，取得了较好应用效果。

一、录井岩性评价技术

现场录井过程中，岩屑录井和元素录井各有优势，有较好的互补作用。岩屑录井可以观察到岩石的颜色、形状、粒度、成分、分选及磨圆等结构特征、胶结物及胶结程度、物理性质、层理特征、含有物、滴酸反应情况、含油显示情况等，可以较全面了解地层的岩性及含油性特征。

但岩屑录井只能定性描述地层岩性特征，且在当前先进的钻井工艺条件下，岩屑录井的优势已经被弱化，尤其是在复杂岩性识别及细碎岩屑的岩性识别方面，岩屑录井面临着前所未有的困难。而元素录井技术可以实现对岩屑中的化学元素信息进行定性和定量分析，该项技术是常规岩屑录井的补充，可有效解决复杂岩性、细粒碎岩屑的岩性识别问题。根据元素的不同，可以确定矿物和岩石。如 Si 含量的不同可用于区别砂岩与泥岩；Mg 含量的不同可用于区别白云岩与灰岩；S 含量的不同可用于区别石膏岩与碳酸盐岩。通过元素质量分数计算对应矿物质量分数从而指导岩性划分，为录井确定岩性提供了一种新方法，能有效指导现场录井工作。

1. 岩屑录井

当 X 射线照射样品时，由于不同的晶体物质都有其特定的化学组成和结构参数，晶体物质会产生特定的衍射效应，利用衍射图谱可以识别晶体矿物的类型及含量。通过 X 射线衍射全岩分析，可以直接测定出岩石中的各种矿物组成（黏土矿物含量、石英、钾长石、斜长石、方解石、白云石、黄铁矿等），并通过软件计算出各种矿物的相对含量，不同岩石由不同的矿物构成，在掌握区域地质背景前提下，根据岩石宏观特征，结合全岩分析结果，可准确识别地层岩性。

将得到的岩屑矿物成分归一化处理，利用长英质矿物（长石＋石英）、碳酸盐矿物（方解石＋白云石）和黏土矿物三端元，将长英质矿物含量大于 50％的定义为长英质页岩，碳酸盐矿物含量大于 50％的定义为碳酸盐质页岩，黏土矿物含量大于 50％的定义为黏土质页岩，三端元矿物含量均小于 50％的定义为混合质页岩，实现了泥页岩岩性识别定量化。

2. 元素录井

元素录井有效地解决了 PDC 钻头、气体钻井等钻井条件下的录井瓶颈问题，并且在小层划分、随钻评价、地质导向等方面为钻井工程提供了有力的支持，保障其快速、安全、高效实施（唐谢等，2020）。大港油田 2017 年引进元素录井技术，采用 SYX-1 型元素测井仪，通过对比岩芯矿物成分常量元素分析结果，建立孔店组二段 Si、Ca、Mg、Al、Fe 等元素现场评价标准化处理方法，使元素录井解释精度得到明显提高。

元素录井是利用 X 射线荧光仪分析岩芯、岩屑的元素含量，并根据元素含量信息进行岩性识别的一项录井技术。该技术是通过测量地层岩石的元素含量，进而通过岩石元素和元素组合特征的变化进行岩性识别和地层评价，且不受井眼、钻井液性质、钻井方式及人员经验等影响。

根据页岩油层段的岩性特征，应用元素录井与矿物录井多参数相结合，通过相关性分析，提取与相应矿物相关性好的 Si、Ca、Mg、Fe、Al 等元素作为岩性识别的主要元素。以钻井取芯资料为研究基础，根据分子式摩尔质量计算，得出标准砂岩及标准泥岩中 Si、Al 的相对含量，结合相关系数，进而计算出相应的砂质、白云质、灰质及泥质含量。通过归一化处理，实现元素录井对页岩油层段的岩性识别。

利用元素录井现场快速分析的优势，提取反映脆性及塑性特征的敏感元素，总结 Si、Ca-Mg、Al-Fe 等元素在不同开发层的优势元素变化规律，为“甜点”选取提供依据，并指导水平井

入窗、小层轨迹调整及工程压裂方案选取。以沧东凹陷孔店组二段官页 1-3-1 和官东 14 井区为例，该区①和②号小层具有中高 Si、中高 Ca-Mg、高 Al-Fe 特征，③和④号小层具有中低 Si、高 Ca-Mg、低 Al-Fe 特征，⑤号小层具有 Si 含量高低不一、低 Ca-Mg、高 Al-Fe 特征，⑥号小层具有中等 Si、中等 Ca-Mg、高 Al-Fe 特征（图 9-1）。该区官页 7-3-1 井在钻探过程中，通过实时跟踪连续元素录井中 Si、Ca-Mg、Al-Fe 元素纵向变化趋势，实现小层精细对比。

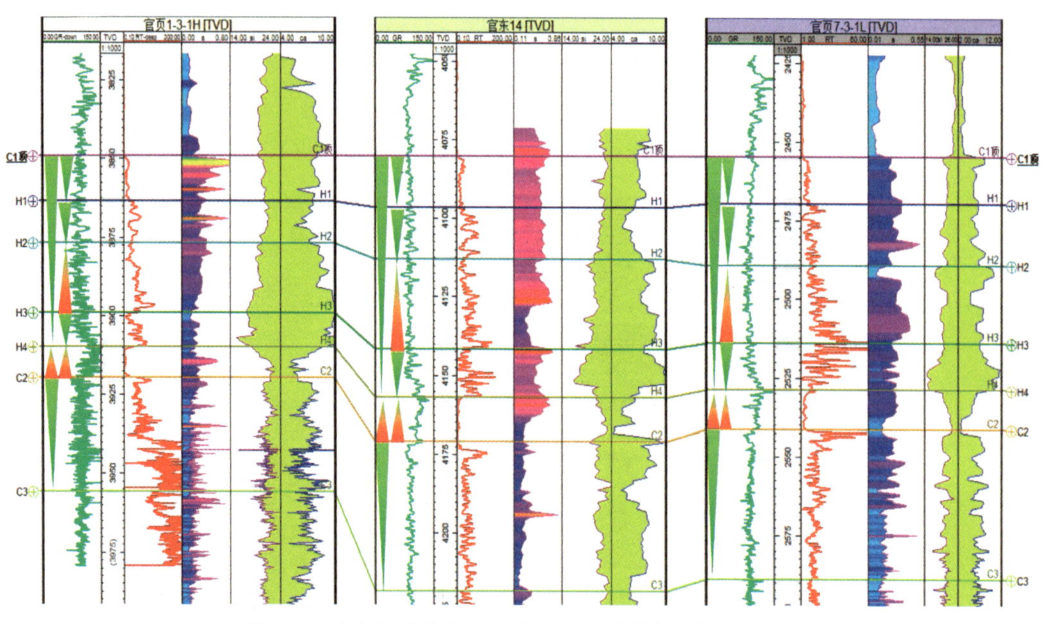

图 9-1　沧东凹陷孔店组二段 C1～C3“甜点”精细对比图

二、录井脆性评价技术

泥页岩岩石矿物成分主要为长英质矿物、碳酸盐矿物、黏土矿物和其他自生矿物，白云石、长石次之，方解石、黄铁矿、方沸石影响较弱，黏土矿物对脆性贡献最小，脆性指数与矿物成分之间满足下列公式：脆性指数＝石英＋0.63 白云石＋0.52 长石＋0.25 方解石＋0.2 黄铁矿＋0.18 方沸石＋0.02 黏土矿物（周立宏等，2018）。式中各矿物成分为百分含量，无量纲。一般把脆性指数大于 46.4 的区域作为工程“甜点”（任战利等，2014）。沧东凹陷孔店组二段泥页岩脆性指数分布在 23.8～66.6 之间（平均 47.1），整体脆性条件较好。长英质页岩脆性指数分布在 31.8～66.6 之间（平均 45.1），碳酸盐质页岩脆性指数分布在 35.6～63.0 之间（平均 51.8），混合质页岩脆性指数分布在 23.8～57 之间（平均 44.3）。利用岩石矿物成分，实现脆性指数计算定量-半定量化，为“甜点”综合评价提供依据。

三、录井含油性评价技术

页岩油评价主要包括现场应用评价、油品性质评价、轻烃评价、含油饱和度评价和可动烃综合评价几个方面，利用岩屑荧光录井、滴照试验、三维定量荧光、岩石热解、气测录井和气相色谱等特色录井技术，建立泥页岩含油性评价标准及操作技术流程，从海量参数中抽提出相关性强的参数，客观评价游离烃的含量，是页岩油“甜点”评价、段簇优选过程中比较关键的工作环节之一。

现场应用评价：连续拍摄岩屑荧光、岩屑滴照等照片，利用软件分析岩屑荧光强度及分布面积，直观展示录井岩屑含油性显示情况(图9-2)。由岩屑荧光成像照片可见荧光呈绿黄色，强度较强，分布面积大；岩屑滴照颜色为亮白色，产状均匀；岩屑浸泡氯仿萃取后，自然光下为浅棕色，荧光灯下为亮白色。利用岩屑资料，通过不同的现场技术手段，均反映油质较好且含油丰度高，为页岩油层进一步精细评价提供有力证据。通过建立专业数据管理平台统一管理，提高现场采集资料录入效率与自动化分析水平，实时更新数据信息，后方研究人员可在井场信息远程传输系统上及时查看数据，为现场判断及后期研究提供直观依据。

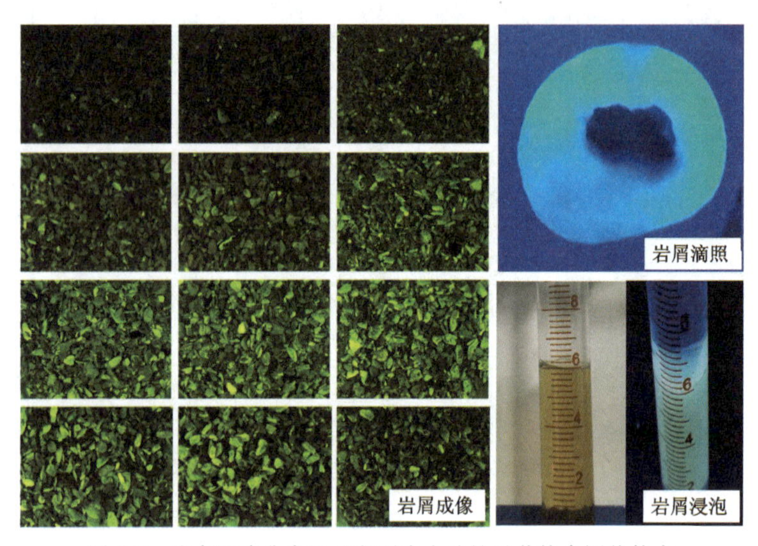

图9-2　沧东凹陷孔店组二段页岩含油性录井综合评价技术

油品性质评价：针对泥页岩样品，通过修改完善仪器软件，将荧光强度控制在正常范围[300～800μW/(cm^2·nm)]之内。根据中国石油天然气集团公司《三维定量荧光录井技术规范》，三维定量荧光分析数据及谱图的差错率由原来的5.02%下降至1.23%(焦香婷等，2019)。利用三维定量荧光谱图主峰位置及参数特征，评价不同地区油品性质，为现场岩屑含油性识别及后期评价提供依据。沧东凹陷孔店组二段镜质体反射率分布在0.5%～1.3%之间(赵贤正等，2019)，烃源岩成熟度差异性较大，导致页岩油密度跨度大，总体可分为中质偏轻原油和中质偏重原油两种类型。中质偏轻原油图谱呈现单峰特征，主峰激发波长280～300nm，主峰发射波长310～340nm；中质偏重原油图谱呈现双峰特征，主峰激发波长300～320nm，主峰发射波长360～380nm(次峰激发波长380～400nm，次峰发射波长420～450nm)。根据油性指数把原油品质划分为轻质(油性指数＜1.0)、中质(1.0≤油性指数＜1.6)和重质(油性指数≥1.6)3种类型。

轻烃评价：中质偏轻原油中轻烃组分C1～C7占比较高，而由于轻烃组分返至地表后几乎散失殆尽，荧光和热解数据无法准确反映轻烃组分含量，通过气测曲线形态可判断出页岩油储层类型及轻烃含油丰度。以基质孔隙为主的层段，全烃呈缓增式，幅度值中等，曲线峰值及形态反映含油气能量及厚度;以裂缝为主的层段,全烃呈陡增式,幅度值高,反映异常压力及油气能量,进一步建立页岩油气测解释图版。以沧东凹陷官东地区孔店组二段页岩油评价为例,该区一类油层,全烃峰基比一般大于10,湿度比分布在20～45之间,同分异构比分布在2.5～6之间;二类油层,全烃峰基比分布在5～10之间,湿度比分布在15～45之间,同分异构比分布在2.2～7之间;三类油层,全烃峰基比分布在2.5～5之间,湿度比分布在10～5之间,同分异构比分布在2～7之间(图9-3)。

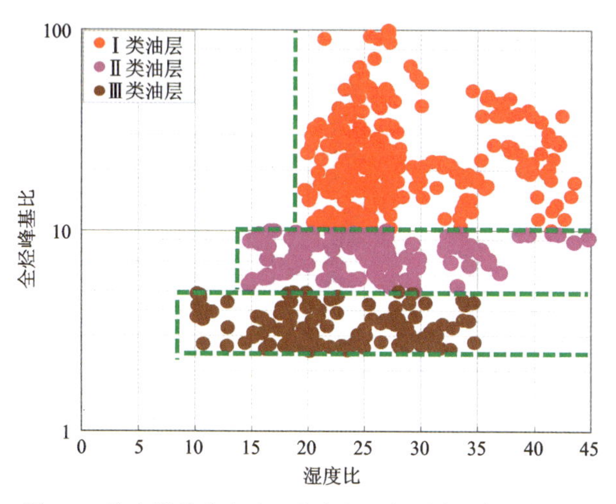

图9-3　沧东凹陷官东地区孔店组二段页岩油气测解释图

含油饱和度评价和可动烃综合评价:建立热解烃可动油定量评价参数 S_1 与有机质丰度TOC交会图版,反映页岩含油饱和指数。热解 S_1 主要成分包括C8～C32,岩石破碎、上返及岩屑处理过程中,S_1 各组分有不同程度损失。因此创新地应用干酪根生烃动力学、原油裂解动力学实验方法,校正中高成熟页岩油轻烃恢复系数,解决了沙河街组三段中高成熟页岩油轻烃占比大、散失快、实测值偏低、轻烃恢复不准的难题。确定轻烃恢复系数达3～8倍,比密闭取芯多温阶热释法计算的轻烃恢复系数高2.2倍,优质烃源岩比例提升49%。将恢复后的热解 S_1 代入含油饱和度指数(OSI)计算公式,当OSI>100mg/(g·TOC)时,表示页岩达到饱和含油条件,具备一定可动烃含量。

四、录井"甜点"评价技术应用实例

沧东凹陷孔店组二段页岩油资源规模大,初步计算资源量达到6.8亿t,2018年完钻的领口先导试验水平井获得重要突破,率先实现湖相页岩油工业开发(赵贤正等,2019)。利用官东15井岩屑取样,完成有机地球化学和全岩分析2大类260余块次样品分析测试,建立官东地区"甜点"评价标准:S_1>2mg/g,TOC>3%,OSI>150,脆性指数大于77。在官东15井断块优选5个有利钻探箱体,厚度9～13m,累计厚度65m(图9-4)。针对该区直井锁定的"甜点"段实施水平井钻探,水平段 S_1>3mg/g,脆性大于0.8,平均百米含油丰度927mg/g,新投产官页5-1-9H、官页5-3-1L、官页5-1-1L等井日产油30t以上超80d。目前平均日产油36t,5号平台所有井均获高产,实现该区页岩油高效开发。

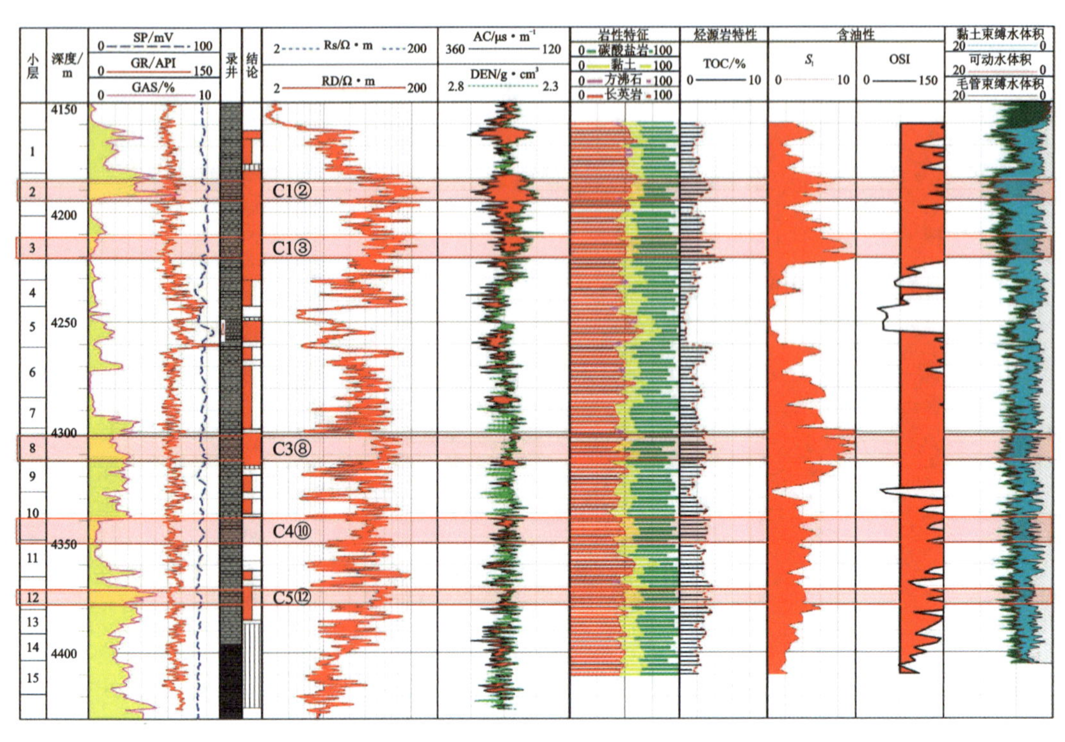

图 9-4 沧东凹陷孔店组二段官东 15 井“甜点”综合评价图

第三节 区带优选评价

常规油藏评价的核心是回答圈闭有效性及“圈闭是否成藏”,重点围绕“生、储、盖、运、圈、保”六要素匹配关系,勘探目标是寻找含油气圈闭边界,追求油气藏长期高产和稳产。页岩油研究核心是确定储集层有效性及“储集层油气是否连续聚集”,评价重点围绕生烃潜力评价、储层评价和保存条件评价 3 个方面开展,勘探目标是寻找“甜点”区和“甜点”段,确立连续型或准连续型油气区边界,为开发提供优质潜力区块。

一、生烃潜力评价

陆相湖盆泥页岩生烃潜力评价是开展页岩油勘探选区和资源潜力评价的一项重要工作,其评价内容主要包括有机质丰度、有机质类型、有机质成熟度和优质烃源岩分布 4 个方面。

1. 有机质丰度

泥页岩中的有机质以可溶有机质和不可溶有机质 2 种存在形式。常见有机质丰度指标主要通过不同的实验检测方式获取表征岩石中有机质含量的数据,主要包括有机碳含量、氯仿沥青“A”、热解 TOC、热解生烃潜量(S_1+S_2)等。由于岩石热解仪测量过程简单、快捷,热解 TOC 和(S_1+S_2)在油田勘探评价过程中得到广泛应用。

陆相泥页岩有机质丰度变化较大，从常规油气勘探对烃源岩有效性方面来看，TOC值下限为0.5%～0.8%、上限为8%～10%。作为常规油气藏形成的有效烃源岩，TOC值主要为0.5%～0.8%和2%～3%。高TOC烃源岩虽然也是常规油气藏的主力源岩，但高TOC页岩集中段排烃不畅，效率偏低，唯有当页岩厚度适中且与储集层间互时，排烃效率才高。富有机质页岩主要分布在半深湖—深湖区，且地理位置多在现今盆地中低斜坡区，生储盖组合与成藏动力都不利于常规油气藏形成。中高TOC页岩是页岩油藏形成的主力烃源岩。页岩油勘探评价重点关注的是优质烃源岩层（TOC>2%）和有机质富集层（TOC>4%）。

优质烃源岩层或有机质富集层评价标准还受有机质类型、沉积环境和成熟度的制约。

(1)不同类型有机质的生烃能力差别很大，相同的有机质含量和成熟度，Ⅰ型有机质和Ⅲ型有机质的生烃能力可以相差几倍甚至十几倍，因此不同类型有机质的有机质丰度评价标准不同。

(2)湖相长英质页岩、碳酸盐质页岩、黏土质页岩和混合质页岩沉积环境、有机质类型、生烃机理和岩石对烃类的吸附性一般不同或者存在差异，生排烃下限也不相同。

(3)随着成熟度的增高，烃类不断生成和排出，特别是到了高成熟阶段，原始有机质已经大量裂解，用残余有机质丰度来判断烃源岩层的好坏就失去意义了。

2.有机质类型

有机质类型也是评价烃源岩生烃潜力的重要参数之一，可以将固定有机质和可溶有机质结合对泥页岩的有机质类型进行评价。尽管国内有许多不同的有机质类型分类方案，但考虑到陆相湖盆有机质类型的多样性，采用四分法对泥页岩有机质类型划分更为合理（即Ⅰ型、$Ⅱ_1$型、$Ⅱ_2$型和Ⅲ型）。

(1)Ⅰ型有机质生烃潜力（图9-5a）。大量的研究结果证实，有机质类型是一个连续分布的过渡序列，Ⅰ型有机质样品数据之间存在较强非均质性，因此无法得到单一类型有机质样品，只能选取具有代表性的样品开展生烃潜力分析，但这些分析结果仍具有一定的统计学意义。测试结果显示，Ⅰ型有机质原始氢指数（I_{Ho}）主要分布在600～1000mg/g之间，从大量生烃到生烃结束，T_{max}主要分布在440～460℃之间，分布范围较窄。Ⅰ型有机质分子结构相对单一，降解所需的活化能也相对集中。

(2)$Ⅱ_1$型有机质生烃潜力（图9-5b）。$Ⅱ_1$型有机质原始氢指数的变化范围主要为400～650mg/g，$Ⅱ_1$型有机质之间的非均质性没有Ⅰ型大。$Ⅱ_1$型有机质从开始大量生烃到生烃结束，T_{max}主要分布在430～460℃之间，分布范围比Ⅰ型有机质多10℃。$Ⅱ_1$型有机质分子结构比Ⅰ型有机质相对复杂些，所需的降解活化能相差较大。

(3)$Ⅱ_2$型有机质生烃潜力（图9-5c）。$Ⅱ_2$型有机质原始氢指数的变化范围主要为100～400mg/g。从开始大量生烃到生烃结束，T_{max}主要分布在430～470℃之间，比Ⅰ型、$Ⅱ_1$型有机质的分布范围更广。$Ⅱ_2$型有机质分子结构较复杂。

(4)Ⅲ型有机质生烃潜力（图9-5d）。Ⅲ型有机质原始氢指数的变化范围主要在200mg/g以内，生烃潜力较小。大量生烃阶段不太明显，生烃范围较宽。T_{max}主要分布在430～500℃之间。Ⅲ型有机质分子结构更加复杂。

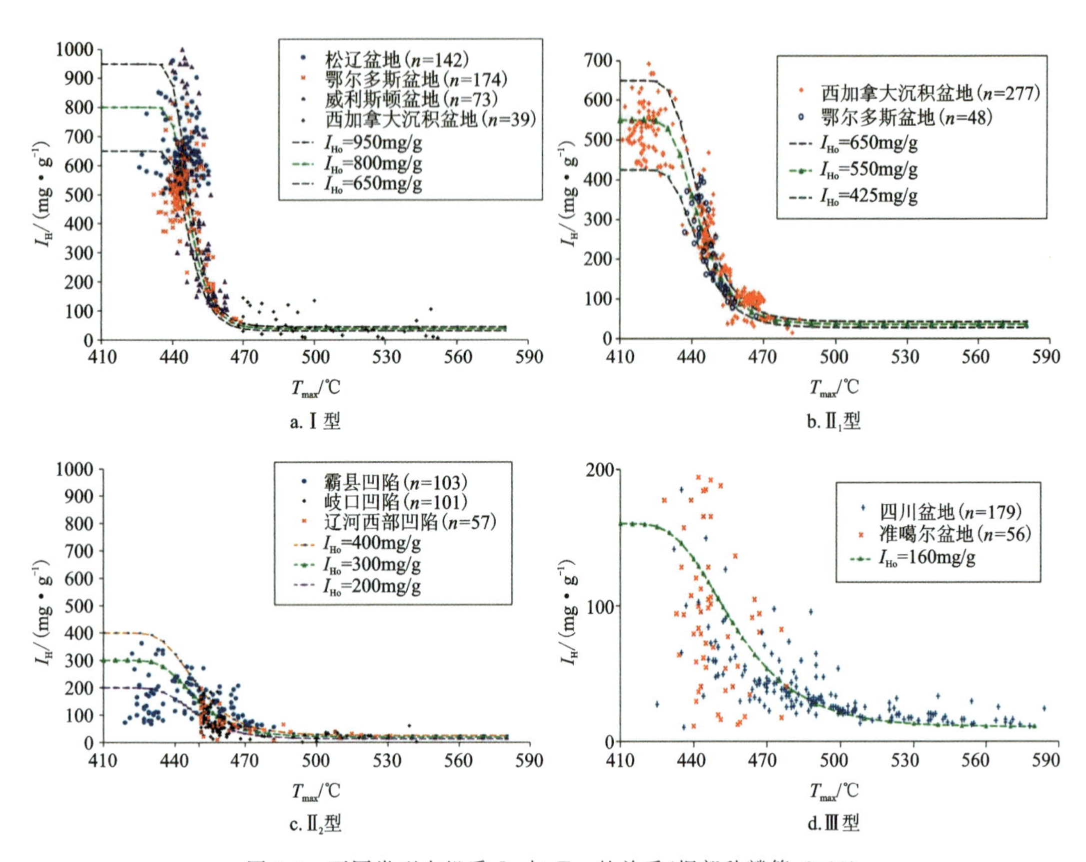

图 9-5　不同类型有机质 I_H 与 T_{max} 的关系(据郭秋麟等,2019)

不同类型有机质在不同热演化阶段的生烃能力差异明显,Ⅰ型有机质在主生烃期(R_o 为 0.6%~1.0%)的单位有机碳生成滞留烃量比Ⅱ型、Ⅲ型有机质高 1 倍以上,松辽盆地、渤海湾盆地等的页岩油主力勘探层系均以Ⅰ型有机质为主,为油气的规模生产与富集滞留奠定了重要基础。湖相页岩层系均存在一定比例的以陆源高等植物为主的Ⅲ型有机质,其主要生气,适量的气体可以提高页岩油中的气油比,有助于降低页岩油的黏度和密度,改善页岩油的流动能力,提高页岩油在井筒中的举升能力。由此可见,以Ⅰ型有机质为主、Ⅲ型有机质为辅的多类型有机质的混合,既有利于滞留烃的生成与富集,也有利于烃类的流动。

3. 有机质成熟度

有机质成熟度是判断泥页岩生烃潜力的基本参数,也是烃源岩最为重要的参数和指标之一。有机质成熟度是指在沉积有机质所经历的埋藏时间内,由于增温作用引起的各种变化,它是地温和有效加热时间相互补偿作用的结果,是表征其成烃有效性和产物性质的重要参数。成熟门限是指干酪根开始进入成熟阶段并在热力作用下大量生成烃类的起始参数,如门限深度、门限温度等。判断烃源岩有机质成熟度的指标有十余种,其中镜质体反射率(R_o)是地质工作者最关注的成熟度指标。

渤海湾盆地古近系、松辽盆地白垩系、鄂尔多斯盆地三叠系、准噶尔盆地二叠系以及其他富油凹陷大量烃源岩在地质条件下自然演化过程中热解生烃指数的变化规律显示，无论是哪种构造类型的盆地或凹陷，无论是古生界、中生界还是新生界，无论是淡水、微咸水相还是咸水相甚至盐湖相沉积环境烃源岩，随着成熟度的增加生烃潜力指数的演化规律基本一致，没有一个富油盆地或凹陷例外。陆相泥页岩有机质热演化阶段共划分为未成熟（$R_o<0.5$）、低成熟（$0.5\leqslant R_o<0.7$）、成熟（$0.7\leqslant R_o\leqslant 1.3$）、高成熟（$1.3\leqslant R_o\leqslant 2.0$）和过成熟（$R_o>2.0$）5个阶段。在未成熟、低成熟阶段，湖相烃源岩中Ⅰ型有机质最大生烃潜力指数基本上在800～900mg/(g·TOC)之间，有些甚至超过900mg/(g·TOC)。生烃潜力指数随着成熟度的增加逐渐降低，至生油高峰阶段，基本上下降一半左右。至生油窗下限时，残余的热解生烃潜力指数基本上在100mg/(g·TOC)左右。同时，无论在什么演化阶段，残留烃始终只占生成烃类中较小的部分，表明这些烃源岩在大量生烃的同时也大量排烃。

烃源岩在未成熟—临界成熟时热解氢指数小于200mg/(g·TOC)为Ⅲ型有机质烃源岩，在200～400mg/(g·TOC)之间为$Ⅱ_2$型有机质烃源岩，在400～600mg/(g·TOC)之间为$Ⅱ_1$型有机质烃源岩，在600mg/(g·TOC)以上为Ⅰ型有机质烃源岩，假设其含有原生烃约50mg/(g·TOC)，那么各类烃源岩在临界排烃时的生烃潜力指数代表值分别为150mg/(g·TOC)、350mg/(g·TOC)、550mg/(g·TOC)、750mg/(g·TOC)，这也代表各类烃源岩平均最大生烃量。将上述代表性生烃潜力指数作为原始生烃潜量，按照镜质体反射率(R_o)将生烃潜力指数降低趋势模式化，即可构建出各类型有机质烃源岩随成熟度变化的生烃量模型（图9-6）。显然，随着成熟度增加，各种类型有机质烃源岩的排烃量均呈增加趋势，在生油窗阶段随着生烃量的增加，排烃量也相应地大幅度增加；进入高成熟阶段以后生排烃速率明显降低，生烃量仅小幅度增加。

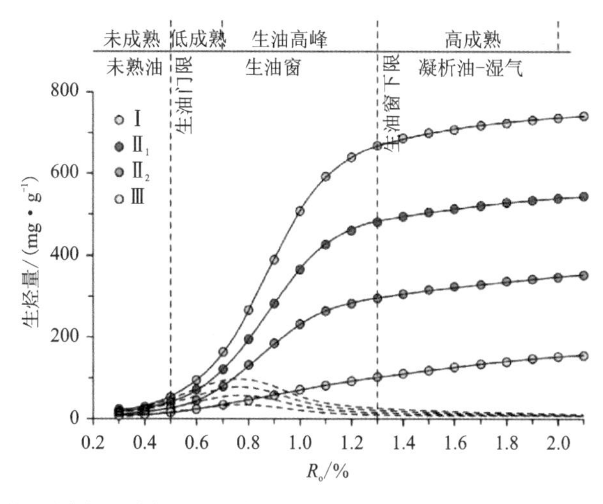

图9-6 湖相不同有机质类型泥页岩生烃量与残留烃量（虚线）（据陈建平等，2014）

对于页岩油的勘探和开发，成熟度的测定是至关重要的。通过对成熟度的测定，我们可以确定生油门限、生油窗和生油下限深度，这些都是决定页岩油产量和开发效率的关键因素。生油门限是指页岩开始生成油气的最低成熟度，生油窗是指页岩在某一成熟度范围内生成油气的能力最强，而生油下限深度则是页岩在此深度以下将无法产生油气。这3个参数的确定，有助于更精准地选定页岩油的勘探层位和区域，优化资源利用，提高开发效率。

4. 优质烃源岩分布

优质烃源岩是指具有较高有机质含量和良好产油、产气能力的岩石。它们是形成石油和天然气的关键，对勘探和开发活动有着至关重要的意义。对优质烃源岩的评价主要包括有机质丰度、有机质类型、成熟度和厚度。

有机质丰度。有机质是形成石油和天然气的原料，其含量越高，产油、产气的可能性就越大。页岩油对应的优质烃源岩 TOC 一般在 2%以上，TOC 低于 2%的页岩层在现有技术经济条件下不具备工业开发价值。对于 TOC 整体较高的层段，可以进一步以 4%为界限，优中选优，确定最有利的潜力区块。

有机质类型。优质烃源岩的有机质应主要为Ⅰ～$Ⅱ_1$型沉积有机质，它们在成熟油阶段以生油为主，$Ⅱ_2$～Ⅲ型有机质则以生气为主。

成熟度。低成熟阶段的液态烃分子量大、黏度高且流动性差，难以在页岩微米—纳米级孔隙间运移，页岩油产量一般很低。随着成熟度增加，将形成更多极性低、分子量小、流动性好的烃类。根据国内外已有的页岩油开发成功案例，处于“生油窗”中后期和凝析油阶段（R_o为0.9%～1.3%）的储层为有利成熟度区间，裂缝型页岩油由于渗透性好，大分子原油依然容易开采，可采成熟度区间为 0.5%～1.3%。凝析油和湿气生成阶段的烃源岩，既是页岩油勘探开发对象，同时也具有页岩气开发潜力。

厚度。S_1 是一个非常重要的含油性评价指标，与厚度密切相关。优质烃源岩应具有一定的厚度和广泛的分布，利于规模建产。页岩厚度除了影响储层体积之外，还与油气的储集能量关系密切，尤其是经压裂改造后，具有一定厚度的储层往往具有试油产量高的能力。目前国内外无统一的厚度下限，美国成功开发的页岩层系厚度一般不小于 30m，有效页岩厚度不小于 9m（王茂林等，2017）。现有水平井轨迹控制技术能够定位的箱体厚度一般为 8～10m，体积压裂改造影响的高度范围一般为 20～30m。因此，建议具有良好开发价值页岩油层系的厚度下限为 30m，其中富有机质页岩的有效厚度不小于 8m。

总的来说，明确优质烃源岩空间分布是页岩油区带优选的关键，优质烃源岩控制着待评价区Ⅰ类页岩油资源的空间展布。

二、储层评价

基于页岩油“自生自储”的成藏特点及其储层需要压裂改造的开发条件，页岩油储层的评价主要围绕储层物性、储层脆性、储层敏感性 3 个方面展开。

1. 储层物性

页岩储层物性主要包括孔隙度、渗透率及孔喉直径。岩石孔隙度直接决定了页岩储油潜力；渗透率制约页岩油的产能；原油分子直径为 0.5～23nm，这就要求页岩孔喉直径必须达到或超过此范围，才能满足页岩油的运移条件。目前对页岩油储层的储层物性多以实验数据、观察描述为主，对其发育特征、演化规律及其控制因素等深层次机理问题研究仍处于探索阶段。

1)孔隙度

孔隙度及裂缝发育程度与含油丰度呈正相关关系。总体上，页岩孔隙度越大，含油性越好。致密油藏总体呈现超低—低孔隙度特征，纹层型页岩储层孔隙度一般为4%～6%；混积型和夹层型页岩储层孔渗性相对较好，孔隙度通常为5%～12%；而对于裂缝型致密油藏，裂缝对孔隙度起明显改善作用，可形成含油率很高的物性"甜点"区。根据孔隙度的大小及其对轻质油渗流能力的影响程度，致密储层可划分为3类：Ⅰ类储层，孔隙度为7%～10%；Ⅱ类储层，孔隙度为4%～7%；Ⅲ类储层，孔隙度小于4%。孔隙度小于4%的储层一般不具有可采性。应当指出的是，有机质孔对页岩油储层的贡献是有限的，因为液态烃的原位充填作用和溶胀作用，本来就未充分发育的有机质孔被填充与堵塞，在扫描电镜下一般难以观察到，当演化到高成熟阶段后，有机质孔才能清晰可见。

2)渗透率

渗透率是除了气油比与TOC外，影响液态烃流动性的第三个重要因素。研究表明，流体穿过100m渗透率为0.000 001×$10^{-3}\mu m^2$的基质需要的时间超过100万a。页岩油储层一般呈现超低渗—低渗特征，纯页岩油气藏空气渗透率通常小于0.000 1×$10^{-3}\mu m^2$，混合型页岩储层渗透率一般小于0.1×$10^{-3}\mu m^2$，发育大量微裂缝的超压页岩储层渗透率一般为(2～15)×$10^{-3}\mu m^2$。优质的页岩油储层渗透率应大于0.01×$10^{-3}\mu m^2$。裂缝和微裂缝对渗透率的影响远远超过对孔隙度的影响，裂缝尺寸的增加对渗透率的增加是指数性的。因此，只有相对高渗透率的储层通过后期压裂改造，使致密储层形成裂缝网络，才能使页岩油得以顺利开采。

3)孔喉直径

页岩储层中流体与周围介质之间存在巨大的吸附力和分子作用力，一般不能自由流动，不服从达西渗流规律。原油中最小的CH_4分子直径为0.38nm，最大的沥青质分子直径为10nm，而骨架颗粒间的束缚水膜平均单层厚度为43nm(鄂尔多斯致密砂岩)。因此，理论上要使分子直径为10nm的沥青质通过喉道，临界孔喉的直径至少为100nm，而纯页岩的孔喉直径主要为5～50nm。从这个意义上讲，石油大分子很难流出页岩层进入砂岩夹层或临层，不经后期改造很难开采。凝析油和轻质油分子直径为0.5～0.9nm，在地下高温高压条件下更易流动和开采。

2.储层脆性

非常规资源勘探与传统油气勘探的主要区别体现在确立"甜点"区与油气边界方面(邹才能等，2012)。在页岩油勘探中，页岩储层脆性特征是储层力学评价、遴选射孔改造层段和设计压裂规模的重要基础。

页岩储层脆性指数的计算方法通常可分为弹性参数法和矿物组分法两大类。

1)弹性参数法

工程试验的方法是获取岩层脆性指数最直接的方法，其结果具有很强的代表性，能够指导工程压裂参数的选取。Rickman等在2008年针对Barnett页岩进行了经验总结，认为低泊松比、高杨氏模量的页岩脆性更好(刁海燕，2013)。杨氏模量是轴向应力与轴向弹性应变的比值，它反映了页岩被压裂后保持裂缝的能力，其值越大，岩石越易形成复杂裂缝(李庆辉等，2012)；泊松比是样品径向应变量与轴向应变量的比值，它反映了页岩在一定压力下被破坏的能力，其值越大，岩石越易起裂。Rickman 等基于杨氏模量和泊松比归一化(无量纲化)的页岩气地层脆性指数计算方法如下：

$$B_{工程} = (E_{brit} + \nu_{brit})/2 \tag{9-1}$$

式中：B 为脆性指数，无量纲。

E_{brit} 和 ν_{brit} 分别定义为

$$E_{brit} = (E - E_{min})/(E_{max} - E_{min}) \tag{9-2}$$

$$\nu_{brit} = (\nu_{max} - \nu)/(\nu_{max} - \nu_{min}) \tag{9-3}$$

式中：E_{max} 和 E_{min} 分别为研究层段最大和最小静态杨氏模量，GPa；ν 为静态泊松比，无量纲；ν_{max} 和 ν_{min} 分别为研究层段最大和最小静态泊松比，无量纲。E_{max}、E_{min}、ν_{max} 和 ν_{min} 为常数，其值根据研究层段实际情况而定。

工程脆性指数是基于工程试验参数计算出来的，是对储层可压裂性最直接的描述，对压裂参数的选取有着重要的意义。但是在实际评价过程中，工程试验样品数量有限，不能满足压裂层段的系统评价，弹性参数法的局限性限制了它的广泛使用。

2)矿物组分法

岩石的脆性与其矿物成分密切相关，石英、长石、白云石等脆性矿物含量较多的岩层，其工程压裂效果也就越好。威德福(Weather-ford)公司提出利用岩石矿物组分特征对岩石脆性进行评价(张跃等，2015)，通过岩石全岩 X 射线衍射(XRD)确定样品矿物成分，并提出以石英为脆性矿物，利用 XRD 资料对岩石脆性指数进行连续计算，称之为狭义的脆性指数。这种实用性的方法得到了推广和发展，之后采用石英和白云石(Wang et al.，2009)或硅酸盐岩和脆性碳酸盐岩(Jarvie et al.，2005)占矿物总量的比值作为脆性指数，称之为广义的脆性指数。

$$B_{狭义} = \frac{石英矿物}{石英矿物+长石矿物+白云石矿物+方解石矿物+黄铁矿矿物+方沸石矿物+黏土矿物} \tag{9-4}$$

$$B_{广义} = \frac{石英矿物+长石矿物+白云石矿物+方解石矿物+黄铁矿矿物+方沸石矿物}{石英矿物+长石矿物+白云石矿物+方解石矿物+黄铁矿矿物+方沸石矿物+黏土矿物} \tag{9-5}$$

我国学者多采用(石英+碳酸盐矿物+长石)/(石英+碳酸盐矿物+长石+黏土矿物)来计算脆性指数。岩石脆性指数越大，人工压裂越易形成网状结构缝，越有利于页岩油的开采。而黏土矿物含量越高，页岩塑性越强，压裂时吸收的能量越多，岩石越易形成简单形态的裂缝，不利于页岩体积改造。

3. 储层敏感性

常规意义上的储层敏感性主要包括速敏性、水敏性、盐敏性、酸敏性、碱敏性和应力敏感性，是油气田勘探开发过程中造成储层伤害的几个主要因素。其中，页岩储层水敏性是制约水力压裂效果的关键因素。页岩储层的水敏性是指当压裂液(主要为水)进入地层后，引起黏土矿物水化、膨胀、分散、迁移，从而导致储层渗透率下降的现象。储层水敏性主要取决于储层内黏土矿物的类型及含量。

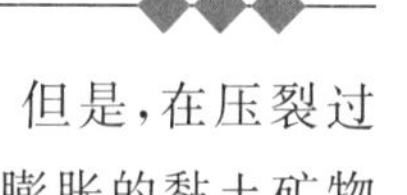

在储层中，黏土矿物通过阳离子交换作用可与天然储层流体达到平衡。但是，在压裂过程中，外来液体破坏了天然平衡状态，当外来液体的矿化度低（如淡水）时，可膨胀的黏土矿物发生水化、膨胀，并进一步分散、脱落并迁移，从而减小甚至堵塞孔隙喉道，使渗透率降低，造成储层伤害。大部分黏土矿物具有不同程度的膨胀性。其中，蒙脱石的膨胀能力最强，其次是伊/蒙混层和绿/蒙混层矿物，而绿泥石膨胀能力弱，伊利石很弱，高岭石则无膨胀性。储层水敏性与黏土矿物的类型、含量和流体矿化度有关。储层中蒙脱石含量越高或水溶液矿化度越低，则水敏强度越大。

以渤海湾盆地歧口凹陷西南缘沙河街组一段下亚段页岩油储层为例，该区泥页岩地层中黏土矿物含量为6.6%～51.3%（平均为29.3%），黏土矿物类型以蒙脱石和伊/蒙混层为主，较强的储层敏感性是该区页岩油勘探失利的主要原因之一。为抑制该类型页岩储层的水敏性，大港油田公司采用海水基滑溜水+0.5%防膨剂压裂液（矿化度为30万mg/L）对歧页1H井进行大型体积压裂改造，截至2022年8月11日，该井已稳产437d，平均日产油16.75t，累产原油7 303.28t，累产气30.86万m^3，返排率19.42%，实现了该区页岩油风险勘探突破。准确评价储层敏感性特征，并制订相应的工程技术对策，是实现储层高效改造的关键。

三、保存条件评价

1.盖层条件

常规油气成藏系统内泥页岩作为致密沉积岩，具有较低的孔隙度和渗透性，封闭能力较好。从理论上推算只要1m厚的黏土层就能够形成有效盖层。统计数据显示，在埋深1200～3000m范围内，5～10m厚的泥岩就足以起到良好的封闭作用。进一步研究发现，湖相泥岩和页岩在沉积环境与动力、有机物发育与保存条件、页理与储集性、造岩矿物组成与可改造性等方面存在差异。页岩段因有机质丰度高、页理发育、基质孔隙发育、黏土矿物含量低、脆性高、集中段连续分布范围较大与保存条件较好等因素而成为页岩油经济成矿的最佳层段和主要“甜点”区。而泥岩段因有机质丰度相对较低、页理不发育、黏土矿物含量高、脆性低与基质孔隙不发育等因素，是重要的隔档层（顶底板）。

与页岩段上下叠置分布的泥岩隔档层是页岩油能够富集成藏的关键要素之一。鄂尔多斯盆地三叠系延长组七段三亚段富有机质页岩段压力系数为0.80～0.85，总体为负压（图9-7），这说明延长组七段三亚段页岩顶底板封闭性较差。导致延长组七段三亚段压力负异常的主要原因有两个：①页岩层发育的较多断层和裂缝破坏了页岩顶底板的封闭性；②白垩纪末期发生的抬升作用，使白垩纪末地层剥蚀量为1000～2000m，抬升导致地层压力卸载，使大量游离轻烃组分因体积膨胀而散失。此外，延长组七段三亚段富有机质页岩集中段厚度只有20～30m，上下均为渗透性砂岩，这样的岩性组合极有利于顶底板附近的砂岩形成油藏，而不利于大量可动烃尤其是轻—中质烃在源岩内部滞留，只能靠有机质吸附保留一部分轻、中组分石油烃，这部分石油烃流动性并不好。这些因素都将影响延长组七段三亚段页岩油的单井产量和单井累计采出油量，也是延长组七段三亚段页岩油主富集类型评价时必须考虑的因素（赵文智等，2023）。

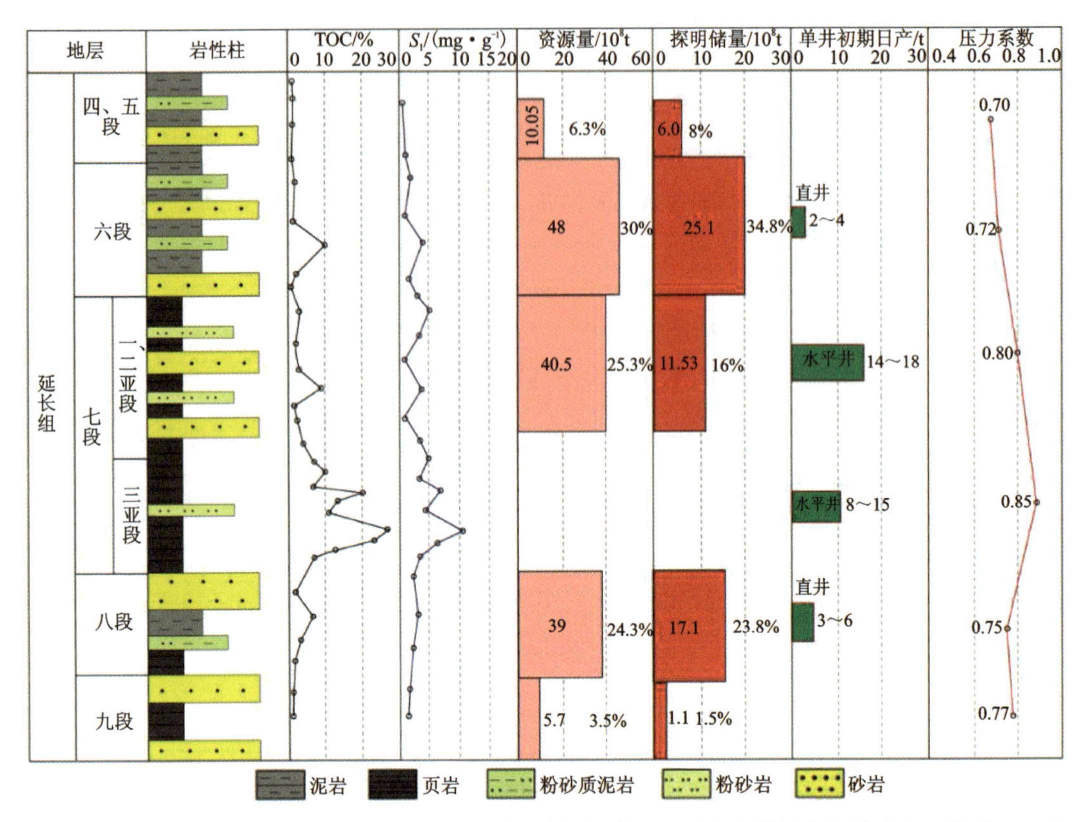

图 9-7 鄂尔多斯盆地延长组致密油-页岩油地球化学特征、资源量与探明储量统计图(据赵文智等,2023)

2. 侧向封堵条件

断层的活动强度、活动期及其与成藏期匹配关系对页岩油保存具有重要影响。早于生烃期活动的断层可产生大量微裂缝,为页岩油提供良好的滞留空间;而排烃期及以后发育的活动断层可作为沟通页岩与外圈砂岩的通道,使页岩油发生逸散。

根据国内外页岩油气勘探开发的经验,“断而不穿、裂而不破、微裂缝为主”的状态最为理想,即当裂缝发育密度较小时,垂向连通性较差,裂缝能有效改善储层,有利于页岩油气的富集;当裂缝发育程度中等时,裂缝局部连通,但未穿越顶底板且未与活动性断层相沟通,有利于形成裂缝性页岩油藏;当裂缝发育程度较高时,裂缝在纵、横向上连通性好,穿越顶底板或与活动性断层相勾连,油气开始运移,则不利于页岩油富集和保存(马永生等,2006;田鹤等 2020)。

高邮凹陷阜宁组二段平面上断层、裂缝系统较为复杂(图 9-8),HY1、S85X 和 H101 三口典型井与断层关系差异化明显(孙雅雄等,2024)。其中:HY1 井远离断层;S85X 井距离阜宁组内部断层(断距 120m)的距离为 200～300m;H101 井距离高邮凹陷的控凹断层(吴堡断裂带吴①断层,断距大于 2000m)的距离为 500～550m。三口井受断层的影响作用逐渐增强。三口井岩芯液氮冷冻岩石热解数据分析结果表明:不同地区、不同井间差异巨大,HY1 井冷冻 S_1 含量最高,S85X 井含量中等,H101 井最低,表明随着断层的破坏作用增强,页岩油中轻质组分的保存条件变差。HY1 井和 S85X 井内部表现出分异性,即裂缝发育段的 S_1 含量相较于裂缝不发育段更高，表明裂缝相对富集页岩油。但随着断层影响的增强，页岩油轻质组分含量总体下降较为明显。据此可以归纳出3种类型，即以HY1井为代表的远离断层的类型，裂缝主要起富集作用；以S85X井为代表的靠近小规模断层的类型，裂缝同时起富集和逸散的作用（逸散为主）；以H101井为代表的靠近长期活动断层的类型，裂缝主要起逸散作用。规模较小的断层，尤其是阜宁组二段内部的微断层及其伴生的裂缝系统不影响页岩油保存；规模较大的断层及其伴生的裂缝系统，不利于页岩油保存；边界长期活动断层及其伴生裂缝系统对页岩油保存极为不利。这也是阜宁组二段上部常规储层发现大规模油气储量的重要原因。

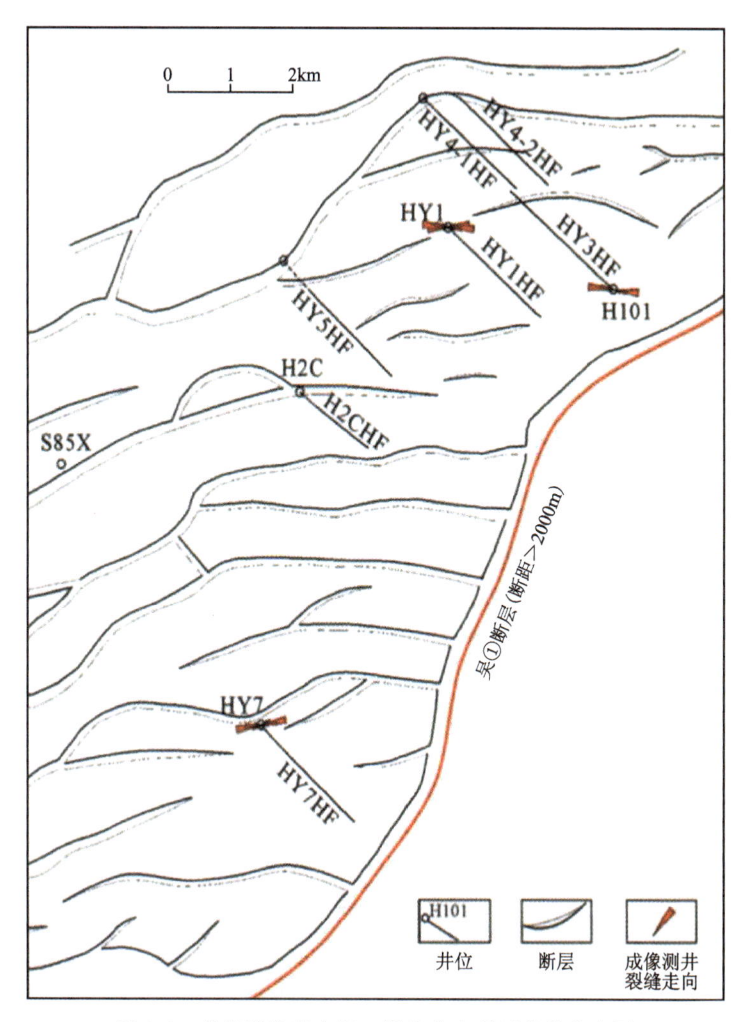

图9-8　高邮凹陷阜宁组二段花庄有利区井位分布图

3. 压力系数

流体超压是含油气沉积盆地中常见的现象，通常指由岩石中流体产生的超负荷压力，也被称为异常高压。由于地层流体超压用压力系数描述，一般情况下，小于0.9为低压油气藏，0.9～1.2为常压油气藏，1.2～1.8为高压油气藏，大于1.8为超高压油气藏（《油气开发方案设计方法》编委会，2017）。

一个正常的静水压力地质环境可以设想为一个水力学上的“开放”系统，即可渗透的、流体连通的地层，允许建立和(或)重新建立静水压力条件。相反地，异常高的地层压力系统基本上是“关闭”的，阻止了流体连通，此时，上覆岩层压力就有一部分被地层孔隙空间的流体支撑或平衡。地层超压的形成与好的圈闭条件是紧密相关的，因此可以用地层压力系数来评价页岩油的保存条件。

地层压力系数同样能够反映地层能量大小，决定着原油的采出效果。地层压力系数越大，油气开采过程中的驱动力越强，页岩油可动性越好，油气井产量也越高。因此，地层压力系数可以作为评价页岩油可动资源量和“甜点”方面的重要参数。

第四节　陆相页岩油“甜点”优选

勘探潜力评价可以帮助决策者判断研究区是否具备页岩油勘探的基础条件，合理配置资源，制订勘探开发策略，提高方案成功率。但由于陆相页岩油具有较强的非均质性，页岩油“甜点”品质差异大，现有技术经济手段条件下，仅Ⅰ类“甜点”才具备效益开发潜力。针对勘探潜力区仍需要开展页岩层系含油性、储集物性、可动性和可压性等“四性”关系评价，明确“甜点”区(段)分布。

一、含油性评价

页岩含油性本意是指页岩中含油量多少，即由干酪根已经生成并经过排烃作用后滞留在页岩中的液态烃量，而由于吸附-互溶态页岩油相对难以开采，现有技术只能开采页岩中游离态的页岩油，所以页岩含油性实际上是以表征游离态页岩油含量为目标的，其评价参数主要有热解 S_1、含油饱和度(S_0)和地层压力系数等。

(1)热解 S_1。热解是一种直接表征页岩油含油性的方法，主要用于纹层型页岩的含油性评价。热释烃 S_1 代表已经生成并经过排烃作用后残留在岩石中的烃量，而热解烃 S_2 代表干酪根未来的生烃潜量。Jarvie 等认为 $S_1/TOC>100mg/g$ 是可动油的门限(李水福等，2008)，Michael 等认为几乎所有的热解 S_1 都是可动油(郭秋麟等，2021)，多位学者认为，可动烃是在热解至200℃以前释放的烃。基于中国现有陆相页岩油的 S_1 含量较低及大多数热解 S_1 来自热解至300℃以前释放的烃(多数未测热解至200℃释放的烃量)的基本特点，采用 Michael 等的观点，认为 S_1 几乎都是可动的，因此再加上蒸发烃损失量，则有

$$MOY = S_1 + S_{1loss} \tag{9-6}$$

岩芯样品自井筒采出至分析测试之前，在样品保存和实验前处理等过程均存在不同程度的轻烃散失，这对可动烃的评价影响很大。因此，在评价页岩含油性及可动性时必须进行轻烃恢复，才能更客观地反映出页岩含油性特征。其中，蒸发烃损失量(轻烃损失量，下同)的估算是公认的难题。目前，常规的方法是采用冷冻岩芯分阶段测试 S_1 的方法，根据不同阶段得到的不同 S_1 值来估算蒸发烃损失量。

郭秋麟等(2021)提出了一种基于页岩油密度及地层体积系数的蒸发烃损失量计算方法，具体如下。

地下页岩油原始质量为

$$Q_{or}=V_{sub}\times\rho_{sub} \tag{9-7}$$

蒸发烃损失后，当前地面页岩油质量为

$$Q_{pd}=V_{pd}\times\rho_{pd} \tag{9-8}$$

蒸发烃损失系数，即损失量与当前地面页岩油量之比，计算式为

$$k_{s1}=\frac{Q_{or}-Q_{pd}}{Q_{pd}}=\frac{V_{sub}}{V_{pd}}\cdot\frac{\rho_{sub}}{\rho_{pd}}-1=B_{o}\frac{\rho_{sub}}{\rho_{pd}}-1 \tag{9-9}$$

式中：k_{s1}为蒸发烃损失系数，无量纲；Q_{or}为地层中页岩油的质量，t；Q_{pd}为当前地面页岩油的质量，t；V_{sub}为地层中页岩油的体积，m^3；V_{pd}为地面页岩油的体积，m^3；B_o为页岩油体积系数，小数；ρ_{sub}为地层中页岩油的密度，t/m^3；ρ_{pd}为当前地面页岩油的密度，t/m^3。

(2)含油饱和度。含油饱和度是一种间接计算含油性方法，主要用于夹层型页岩油含油性评价。含油饱和度是油层有效孔隙中含油体积和岩石有效孔隙体积之比，以百分数表示。即

$$S_o=V_o/V_p\times100\% \tag{9-10}$$

式中：S_o为含油饱和度，%；V_o为油层岩石有效孔隙中的含油体积，cm^3；V_p为油层岩石的有效孔隙体积，cm^3。

从岩石物理特征看，页岩储集层与富含泥质的粉砂岩储集层类似，其电阻率高低不仅与地层水电阻率、含水饱和度、有效孔隙度有关，还与黏土矿物的电阻率、相对含量及矿物颗粒的分布形式有关。

近几十年来，随着地质目标体日趋复杂，计算含水饱和度的经典 Archie 公式适用性变差，很多学者根据不同类型储层特征，在实验研究和理论推导的基础上，提出了多种扩展的饱和度模型。根据前人对不同模型的适用性分析，李潮流等(2022)选择改进的 Simandoux 模型，其公式为

$$\frac{1}{R_t}=\frac{V_{cl}}{R_{cl}}S_w^{0.5n}+\frac{\varphi^m}{aR_w(1-V_{cl})}S_w^n \tag{9-11}$$

其中：R_t、V_{cl}、φ值可分别由电阻率测井、自然伽马测井、中子孔隙度测井等获取。由于研究区青山口组一段沉积总体稳定，纯泥岩段R_{cl}可取常数 2.0Ω·m。根据地层水分析资料换算到地下，R_w取值为 0.2Ω·m。另外a值一般取 1。因此，应用式(9-11)计算饱和度的关键是确定岩石电性参数m、n值，这两个岩石电性参数的确定是实验研究的重点。

其中，m值的确定较为简单；n值确定的基本原理：在真实岩芯内部通过人工方式建立不同含水饱和度状态，测量对应的电阻率变化情况并拟合确定n值。为了实现不同饱和度状态，常用方法有油/气驱法、离心法、半渗透隔板法和自吸增水法等。油/气驱法分别采用模拟油或真实原油、空气驱替饱含水样品，在不同驱替压差下测量电阻增大率、含水饱和度。离心法是利用离心机产生的离心力达到驱水或驱油的目的，该方法对离心机的最高转速、温度控制要求很严，而且存在离心后样品中水的分布状态不确定从而影响电阻率测量精度等难题。半渗透隔板法在岩样一端用半渗透隔板夹持，采用两相驱替，在一定压力下计量通过的润湿相体积和电阻率。这 3 种方法都是采用两相流驱替的手段在岩芯中建立不同饱和度状态，影

响测量结果可靠性的关键因素既包括计量装置的精度，也包括驱替过程中压力是否平衡、岩芯内部的流体分布是否均匀等。自吸增水法是利用岩芯的毛管压力自动吸水的原理，将岩芯浸泡在配制的地层水溶液中，在不同时间节点重复测量岩芯的质量和电阻率，计算含水饱和度变化情况。

对于页岩等复杂孔隙结构的储集层，自吸增水法建立含油饱和度的能力有限，最高含水饱和度一般不超过50%，而且用于保护岩芯的热缩膜会影响增水饱和过程中流体分布的均匀性，因此该实验结果并不能用于实际井资料处理。近年来与国内页岩油地质勘探不断突破形成鲜明对比的是，针对此类储集层岩电参数的研究并没有取得实质性进展，多数工作仍然遵循上述常规流程，相关的企业、行业标准也尚未建立，亟需探索新的研究思路。

(3)地层压力系数。地层压力系数是地层压力(在地下某一深度的实际压力)与该深度的静水压力(如果该深度完全被水填充，那么在该深度的压力)之间的比值，反映了地层流体能量的大小。张林晔等(2017)从地层能量的角度研究了东营凹陷湖相沙河街组四段上亚段和沙河街组三段下亚段页岩油的可动性，认为东营凹陷饱和油降压开采过程中，驱动能量分为2段：当饱和压力小于地层压力时，为弹性能驱动阶段；当饱和压力等于地层压力时，进入溶解气驱动阶段。地层的能量场(包括地层超压，以及地层和井筒压力差形成对地层流体流动的驱动力)对滞留烃中可动烃数量也有重要影响。

在组分配比相同条件下，地层的能量高，可以驱使本不可动的重烃和非烃物质流出地层，增加采出油量。从目前试生产资料看，页岩油富集段能形成较高初始产量和较大EUR值的井通常都具有超压，压力系数至少大于1.2，以1.3～1.5更好，但压力太大会增大工程风险。渤海湾盆地沧东凹陷孔店组二段页岩油产量较高的1号、2号和5号平台的地层压力系数均大于1.2，最高达1.5。古龙页岩油目前获得较高产量和EUR值的井都位于压力系数大于1.2的轻质油带范围，又以大于1.4的区域EUR值更高。

二、储集物性评价

储集物性评价的技术方法相对成熟，在此不再赘述。页岩储层特征分类方案(卢双舫等，2018)：微孔喉(小于25nm)、小孔喉(25～100nm)、中孔喉(100～1000nm)、大孔喉(>1000nm)，进一步按照页岩所含不同类型微观孔喉的数量将其分为Ⅰ级、Ⅱ级、Ⅲ级和Ⅳ级储集层，分级点对应的孔喉平均半径分别为150nm、70nm、10nm，渗透率标准门槛分别为$1.00\times10^{-3}\mu m^2$、$0.40\times10^{-3}\mu m^2$、$0.05\times10^{-3}\mu m^2$。

1.页岩油储集层分类

根据页岩样品的高压压汞曲线特征，可计算出不同尺度孔隙(大孔喉、中孔喉、小孔喉和微孔喉)的体积分数(表9-1)，进一步结合物性参数(孔隙度、渗透率、平均孔喉半径)可将页岩油储集层归纳为4种类型(图9-9)：1类储集层富含中孔喉和大孔喉，小孔喉和微孔喉含量较低，具有较高的孔隙度和渗透率，平均孔喉半径较大。2类储集层主要富集中孔喉，孔隙度较高，平均孔喉半径和渗透率中等。1类与2类储集层的主要差异为1类储集层大孔喉较发育，而2类储集层大孔喉发育较少。3类储集层以小孔喉和中孔喉占比较高、平均孔喉半径和渗透率较低为特征，本书研究样品中 3 类储集层分布最多，占样品总数的 55.1%。4 类储集层的突出特点是富含微孔喉，孔隙度、渗透率和平均孔喉半径均较小。3 类和 4 类储集层几乎不含大孔喉。总体上，由 1 类到 4 类页岩油储集层，大孔喉含量逐渐降低，微孔喉含量逐渐增加，中孔喉和小孔喉含量则先增加后降低，渗透率和平均孔喉半径逐渐降低，孔隙度的变化比较复杂，2 类储集层孔隙度最高、4 类储集层孔隙度最低。

表 9-1　不同类型储集层的孔隙发育特征（卢双舫等，2018）

储集层类型	占比/%	体积分数/%				孔隙度/%	渗透率/$10^{-3}\mu m^2$	平均孔喉半径/nm
		微孔喉	小孔喉	中孔喉	大孔喉			
1	4.1	2.60～5.51 (3.97)	7.36～15.04 (11.47)	34.55～67.03 (51.04)	23.02～49.32 (33.52)	4.2～18.7 (13.5)	0.158～12.780 (4.356)	151～432 (242)
2	20.4	0～6.06 (3.00)	5.61～23.43 (13.04)	66.98～88.35 (77.30)	0～17.66 (6.67)	9.6～26.9 (18.2)	0.068～3.140 (0.560)	48～135 (91)
3	55.1	4.22～42.11 (16.79)	20.93～72.34 (47.92)	0～74.58 (36.60)	0～14.05 (0.77)	1.8～26.9 (14.3)	0.009～2.170 (0.196)	10～119 (32)
4	20.4	44.05～100.00 (69.91)	0～49.70 (26.32)	0～20.01 (3.55)	0～2.06 (0.23)	0.3～20.6 (9.1)	0.007～0.100 (0.035)	4～20 (8)

注：括号内数值为平均值。

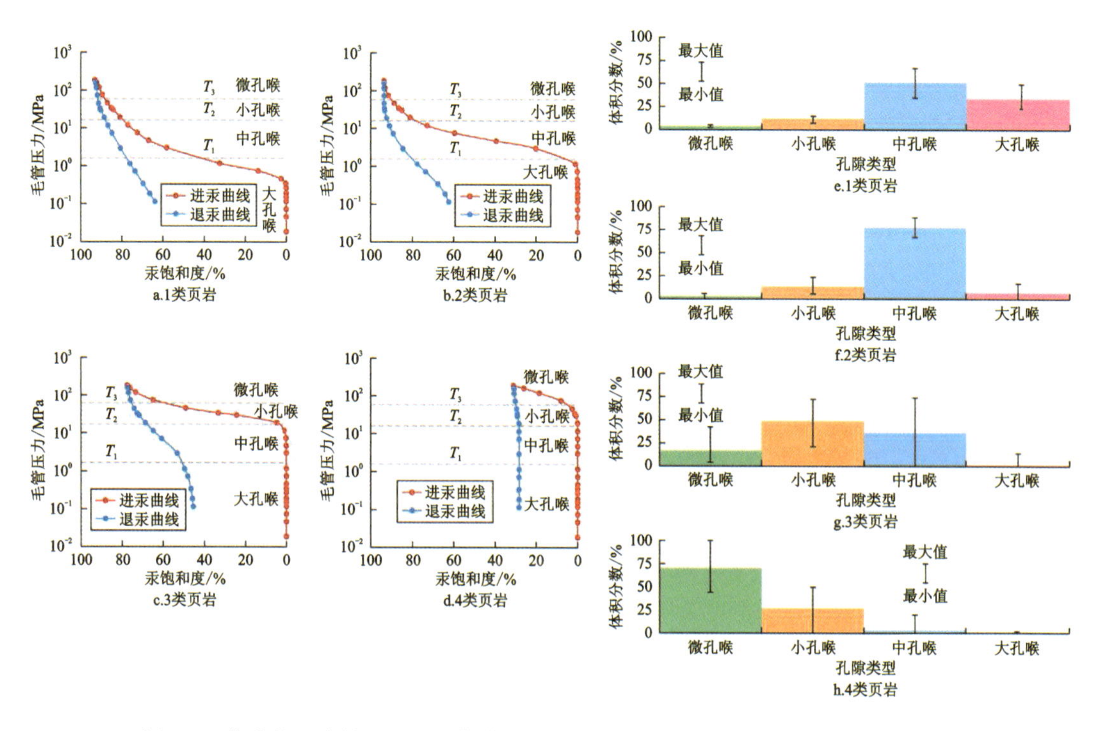

图 9-9　代表性页岩样品的进汞曲线、退汞曲线及储集空间类型（据卢双舫等，2018）

进一步分析发现，由高压压汞退汞曲线反映的页岩退汞效率与孔隙度呈一定正相关性，但与孔喉分布或渗透率关系不密切。针对147块页岩样品，除了4类储集层的退汞效率（7.34%～57.38%，平均值为26.79%）总体偏低之外，其他类型储集层的退汞效率平均值较为接近（1类：25.18%～49.51%，平均值为34.65%；2类：24.37%～55.76%，平均值为35.62%；3类：14.55%～58.07%，平均值为37.52%），且分布范围均较宽，交叉重叠较多。如图9-9所示的1～4类4个代表性页岩样品，退汞效率分别为31.18%、33.38%、41.33%和7.66%，其与页岩孔隙度（1～4类分别为16.5%、17.6%、21.8%和2.5%）呈正相关性，但与渗透率（1～4类分别为$6.15\times10^{-3}\mu m^2$，$0.19\times10^{-3}\mu m^2$，$0.13\times10^{-3}\mu m^2$，$0.01\times10^{-3}\mu m^2$）几乎不具有相关性。这些现象说明退汞曲线可以较好地反映页岩储油性，但不适合应用于页岩孔喉系统分类及储集层分级评价。

2. 页岩油储集层分级

基于上述依据进（退）汞曲线特征、微观孔喉构成所划分的页岩油储集层分类，并参照平均孔喉半径分别为150nm、70nm、10nm的界限，可以将页岩油储集层相应分为Ⅰ级、Ⅱ级、Ⅲ级和Ⅳ级（表9-2）。同时利用水膜厚度法，参考东营凹陷页岩的润湿性分析结果及埋深、温度和压力数据，计算得到页岩及主要矿物的临界吸附水膜厚度为5.39～8.55nm（表9-3）。

表9-2　页岩油储集层分级评价标准（据卢双舫等，2018）

储集层分级	储集空间类型	平均孔喉半径/nm	渗透率/$10^{-3}\mu m^2$	储能评价参数/$10^{-7}\mu m^2$
Ⅰ	1类	>150	>1.00	>500
Ⅱ	2类	70～150	0.40～1.00	150～500
Ⅲ	3类	10～70	0.05～0.40	10～150
Ⅳ	4类	<10	0.05	<10

表9-3　东营凹陷页岩及单矿物临界水膜厚度

地层压力/MPa	临界水膜厚度/nm					
	石英	钾长石	方解石	白云石	黄铁矿	页岩
30	8.38	8.55	8.07	8.00	7.21	7.97
40	6.09	6.20	5.91	5.89	5.39	5.85

众所周知，当孔喉半径不大于吸附水膜厚度时，孔喉完全为吸附水所填充，没有油气渗流的空间，因此，此时页岩不可能成为有效的储集层，相应地孔喉半径对应页岩的理论成储下限。鉴于油分子本身还有一定尺寸、微小孔喉对应巨大的毛管压力，实际的下限应大于8nm。由此来看，表9-2中的Ⅳ级储集层其实已非储集层，而Ⅰ、Ⅱ、Ⅲ级储集层可分别称为好、中、差储集层。但是，孔喉半径并非容易获得的参数，故难以推广应用。因此，需要将其转换为其他较易获取、最好是能够通过测井资料求取的参数，以利于推广应用。图9-10为利用东营凹

陷页岩油重点探井樊页1井、牛页1井和利页1井页岩油储集层实测数据，绘制出的储集层渗透率与平均孔喉半径、储能评价参数(孔隙度、渗透率和含油饱和度3者的乘积)、孔隙度之间的关系曲线。可以看出，渗透率与前两者在双对数坐标上具有良好的线性关系，且不同类型储集层的样品点基本没有交叉，这表明渗透率、储能评价参数也可以作为储集层分级评价的指标。渗透率的分级界限分别为$1.00\times10^{-3}\mu m^2$、$0.40\times10^{-3}\mu m^2$、$0.05\times10^{-3}\mu m^2$，储层评价参数的分级界限分别为$500\times10^{-3}\mu m^2$、$150\times10^{-3}\mu m^2$、$10\times10^{-3}\mu m^2$(表9-2)。但是，图9-10c显示孔隙度与渗透率的相关性很差，并且不同类型储集层的样品点在孔隙度参数上高度交叉重叠，表明此时孔隙度无法作为储集层分级评价的参数。如果页岩油储集层的分级评价标准与孔隙度相关联，将更具推广应用意义。

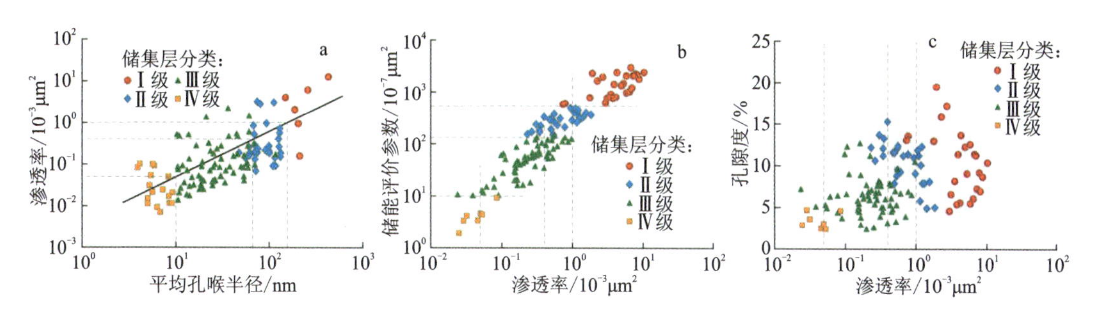

图9-10　页岩油储集层渗透率与平均孔喉半径(a)、储能评价参数(b)和孔隙度(c)关系(据卢双舫等，2018)

三、可动性评价

页岩油可动性表征的差减法当前研究程度较低，但具有重要作用。需要注意的是，原油密度、烃组分构成、气油比(GOR)、页岩结构特征、裂缝发育程度等都会对页岩油的可动性产生一定影响。

1. 原油密度

原油密度是决定微纳米储集空间页岩油流动性好坏和流动量大小的重要指标，较低的原油密度代表着轻、中组分烃含量较高，而重烃和重质组分占比较小。按照页岩油赋存环境与孔渗条件分别设立标准，根据目前古龙凹陷青山口组页岩油单井产量和页岩油密度的关系，其中纯正型页岩油的原油密度上限为$0.85g/cm^3$，密度越小越好，最佳为小于$0.82\ g/cm^3$，并侧重在高成熟度($R_o\geq1.2\%$)层段寻找资源“甜点”；过渡型页岩油赋存于咸化湖盆形成的页岩层中，形成液态烃的时间偏早，烃的流动性偏差，但页岩中含有较多的碳酸盐矿物，脆性较好，除了易改造形成较好的导流通道外，也容易产生构造缝和生烃增压缝，总体孔渗条件较好，原油密度下限可放宽至$0.89\sim0.90g/cm^3$，如准噶尔盆地吉木萨尔凹陷芦草沟组、渤海湾盆地济阳坳陷沙河街组三段—四段与黄骅坳陷孔店组二段页岩油等都具有这种特征。

2. 烃组分构成

烃组分构成是反映页岩油轻重组分占比高低的指标，能反映滞留烃的流动性，可分中高熟和中低熟两个阶段。对于 $R_o \geq 0.9\%$ 的中高熟页岩油，族组分可用饱和烃含量或(饱和烃+芳香烃)含量来表示，正构烷烃组成可用 C_{1-14}/C_{15+} 表示。从统计结果看，中高熟页岩油的饱和烃含量大于80%或(饱和烃+芳香烃)总量大于90%，C_{1-14}/C_{15+} 值大于0.8。如古龙凹陷青山口组和鄂尔多斯盆地延长组七段三亚段页岩油的饱和烃含量均大于80%，C_{1-14}/C_{15+} 值为0.8～1.5。对于 R_o 值为0.6%～0.9%的中低成熟页岩油，可用 C_{1-21}/C_{22+} 值来描述流动性，并作为评价参数，其中饱和烃含量下限为55%或(饱和烃+芳香烃)总量大于75%，$C_{1-21}/C_{22+}>1.0$(图9-11)。

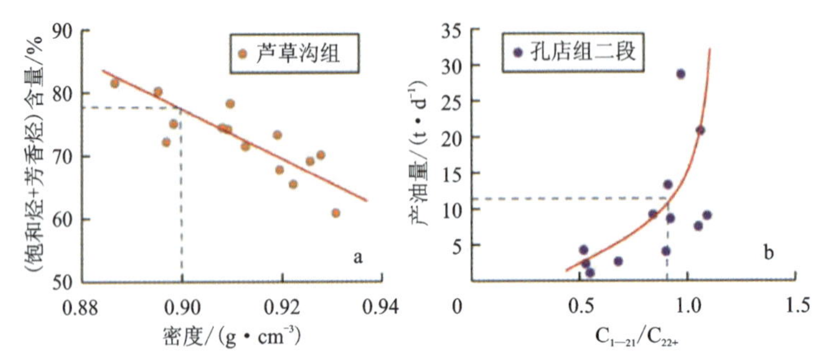

图9-11　吉木萨尔凹陷芦草沟组与沧东凹陷孔店组二段页岩油密度与烃组分关系图

3. 气油比

气油比(GOR)是反映地下可动烃数量占比高低的指标，一定程度上也是反映地下地层能量大小的重要参数。从现有试生产资料看，陆相页岩油可动烃富集区/段GOR门限值为 $80m^3/m^3$，最佳区间为 $150\sim300m^3/m^3$。对古龙凹陷青山口组一段页岩开展了热模拟实验，当 $R_o>0.9\%$ 时，生成的烃类GOR值通常大于 $80m^3/m^3$；当 $R_o>1.2\%$ 时，GOR值超过 $100m^3/m^3$，最大可达 $400m^3/m^3$(图9-12)。从古龙页岩油目前试生产数据统计看，当GOR值大于 $80m^3/m^3$ 时，截至2022年底单井累计产油气当量超过 $4000m^3$，气油比为 $150\sim300m^3/m^3$(图9-12)，单井累计采出量稳定在 $4000\sim6000m^3$ 区间。美国Bakken、Eagle Ford和Permian 3个探区页岩油生产数据统计结果也显示页岩油产量主要贡献段的GOR值在 $80\sim2000m^3/m^3$ 之间，GOR值 $150\sim300m^3/m^3$ 是最大产量贡献段(图9-13)。因此，较高的气油比代表了页岩油可动烃含量高、地层能量大，有利于形成较高的单井采油量，经济效益会更好。

4. 页岩结构特征

微观孔隙结构也是控制页岩油可动性的主要因素。实验表明，孔喉结构参数对可动性流体具有主控作用，页岩油可动性与单位体积岩样有效总孔喉体积、有效喉道个数、有效孔隙个数、孔隙半径加权平均值、喉道半径加权平均值呈正相关，且单位体积有效喉道个数、单位体积有效孔隙个数对页岩油可动性的影响最大，单位体积有效总孔喉体积和孔喉半径比的影响次之。

总之，页岩油可动性主要受微观孔隙结构控制，孔隙连通性好、孔喉比小、喉道半径大、残余粒间孔保存较好、次生孔隙发育，页岩油可动性则相对较高。

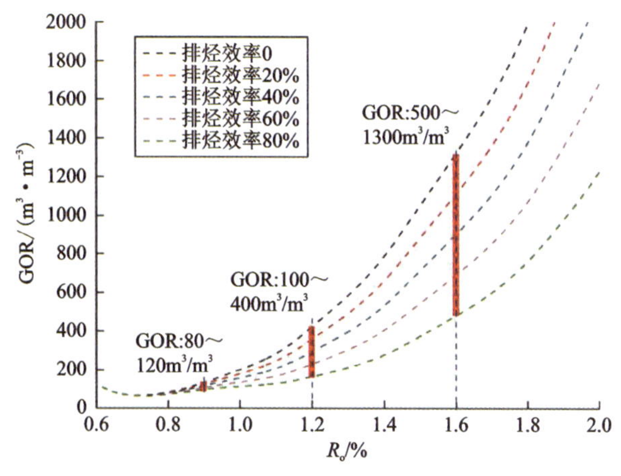

图 9-12　松辽盆地青山口组页岩生成烃 GOR 与 R_o 相关关系(基于模拟实验和生烃动力学计算)

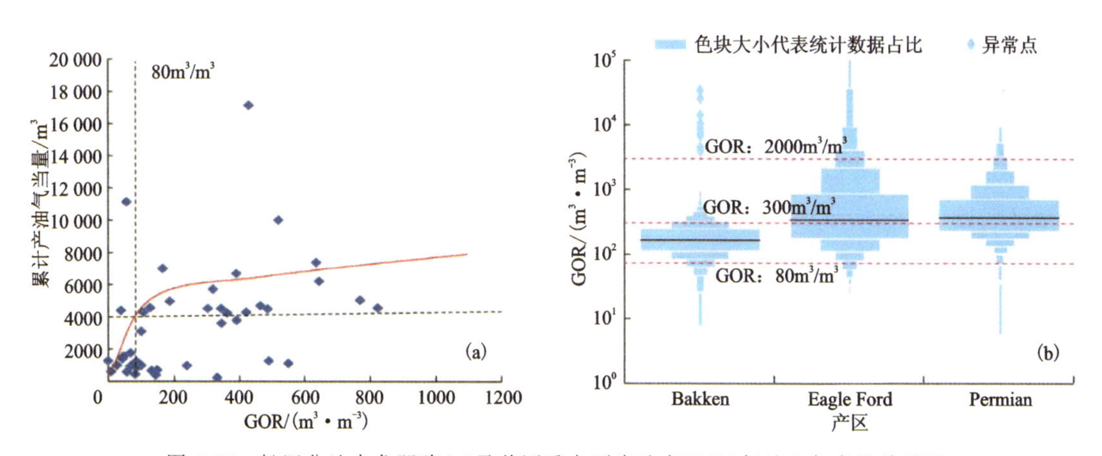

图 9-13　松辽盆地古龙凹陷(a)及美国重点页岩油产区(b)气油比与产量关系图

5. 裂缝发育程度

微裂缝是页岩油在泥页岩中的主要储集空间和渗流通道，页岩油在其中渗流会存在明显的启动压力梯度，所以其对页岩油的可动性也具有重要影响。通过对某一发育微裂缝的具体区域进行研究发现，微裂缝的存在会显著提升低渗透基质的渗透性。

研究结果表明，储集层渗透率接近时，微裂缝能够显著降低真实启动压力梯度，使流体开始流动，提高可动流体比例，改善低渗透储集层中流体流动能力，即提高流体的可动性。

总之，虽然运用差减法计算出的可动油量并非实际可动油量，但理论最大可动油量的求取对当今的石油勘探开发也具有重要意义，所以本书主要讨论最大理论可动油量的求取。

四、可压性评价

页岩油的工程关联要素是指能够影响人工改造效果与页岩油累计采油量的地质因素及开发生产制度等，包括页岩脆性、页理结构、页岩岩相和地应力状态等参数，不仅影响页岩压裂改造效果，而且对烃类吸附量与流动性也有重要影响。

1. 页岩脆性

对于页岩脆性不仅要关注石英、长石、白云石等脆性矿物含量，还要关注成岩演化阶段。在 R_o<0.9%阶段，对应成岩阶段多在中成岩 A 期或更早，黏土矿物中蒙脱石含量高，岩石塑性和吸附性较强，需要较高的脆性矿物含量以提高可改造性，以脆性矿物含量大于 60%为必要条件。如前述，只有咸化湖盆页岩能满足上述条件，同时要求 TOC 不能太低，否则滞留烃数量和地层能量难以保证有较高的 EUR 值。对于 $R_o \geqslant 0.9\%$的页岩，成岩阶段多在中成岩 B 期以后，大量蒙脱石转化为伊利石并析出硅质，增加了页岩的脆性，因此可适当降低脆性矿物含量的最低阈值，以大于 50%为必要条件，同时黏土矿物含量须小于 40%，且以伊利石和绿泥石为主。古龙凹陷青山口组页岩脆性矿物含量大于 50%时，页岩油产量显示增长趋势。

2. 页理结构

页理结构是指页理出现频率与页理的易剥开性，可用易剥开纹层占比来表征。陆相页岩层系广泛发育纹层构造，其中部分纹层与页理吻合，易剥性较好，可为页岩油富集提供空间，也为页岩油流出地层提供优势通道。从松辽盆地和准噶尔盆地页岩油富集段统计看，页理缝密度与孔隙度和总烃含量均具有较好正相关性，如松辽盆地古龙凹陷青山口组一段，当页理缝密度超过 1500 条/m 时，页岩孔隙度大于 12%(图 9-14)。

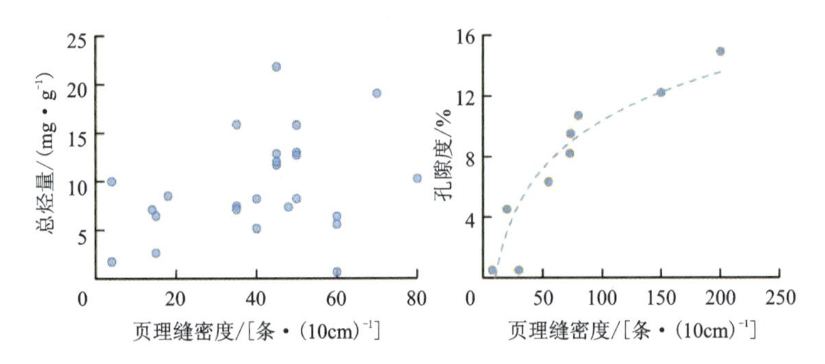

图 9-14　松辽盆地古龙地区青山口组页岩页理密度与滞留烃量、孔隙度关系

3. 页岩岩相

页岩岩相是指基于造岩矿物组成划分的岩相类型。陆相页岩岩相类型很多，以纹层状长英质页岩和纹层状亮(隐)晶泥灰质页岩的储集空间大、基质孔缝发育，是最有利的储集岩相类型，可作为中高熟页岩油可动烃富集的优势岩相。渤海湾盆地沧东凹陷孔店组二段页岩油在纹层状长英质页岩段含油性最好，其可动烃比例高达 46.7%。济阳坳陷沙河街组四段页岩中的富有机质纹层状亮晶泥质灰岩和富有机质纹层状隐晶泥质灰岩的孔隙度与含油性均较好。

4. 地应力状态

地应力场通常包括垂直应力(S_v)、最大水平应力(SH_{max})和最小水平应力(SH_{min})的方向

和大小，以及地层压力(P_p)。

除脆性指数外，地应力场是进行水力压裂和在水平井轨迹设计中重点考虑的要素。对于工程“甜点”评估，脆性衡量形成裂缝和保持裂缝开放的能力，而地应力场(方向和大小)评估水平井轨迹设计和水力裂缝的扩展。大量高压流体被注入地层以重新打开天然裂缝系统并在水力压裂过程中形成新的水力裂缝，从而形成复杂的新型孔隙-裂缝网络体系，使油气向井筒运移生产。因此，还需要确定原位应力的大小和方向来优化水力压裂的预期层。地应力场的方向决定了水平井的钻进方向和水力裂缝的扩展。尽管岩石脆性不足以优化勘探层，地应力大小也是工程“甜点”优化勘探层的重要指标。水平应力差较小的层状结构将形成复杂的、新的孔隙-裂缝系统。

地应力方向影响天然裂缝的形成和保存，而地应力场控制水力裂缝的萌生和扩展。脆性岩石含有更多的天然裂缝，并且更容易被水力压裂。此外，水力裂缝将沿最大水平应力方向扩展，直到它们遇到预先存在的天然裂缝，之后，水力裂缝将被阻止进一步扩展。因此，水平井沿最小水平应力(SH_{min})钻探，水力增产将朝 SH_{max} 方向。在这种情况下，沿 SH_{max} 方向会形成大量水力裂缝，这些诱导裂缝会与已有裂缝相交，形成复杂的裂缝网络。

五、“甜点”综合评价——以松辽盆地古龙页岩油为例

古龙页岩油主要产自青山口组页岩中，从青山口组命名至今，地层的勘探开发已经历了半个多世纪，从起初良好的生油层，到现今古龙页岩油主要的产油层，在曲折的勘探开发实践中不断创新实践，取得了突破性的勘探成果。随着勘探理念的转变和技术的进步，分布面积广、规模巨大的深湖区页岩型页岩油成为勘探的重要领域。2018 年，基于陆相生油理论的基本认识，即在凹陷深部位、成熟度更高的地区，页岩生油量大、原油物性好、压力系数高，更容易获得高产，部署钻探了古页 1 井进行系统取芯，通过厘米级岩芯精细描述和实验样品联合测试，建立“铁柱子”井，明确了古龙页岩油纵向储集能力和富油层段。优选青山口组一段底部高含油性、高孔隙度、高压力系数位置为靶层，钻探了古页油平 1 井，水平段长 1562m，打入压裂液 82 314m^3，试油获得自喷产油量 30.5t/d、天然气 13 032m^3/d 的高产工业油气流，实现了高黏土矿物含量的页岩型页岩油产量重大突破。2021 年提交预测地质储量 12.68×10^8t，开辟了 5 个先导试验井组，并成功设立大庆古龙陆相页岩油国家级示范区。2022 年，针对三肇凹陷青山口组一段底部高有机质页岩层段部署的肇页 1H 井，试油获产油量为 16.8m^3/d 的工业油流，实现三肇凹陷页岩油勘探重大战略突破，古龙页岩油迎来了全新的勘探开发阶段。

1. 页岩油纵向分布特征

古龙页岩型页岩油受有机碳含量和有机质成熟度控制，具备立体生油能力，青山口组一段—二段下部生油能力最好，残余有机碳含量平均在 2.0%以上，含油性最好；S_1 一般大于 6mg/g，普遍在 8mg/g 以上，石油最富集；压力系数高，一般大于 1.4。古龙凹陷富油层段厚度一般为 100～140m，“甜点”层主要为 S_1>6mg/g 的一类“甜点”层，是页岩油发育的主要层

段，目前试油直井、水平井和试验井组都集中部署在这个层段，水平井已经实现纵向立体产量突破，证实古龙凹陷页岩油青山口组一段—二段下部整体具备高产的地质条件，是勘探开发主力目的层系；青山口组二段上部生油能力逐渐变差，残余有机碳含量一般为1.5%～2.0%，含油性相对较低，S_1一般为4～6mg/g，压力系数为1.0～1.4，含油层段厚度为20～40m，主要为二类“甜点”层，但具备较大的无机孔隙和较高的脆性条件，是下一步勘探重点探索的目的层系（图9-15）。

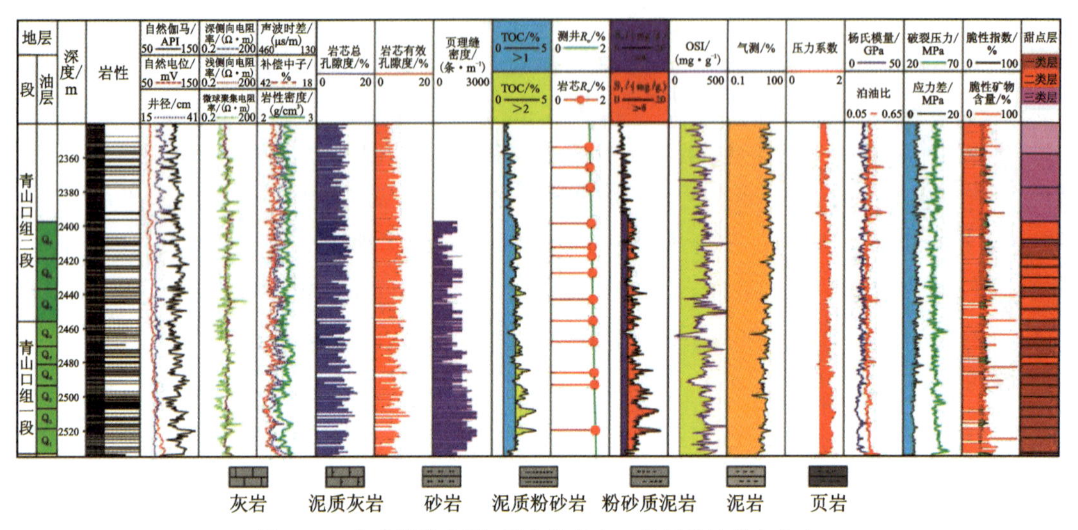

图9-15　古龙凹陷古页8HC井青山口组页岩油纵向分布

夹层型页岩油分布主要受沉积相和砂体控制，纵向主要分布在古龙西侧的青山口组一段、青山口组二段和齐家南部的青山口组二段，油层单层厚度一般为1～5m，纵向累计厚度为10～50m，油层孔隙度为4%～14%，渗透率为$(0.01\sim0.50)\times10^{-3}\mu m^2$，目前水平井已经实现高产，具备可动用性。

2. 古龙页岩油有利区分布范围

陆相页岩油成藏条件复杂，非均质性较强，制约水平井高产和稳产的地质和工程因素多，各个盆地虽地质条件不同，但页岩油有利区一般均具备含油性好、热演化程度高、原油物性好、压力系数高、可动性好、可压性好、“甜点”层厚度大等地质条件。根据古龙页岩油成藏地质条件研究，结合大量直井试油数据和不同“甜点”层水平井试采数据进行综合分析，页岩型页岩油有利区主要分布在成熟度大于0.75%、页岩厚度大于60m、TOC含量大于1%的范围内，面积为1.46万km^2。其中，齐家-古龙凹陷和三肇凹陷地质条件优越，探评井证实其具备良好的产油能力。

齐家-古龙凹陷页岩油有利区埋藏深度较大，热演化程度高，原油已经开始裂解成轻质组分，保压岩芯实测S_1最高可达20mg/g，碳峰以C_8为主，地面原油密度小于$0.83cm^3/g$（20℃），油质轻，地面原油黏度小于10mPa·s（50℃），气油比为$50\sim450m^3/m^3$，压力系数为1.4～1.6，地层能量充足，同时页理缝发育，为后期长期稳产提供渗流通道。一类“甜点”层累

计厚度为40～120m，累计厚度占比60%以上，核心有利区面积为2778km²，是目前勘探开发的核心区。三肇凹陷成熟度低于古龙凹陷，核心有利区主要分布在肇页1H井区，成熟度为0.9%～1.1%，S_1为4～15mg/g，原油密度一般为0.84～0.88cm³/g(20℃)，压力系数为1.20～1.45。该区受构造运动及成岩作用影响，大孔和天然裂缝发育，脆性矿物含量高，地质、工程“甜点”均比较好，原油可动性好，该区一类“甜点”层累计厚度为20～35m，试油井证实其具有很好的产量，有利区面积为1290km²(图9-16)。

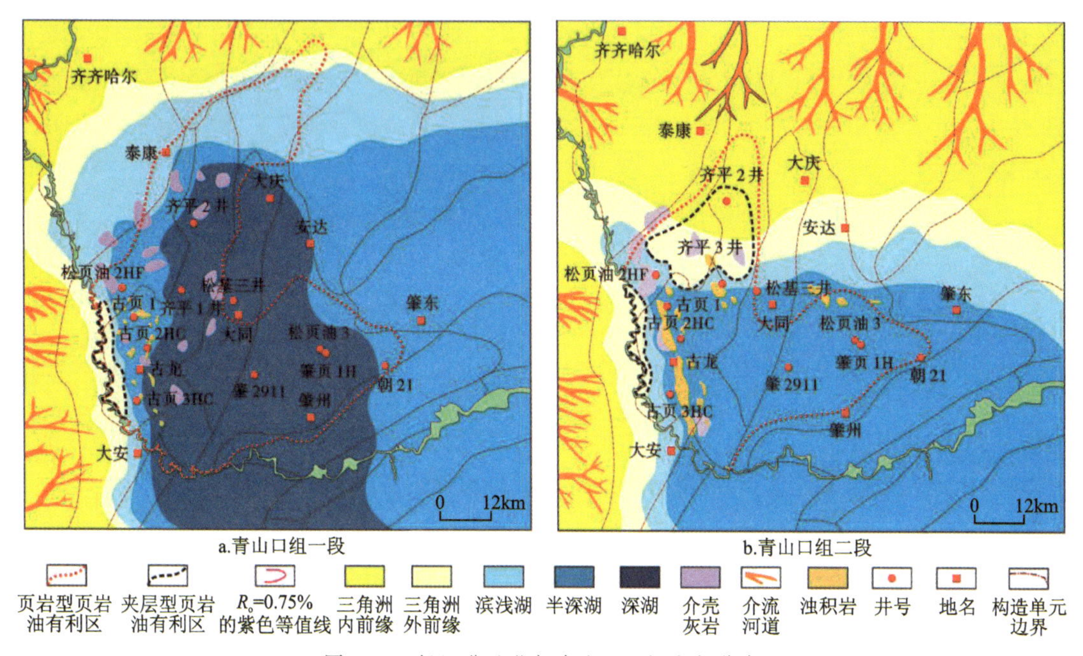

图9-16 松辽盆地北部青山口组沉积相分布

此外，研究区内还分布有夹层型页岩油，有利区主要分布在成熟烃源岩内的砂岩分布区(图9-16)，青山口组一段主要分布在古龙西侧三角洲前缘相带，有利区面积为540km²，估算资源量为1.3亿t；青山口组二段夹层型页岩油主要分布在齐家南部，有利区面积为1600km²，资源量为3.0亿t。

3. 古龙页岩油勘探开发前景

古龙页岩油分布面积广，含油层厚度大，为连续分布的超压页岩油藏。应用体积法估算古龙页岩油有利区石油资源量为(100～150)亿t，资源潜力巨大。勘探实践表明，古龙页岩油资源条件好，水平井产量高，古页油平1井已连续生产约850d，累积产油气当量近14 000t，试采产量稳定，展现良好的勘探开发前景。三肇凹陷直井和水平井也已经实现产量突破，水平井初期含油率增长快，表明页岩油可动性好，是下一步重要的勘探开发核心区。目前，大庆油田古龙页岩油成为陆相页岩油国家级示范区，随着关键技术的不断突破和完善，古龙页岩油必将成为大庆油田资源接续和百年油田建设的重要领域。

第五节　页岩油“甜点”平面预测方法

一、总体思路

在纵向上识别“甜点”层的基础上，如何开展“甜点”层的平面预测是井位部署及进行资源量评价的关键。常规方法是将已知井作为控制点，利用“甜点”关键地质和工程评价参数，开展“甜点”层的平面展布预测，如利用已知井绘制某一地区“甜点”层的 S_1、TOC、R_o 等参数等值线平面图，然后确定 S_1、TOC、R_o 等参数均符合Ⅰ类“甜点”评价标准的“甜点”平面展布范围，该方法主要应用于井位覆盖程度高的地区。但是在无井区或者少井区，该方法具有很大的局限性。

高精度三维地震的发展，使在少井区或无井区开展“甜点”平面展布预测成为可能。通过建立页岩油“甜点”层关键评价参数与地震之间的联系，利用三维地震覆盖，可以实现“甜点”层三维空间展布预测。

二、页岩油“甜点”地震预测方法

页岩油“甜点”的地震预测主要依据地震信息，通过地震岩石物理分析优选出地震弹性参数，再运用地震弹性参数反演，获得页岩油“甜点”分布的预测结果。

(一)地震属性预测

该方法主要应用于夹层型页岩油的预测，运用岩石物理分析和数学分析方法，从众多地震属性中优选对薄砂岩/碳酸盐岩/火成岩储层较敏感的属性，从而预测“甜点”的平面分布范围。

首先将已知井点处的地震属性与“甜点”层的砂体厚度进行交会分析，然后优选均方根振幅、瞬时频率、最大波峰振幅、瞬时振幅、中间频率等与砂体厚度相关性较强的属性。单一属性预测往往具有较大的局限性，多采用多属性融合分析，现行通常是应用 GEOEAST 属性分析技术中的神经网络法，即采用已知井的井旁道地震敏感属性作为训练样本，以储层参数作为期望输出，对敏感属性进行学习直至收敛，再用学习到的映射关系求取未知区域的储层参数。该方法适用于有一定数量已知井情形下对储层的定量分析和预测。

地震属性能反映地质边界，但难以确定边界的具体位置，常作为储层定性识别的手段。虽用神经网络法可以实现夹层型页岩油砂体的定量预测，但因页岩油储层薄、横向变化快，且对储层预测精度要求高，故仍急需进一步探索定量化高精度预测技术。

(二)地震反演

如何实现页岩型页岩油“甜点”的地震平面预测一直以来都是急需解决的难题，目前仍然没有通行的、有效的技术手段。目前主流的地震反演方法包括稀疏脉冲反演以及地震波形指示模拟反演等。

1. 稀疏脉冲反演原理及其特点

稀疏脉冲反演包括最大似然反褶积、$L1$ 范数反褶积、最小熵反褶积、最大熵反褶积、同态反褶积等。稀疏脉冲反演是基于脉冲反褶积基础的递推反演方法，其基本假设是地层的强反射系数是稀疏分布的。从地震道中根据稀疏的原则提取反射系数，与子波褶积后生成合成地震记录；利用合成地震记录与原始地震道残差的大小修改参与褶积的反射系数个数，再次合成地震记录；如此迭代，最终得到一个能最佳逼近原始地震道的反射系数序列。该方法适用于井数较少的地区，其主要优点是能够获得宽频带的反射系数，较好地解决地震反演的多解性问题，从而使反演结果更趋于真实。

约束稀疏脉冲反演采用一个快速的趋势约束脉冲反演算法，用解释层位和井约束控制波阻抗的趋势和幅值范围，脉冲算法产生了宽带结果，恢复了缺失的低频和高频成分；同时，再加入根据井的波阻抗得到的趋势约束，则可以用式(9-12)求得相对波阻抗。

$$Z_i = Z_{i-1}(1+R_i)/(1-R_i) \tag{9-12}$$

当反射系数和地震子波褶积时，反射系数的带限非常严重，低频分量和高频分量都损失了，低频分量的损失是稀疏脉冲反演面临的最严重的问题，如何补充低频分量非常重要。此外，相干噪声和随机噪声使反射系数的估算结果偏离真实的反射系数，并且误差随着深度的增加而越来越大，运算中易产生较大的累积误差。

稀疏脉冲反演的优势是完全使用地震数据进行波阻抗反演，比较完整地保留了地震反射的基本特征，反演结果“忠实”于地震记录，因而反演结果具有较高的确定性，不存在基于模型约束方法的多解性问题，能够明显地反映岩相、岩性的空间变化，在岩性相对稳定的条件下，能较好地反映储层的变化(图 9-17)，主要适用于钻井资料较少，以地震资料为主的勘探阶段。

由于受地震频带宽度的限制，稀疏脉冲反演(图 9-17)虽然平面趋势具有较好的规律性，但纵向分辨率相对较低，对薄层识别能力较差。

2. 地震波形指示模拟反演原理及特点

1)反演原理

传统的基于稀疏脉冲等反褶积理论的反演受地震分辨率及带限子波的限制，无法应用于薄层预测。神经网络、遗传算法、蚁群算法等基于非线性反演理论和特征分析的反演方法由于缺乏可靠井震关系和地质规律的指导，反演效果与实际相差较大。近几年，协克里金、序贯高斯、模拟退火等地质统计学方法随机模拟反演的本质是利用储层参数的空间分布特征，在地震趋势约束下实现测井资料内插，获得一组等概率的储层参数模型。这些方法虽然能够突破地震分辨率限制，实现薄储层的随机模拟，但其对先验模型的依赖比较严重，变差函数确定的主观性较强，多种等概率分布结果对生产的指导性差。

地震波形指示模拟反演(seismic meme inversion，SMI)是一种新的高精度反演方法，其基本原理是将地震波形的薄层调谐特征作为判别、优化反射系数结构的控制条件，模拟砂体纵向分布，真正把地震的横向高分辨率与井的纵向高分辨率相结合，实现井震联合反演。基于褶积理论的正演实践表明，地震波的调谐特征与反射系数结构和分布具有密切的关系，反

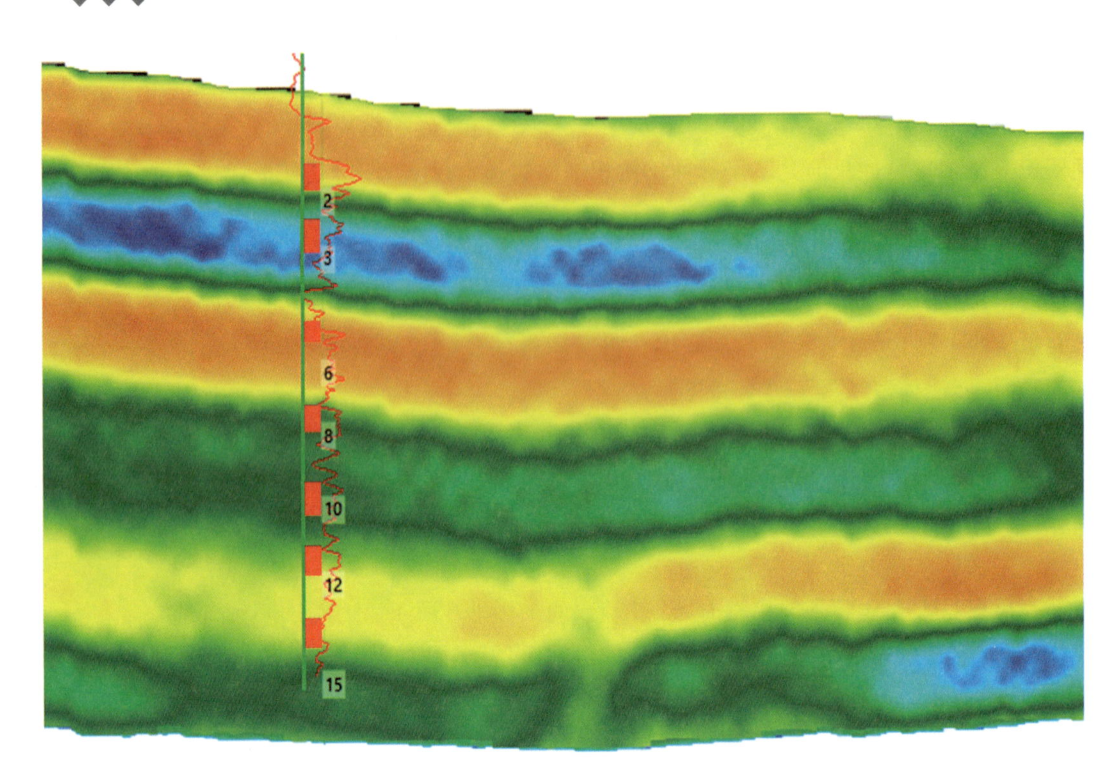

图 9-17 过沧东凹陷孔店组二段官东 5 井稀疏脉冲反演剖面

射系数的垂向分布，包括反射系数的间距、大小、个数决定了地震波形调谐特征。因此，在相似的地质条件下，反射波调谐波形与反射系数结构可形成良好的匹配关系，可以根据波形的调谐特征优化反射系数的垂向分布，这是 SMI 反演的理论基础。

研究发现相似的地震波形直接反映其相似的波阻抗特征，间接反映其相似的电（岩）性特征，利用地震波形横向相似性驱动测井高频信息，通过地震波形高效动态聚类，建立地震波形结构与高频测井曲线结构的映射关系，从井上提取的高频信息不再是随机高频成分，而是基于地震波形约束的确定性高频成分，既提高了反演结果的纵向分辨率和横向分辨率，同时地震波形指示模拟也利用地震波形横向变化代替了变差函数，构建了不同地震相类型的贝叶斯反演框架，实现了真正的相控反演，在薄层预测中取得了良好的效果。

地震波形指示反演实现过程中，首先通过奇异值分解实现井旁地震道波形高效动态聚类分析，建立地震波形结构与测井曲线结构的映射关系，生成不同类型波形结构（代表不同类型的地震相）的测井曲线样本集；进而通过分析不同类型波形结构对应的样本集分布，分别建立不同地震相类型的贝叶斯反演框架；然后在不同贝叶斯框架下，分别优选样本集的共性部分作为初始模型进行迭代反演；最后在反演迭代过程中，以样本集的最佳截止频率为约束条件，得到高分辨率的反演结果。

2）反演特点

SMI 在突破地震分辨率限制的同时保证了良好的准确性和可靠性，与现有的反演方法相比，其优势包括以下几方面。

(1)对初始模型的先验性要求不高。

(2)只需要目的层段顶底平均速度即可,无需提供速度趋势约束,最终可同时获得时深域反演预测结果。

(3)反演结果具有唯一性,同时给出了风险评价。

(4)可实现薄互层高精度反演,突破地震分辨率限制。

(5)适合跟踪反演,将新井信息加入后,可以快速更新反演结果,且随着井数的增加,反演精度逐渐提高。

该方法可以有效地综合地质、测井、录井、地震等各类信息求得的储层参数,结合地震资料可以反演出声波、密度、电阻率、自然电位、自然伽马、孔隙度、渗透率和含油饱和度等储层地质参数,突破了传统意义上褶积模型的概念,克服了常规地震反演技术只能反演声波、密度和波阻抗的不足,拓宽了测井数据与地震资料结合的应用领域,适用于各种类型复杂储层的地震预测,尤其适用于某一种或几种岩性参数具有明显差异的薄储层预测,且反演结果精度较高。

从地震波形指示模拟反演实验剖面(图 9-18)可以看出,该反演成果纵向分辨率高,对井吻合情况良好,薄层"甜点"识别精度高,且横向上可见储层的非均质性强,与页岩型页岩油的沉积背景符合。

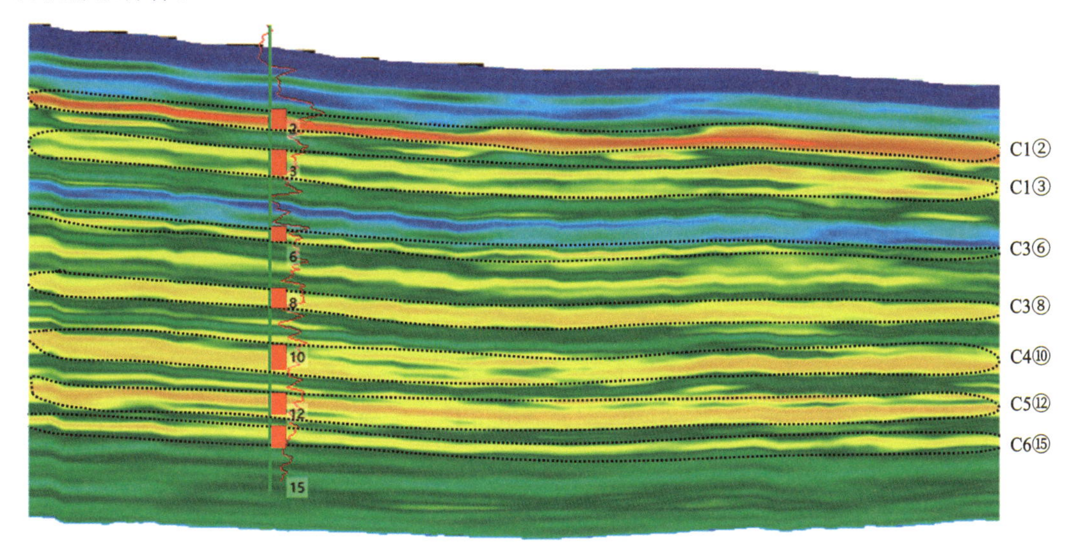

图 9-18　过渤海湾盆地沧东凹陷官东 15 井波形指示反演剖面

3)反演示例

以渤海湾盆地沧东凹陷为例,利用 SMI 实现页岩型页岩油"甜点"平面分布和厚度预测,其中构建"甜点"关键评价参数敏感特征曲线是关键。根据沧东凹陷页岩油地质特征,选取 POR×S_1 作为"甜点"关键评价参数,开展波形指示反演。

(1)孔隙度测井计算。

有效孔隙度已经成为一个非常重要的物性参数。然而,利用测井资料计算页岩油储层有效孔隙度却存在很大困难。首先,作为骨架存在的干酪根会直接导致声波、密度测井计算的孔隙度偏高,使得利用常规测井计算孔隙度的方法基本失效。其次,复杂的岩性以及矿物类型造成岩石骨架测井参数难以确定。

岩芯分析化验结果表明，孔店组二段细粒沉积岩孔隙度平均为3.1%，渗透率平均为$0.09\times10^{-3}\mu m^2$。其中，碳酸盐质页岩物性相对较好，平均孔隙度为5.8%；混合质页岩类次之，平均孔隙度为3.3%；长英质页岩相对较差，平均孔隙度为3.1%。从岩性分析化验得到的孔隙度结果明显偏低，究其原因是目前的孔隙度测量方式主要是按照常规砂岩储层的方式测量的，不适用于页岩油储层。核磁共振测井计算的孔隙度因其基本不受干酪根的影响，可以准确地反映页岩储层的孔隙度。因此采用核磁孔隙度表征页岩储层孔隙度特征，对于没有核磁的钻井采用常规曲线与核磁孔隙度统计回归的方式求取核磁孔隙度曲线。

将官1508、官1608、官6X1、官8、官东12、官13、官东14、官东15等8口井的核磁孔隙度与密度曲线和声波时差曲线分别进行交会分析，结果分别如图9-19和图9-20所示，从图中可以看出，核磁孔隙度与密度交会相关性较高，相关系数为94%，核磁孔隙度与声波时差相关系数为62.6%，最终选用密度计算得到核磁孔隙度曲线，计算公式为$y=-29.526x+81.325$。

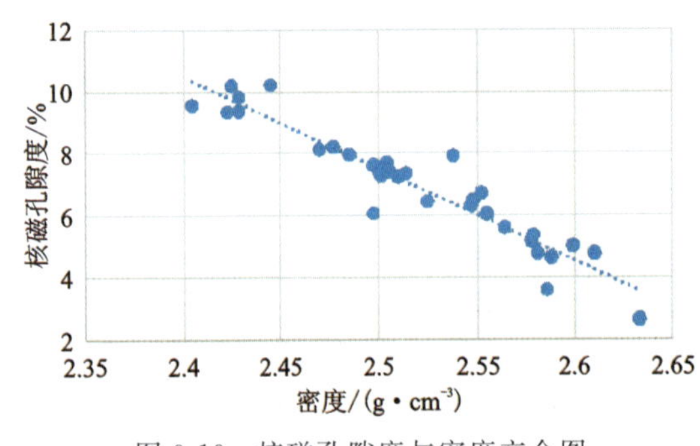

图9-19　核磁孔隙度与密度交会图　　图9-20　核磁孔隙度与声波时差交会图

(2)含油性测井计算。

泥页岩既可以作为烃源岩又可以作为储层，可形成自生自储型的特殊油气藏，其含油性的高低与页岩TOC含量有很大联系。通过对孔店组二段页岩进行地球化学实验分析测试，得出岩石中总有机碳含量(TOC)与游离烃(S_1)具有一定正相关性，在成熟度相近的情况下，泥页岩中含油量的高低与S_1的大小密切相关。采用常规曲线与S_1统计回归的方式求取S_1曲线。

利用官东12井、官东14井岩芯分析化验得到的S_1分别与密度(图9-21)、AC(图9-22)和logRT×AC(图9-23)作交会图，从图中可以看出，logRT×AC与S_1交会相关性较高，相关系数为77.8%；密度与S_1交会相关系数为29.5%；AC与S_1交会相关系数为26.6%。因此，最终选用logRT×AC曲线计算得到S_1曲线，计算公式为$y=0.0126x-1.2687$。

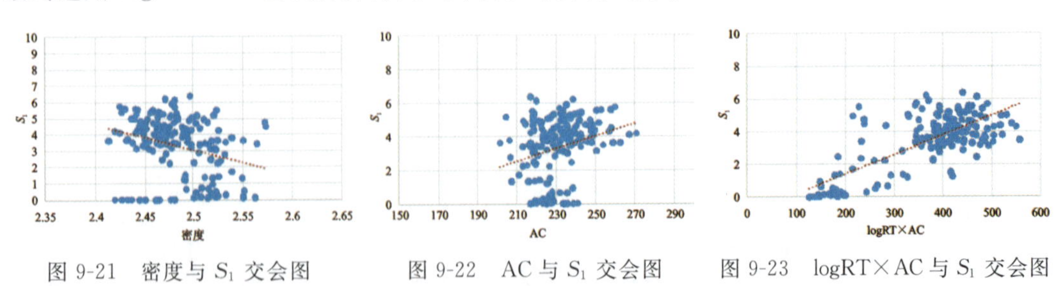

图9-21　密度与S_1交会图　　图9-22　AC与S_1交会图　　图9-23　logRT×AC与S_1交会图

(3)“甜点”地震预测。

在页岩油孔隙度和含油性标准的基础上，建立 POR×S_1 指数表征地质“甜点”(图 9-24、图 9-25)。其中，Ⅰ类“甜点”：POR＞6、S_1＞6.5、POR×S_1＞40。利用 SMI 开展波形指示模拟，明确地质“甜点”的平面分布范围，提取Ⅰ类“甜点”厚度分布特征(图 9-26)。

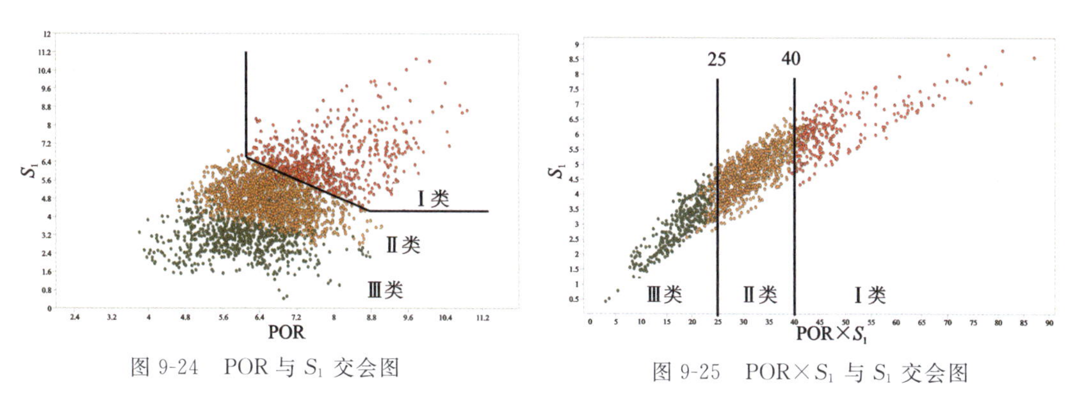

图 9-24　POR 与 S_1 交会图

图 9-25　POR×S_1 与 S_1 交会图

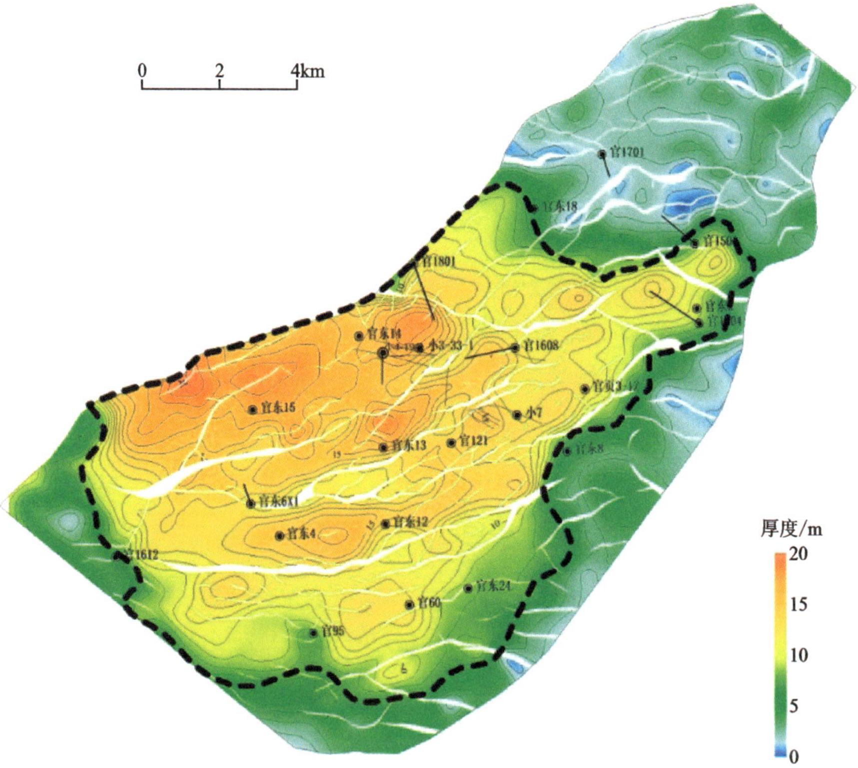

图 9-26　官东地区 C1②小层Ⅰ类“甜点”厚度平面图

第十章 页岩油资源量评价方法

第一节 页岩油资源评价目的和思路

一、概念与任务

页岩油资源评价是页岩油勘探开发决策的一部分，主要是定量估算页岩油资源量，明确资源潜力、富集规律与重点勘探领域。在不同地区、不同阶段，针对不同勘探对象，选用合适的资源评价方法与技术，依照不同的经济技术指标测算分析页岩油资源的存在特点、分布情况、规模概率与序列，为勘探开发整体部署、计划安排、工作量测算，以及勘探开发效益分析提供科学的基础，为页岩油工业发展和国民经济计划提供有效的参考依据。开展页岩油资源评价对我国制定页岩油长远勘探开发规划具有重要意义。

页岩油资源评价的任务是采用合适的评价方法，对地下页岩油资源及其分布进行客观评价。主要任务包括以下 8 个方面。

(1)页岩油成藏地质背景和成藏条件研究：区域地质背景、盆地构造-沉积演化。

(2)资源评价方法研究：方法的选择和评价参数的确定。

(3)资源赋存场所的条件：勘探对象的类型、形态和含油饱和度。

(4)资源的有无：勘探对象是否有页岩油存在。

(5)资源的数量：规模大小、序列和可信度。

(6)资源的分布：资源的时间和空间分布状况。

(7)风险分析和决策分析：对评价对象进行地质风险分析、勘探风险分析、经济评价和针对不同勘探开发方案的决策分析。

(8)资源的勘探开发：勘探目标的排序、资源分析优选、勘探开发部署建议以及中长期勘探开发规划的编制。

二、思路与程序

以聚集单元为出发点的成藏评价思路是以页岩油地质的综合性分析为基础，以聚集单元为目标，对页岩油藏作出评价，以此计算出资源总量。

资源评价主要程序包括以下 4 个方面。

(1)确定评价区面积、储层有效厚度、有效孔隙度、原油体积系数、含油饱和度、原油密度、井控面积。

(2)宜采用容积法、类比法和质量含油率法评价资源潜力。

(3)计算页岩油地质资源量和资源丰度。

(4)对全区可能的页岩油有利区、潜力区和远景区进行系统评价,优选排序。

页岩油选区评价:根据生烃品质、储层品质、工程力学品质和含油性评价成果,综合优选有利页岩油聚集区。

第二节 页岩油资源评价方法

目前,我国页岩油勘探开发还处于起步阶段,页岩油资源勘探开发程度整体较低,还未形成一套成熟的、有针对性的评价体系。常用的资源评价方法分三类:成因法、类比法和统计法。成因法包括成藏数值模拟法、盆地模拟法、质量含油率法;类比法包括分级资源丰度类比法、EUR类比法;统计法包括体积法、小面元容积法。下面对成因法、质量含油率法、EUR类比法、体积法、小面元容积法进行简要介绍。

一、成因法

成因法是常规油气资源评价中的常用方法,适用于勘探程度低的地区,是以油气有机成因说为理论依据,通过计算烃源岩的生烃量,确定运聚系数而获得油气资源量(赵迎冬等,2019)。页岩油是典型"源储一体"油气藏,烃源岩内的页岩油主要以吸附态或游离态赋存,没有经过运移与聚集。吸附态烃类主要吸附于干酪根及黏土颗粒表面,不易流动,难以采出;游离态烃类主要赋存于基质孔隙、构造缝及微裂缝上,这部分可动烃是页岩油资源的主要构成部分。因此,运用成因法计算页岩油资源量不考虑运聚系数,而量化热模拟模型中干酪根吸附量、源岩内烃类滞留量以及排出量。

应用成因法计算页岩油资源量的公式为

$$Q_o = Q_f = Q - Q_e K_e - Q_a \tag{10-1}$$

式中:Q_o为页岩油资源量,t;Q为生油量,t;Q_e为排出油量,t;Q_a为源内吸附油量,t;Q_f为游离油量,t;K_e为排油效率,%。因此,排油效率和吸附油量是两项关键参数。

二、质量含油率法

页岩油尤其是纯页岩油资源评价宜采用质量含油率法(郭秋麟等,2013),资源评价时可采用小面元,w(有机碳)和w(游离烃)等参数取值为不同6级层序的各小面元内的平均值。页岩油轻烃校正系数$K_{校}$和有机质吸附系数$K_{吸}$(单位为mg/g)是页岩油资源评价的关键参数。计算公式为

$$Q_{油} = 1 \times 10^3 Sh\rho S_f \tag{10-2}$$

$$S_f = K_{校} w_{(游离烃)} - K_{吸} w_{(有机碳)} \tag{10-3}$$

式中:$Q_{油}$为页岩游离油资源量,t;S为页岩面积,km^2;h为页岩有效厚度,m;ρ为页岩密度,

t/m³；S_f为含油率，即含油质量分数，mg/g。

窦煜等（2024）利用页岩油可动资源评价的质量含油率法和小面元容积法，计算出沧东凹陷孔店组二段 PS20 小层资源量为 2580 万 t/km²，高资源丰度区分布在南皮斜坡，资源量大于 20 万 t/km²，用页岩含油率（含油质量分数）S_f表征页岩滞留烃去除有机质吸附烃后的页岩中可动烃量，评价孔店组二段页岩油可动资源量为 6.8 亿 t（图 10-1）。

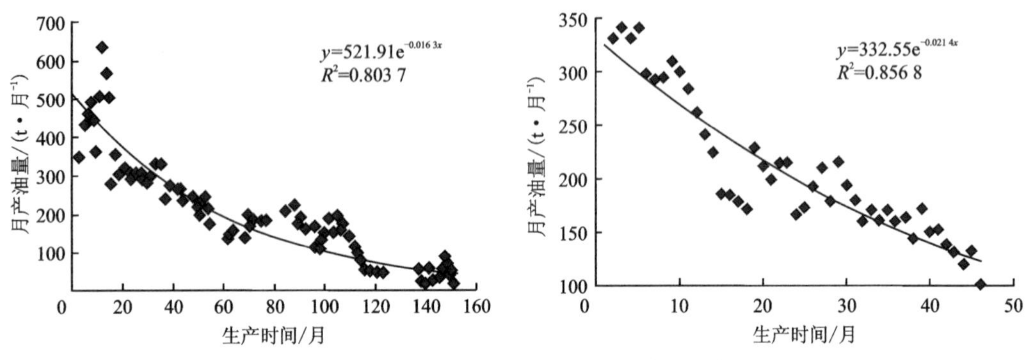

图 10-1　孔店组二段 PS20 小层资源评价基本参数及资源丰度分布

三、EUR 类比法

EUR 类比法，即根据生产井产能曲线，类比统计得到单井最终可采储量，从而进一步计算出评价区最终可采储量、地质资源量（郭秋麟等，2013）。评价步骤分三步：第一步是建立刻度区，对刻度区深入挖掘得到平均井控面积等关键类比参数；第二步是确定评价区，根据地质条件将评价区划分出 A、B、C 三类，即 A 类“甜点”区、B 类有利区以及 C 类潜力区。第三步是计算可采资源量，选取与评价区各项特征最为相近的刻度区实施评价，计算评价区井控面积平均数、可钻井数、钻井成功率及成功井数，通过类比得到成功井的平均 EUR 值后计算可采资源量，最终得到评价区页岩油可采资源量。计算公式为

$$R = \mathrm{Risk} \cdot AQ/S \tag{10-4}$$

式中：R 为预测区可采资源量，亿 t；A 为预测区面积，km²；S 为井平均井控面积，km²；Q 为类比得到的平均 EUR 值，万 t；Risk 为钻探成功率，%。

目前我国在页岩油的资源刻度区较少，主要有鄂尔多斯盆地延长组页岩油气研究区、准噶尔盆地吉木萨尔凹陷平地泉组页岩油气研究区、四川盆地大安寨介壳灰岩页岩油区等地。EUR 类比法在生产井较多、生产时间较长的地区能快速评价研究区的可采资源量，对于生产井较少的地区，也能粗略估算其可采资源量研究区面积，但评价精度较差。井平均井控面积、平均 EUR 值是该法的关键参数，平均 EUR 值通过选取进入递减期的专层生产井的产量数据进行拟合。周立宏等（2018）优选沧东凹陷累计生产时间较长的 G68 井、G107x1 井，根据实际产油量递减率和递减指数选用产量递减模型，预测最终可采资源量分别为 4.3 万 t 和1.9 万 t（图 10-2）。

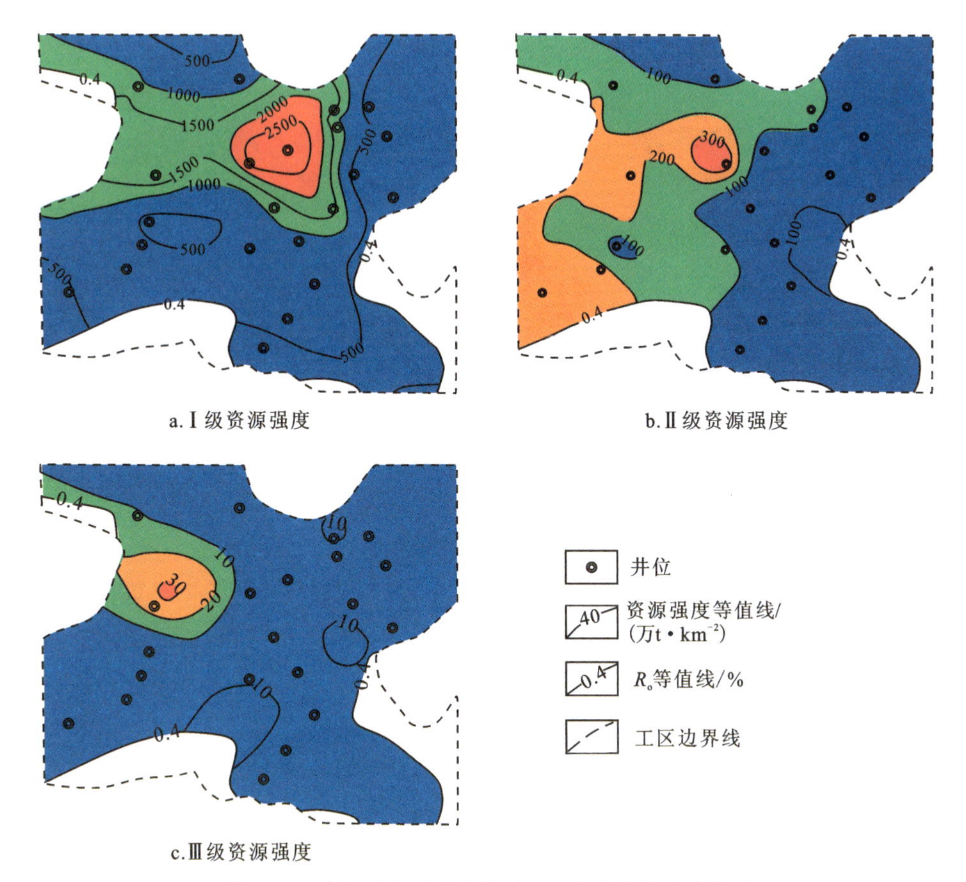

图 10-2　沧东凹陷不同井位页岩油产率曲线递减模型

四、体积法

体积法的代表性方法为美国 EIA、ARI 及我国自然资源部油气资源战略研究中心所用的容积法和中国工程院所用的含气量法。总体思路是：先计算单位体积页岩中页岩油的含量，然后根据页岩的体积计算总的页岩油资源量。在计算单位体积页岩油的含量时，地质储量计算参数主要包括含油面积、有效厚度、游离烃含油率、原始原油体积系数和地面原油密度等，原油地质储量（N）计算公式为

$$N = 100A_o hT_f\rho_o/B_{oi} \tag{10-5}$$

式中：T_f为游离烃含油率，mg/g；A_o为含油面积，km^2；h 为有效厚度，m；B_{oi}为原始原油体积系数，无因次；ρ_o为地面原油密度，t/m^3；N 为原油地质储量，万 t。

大港油田刘家庙地区 2023 年新增探明区块原油地质储量达 2 236.71 万 t（截至 2023 年 8 月），其在采用体积法计算时，考虑井区分溶解气部分，使得新增页岩油探明地质储量更加准确，明确了新增官东 14、官东 13、小 7 以及官东 12 区块均为高产能油藏。溶解气地质储量（G_s）计算公式为

$$G_s = 10^{-4} NR_{si} \tag{10-6}$$

式中：G_s为溶解气地质储量，亿 m^3；N 为原油地质储量，万 t；R_{si}为原始溶解气油比。

体积法一般又包括氯仿沥青"A"法、热解 S_1体积法。

氯仿沥青"A"法：该法是应用氯仿沥青"A"作为页岩中页岩油含量的指标来计算，氯仿沥青"A"存在较严重的轻烃损失，同时，由于是采用溶剂抽提的方法，氯仿沥青"A"中包含了部分吸附烃量。在应用氯仿沥青"A"进行资源量计算过程中，轻烃补偿系数和吸附系数是其关键性的两个参数。其计算公式为

$$Q_{油} = V\rho_o(AK_A - \mathrm{TOC}K_{吸}) \tag{10-7}$$

式中：$Q_{油}$ 为页岩油量，万 t；V 为不同级别页岩的体积，m^3；ρ_o为泥页岩密度，g/cm^3；A 为不同级别页岩单位岩石氯仿沥青"A"含量，%；K_A为氯仿沥青"A"轻烃补偿系数，与演化程度有关；TOC 为总有机碳含量，%；$K_{吸}$为吸附系数。

热解 S_1法：该方法应用热解 S_1参数作为页岩油含量的衡量指标。在页岩油气的评价中，热解 S_1是重要的评价参数，热解 S_1的量值直接影响页岩含油量的值。已有的研究表明，热解 S_1受后期的保存影响非常大，对同一样品，新鲜样品是常温下放置一个月样品热解 S_1值的 1.5～2.0 倍，这一差别还受样品的热演化程度影响。由于热解 S_1轻烃损失校正需要新鲜样品参照，这一条件使得建立起不同演化程度的校正系数变得非常困难，这也影响了该方法的使用效果。应用热解 S_1法进行页岩油资源量计算公式为

$$Q_{油} = V\rho_o(K_{s1}S_1 - \mathrm{TOC}\,K_{s1吸}) \tag{10-8}$$

式中：$Q_{油}$为页岩油量，万 t；V 为不同级别页岩的体积，m^3；ρ_o为岩石的密度，g/cm^3；K_{s1}为热解 S_1轻烃补偿系数；S_1为热解 S_1参数；TOC 为总有机碳含量，%；$K_{s1吸}$为热解 S_1吸附比例系数。

王雪飞等(2013)在渤南洼陷页岩油资源分级的基础上，分别统计 3 个级别对应的氯仿沥青"A"质量分数，利用体积法进行资源量计算。结果如图 10-3 所示。从图中可以看出，I 级页岩油资源丰度明显高于Ⅱ级和Ⅲ级页岩油，在 BSH5 井附近达到了 2700 万 t/km^2而Ⅱ级和Ⅲ级最高资源丰度仅为 350 万 t/km^2和 30 万 t/km^2，且 I 级页岩油资源分布面积广，是勘探开发的有利目标。

五、小面元容积法

小面元容积法由传统的体积法演变而来(王社教等，2014)，传统的体积法受地质非均质影响较大，评价结果不直观，该方法重点解决了地质参数在二维平面空间分布的不均一性问题。评价思路是将评价区分为若干个"小面元"，即网格单元，然后依据每个网格单元储层的面积、有效厚度、有效孔隙度、含水饱和度、地面原油密度等参数值，逐一计算每个评价面元的地质资源量，进而加和得到评价区的总页岩油资源量。计算公式为

$$Q_1 = A_1hC_f\mathrm{SNF} \tag{10-9}$$

$$\mathrm{SNF} = 100\varphi(1 - S_w)\rho_{oi}/B_{oi} \tag{10-10}$$

式中：Q_1为石油圈闭资源量，万 t；A_1为圈闭面积，km^2；h 为有效储层厚度，m；C_f 为石油充满系数；φ 为有效孔隙度，%；S_w为原始含水饱和度，%；ρ_{oi}为地面原油密度，g/cm^3；B_{oi}为原始原油体积系数；SNF 为石油单储系数，万 t/(km^2 · m)。

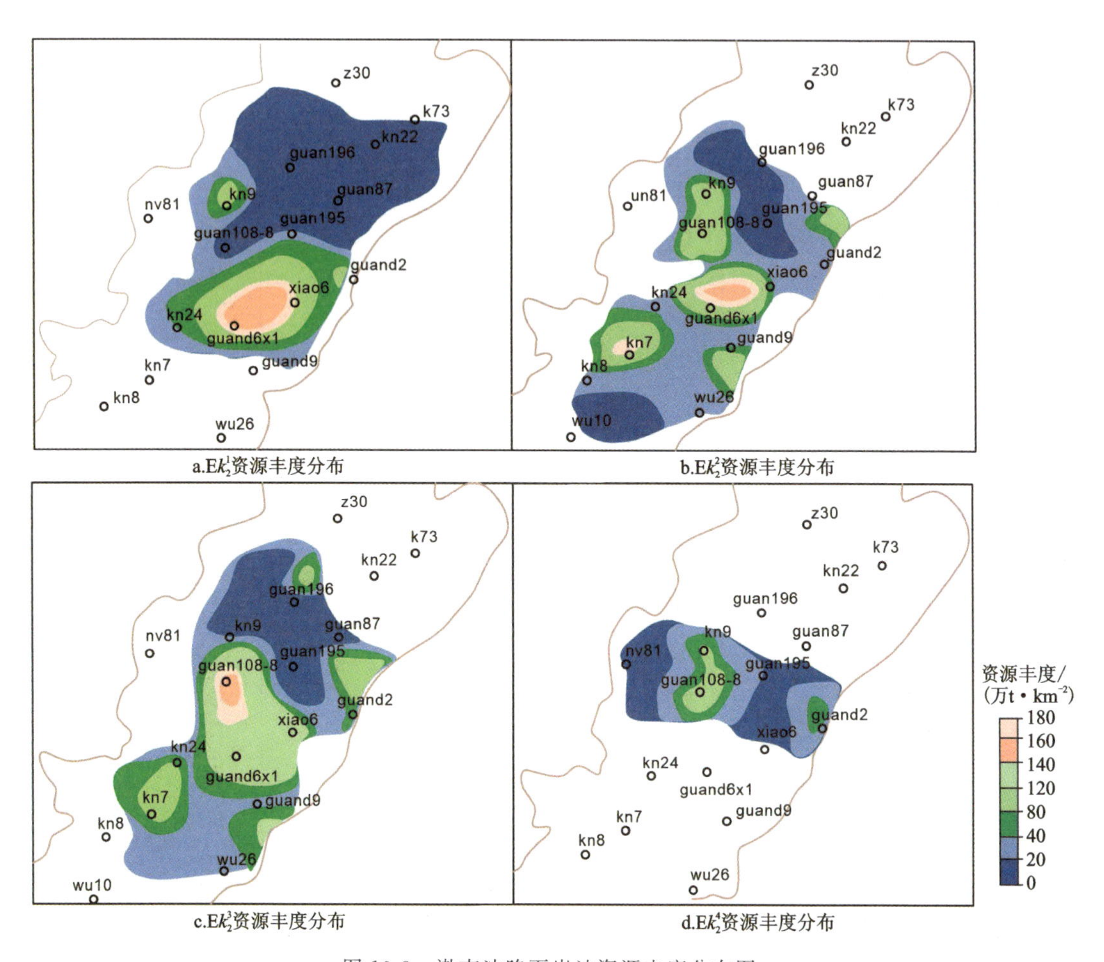

图 10-3 渤南洼陷页岩油资源丰度分布图

小面元容积法具有充分利用地质资料、尽量减少非均质影响、评价结果可视化、能指导勘探的特点，在准噶尔盆地吉木萨尔凹陷芦草沟组、鄂尔多斯盆地三叠系延长组七段等地区均有应用。周立宏等(2017)使用多种资源评价方法对沧东凹陷孔店组二段页岩油资源量进行评价，其中小面元容积法取得的效果较客观可信。其对关键参数逐一分析取值如下：有效储层累计厚度 50～200m，充满系数 10%～60%，可采系数综合取值 15%，含油饱和度 30%～50%，原油密度 0.88g/cm^3，原油体积系数 1.1。在此基础上计算出了该区页岩油地质资源丰度(图 10-4)，预测了“甜点”区。

六、不同评价方法之间对比分析

在调研国内外页岩油资源评价方法现状及发展趋势基础上，笔者建立了页岩油资源评价常用方法体系(表 10-1)，并总结了不同方法的优缺点与适用范围。

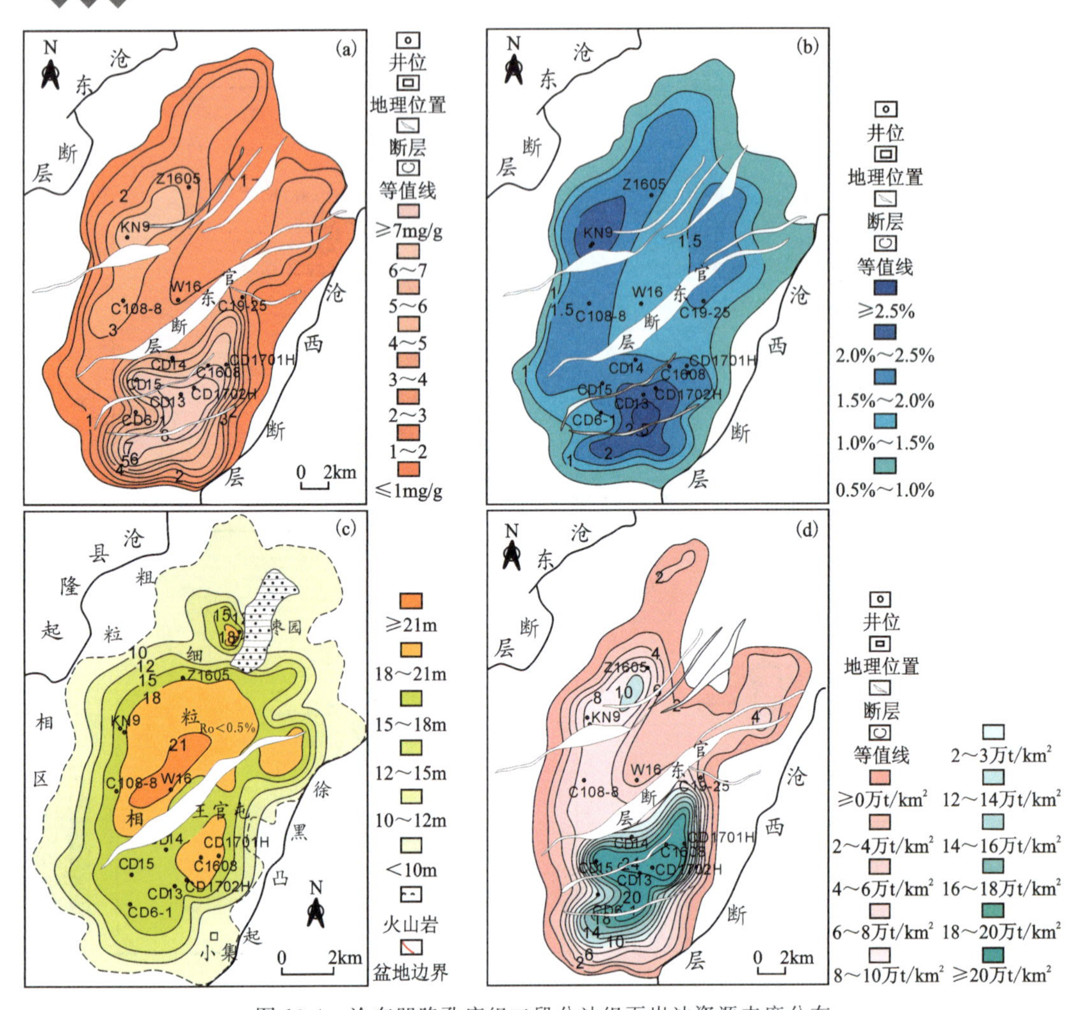

图 10-4 沧东凹陷孔店组二段分油组页岩油资源丰度分布

表 10-1 页岩油资源评价常用方法体系

资源评价方法	代表性方法	优点	缺点	适用范围
成因法	盆地模拟法	原理简单、技术成熟，提供成果图	建模计算过程复杂，准确性有限	中低勘探程度区
	质量含油率法	输入参数少、评价快速	孔隙度和含油饱和度的测量精度受其他影响因素较大	中低勘探程度区
类比法	EUR 类比法	评价过程简单快速	需要较多生产井数据	中高勘探程度区
统计法	体积法	输入参数少、评价过程简单、快速	含气量、孔隙度等关键参数非均质性强	中低勘探程度区
	小面元容积法	满足非均质性、实现评价结果可视化	—	中高勘探程度区

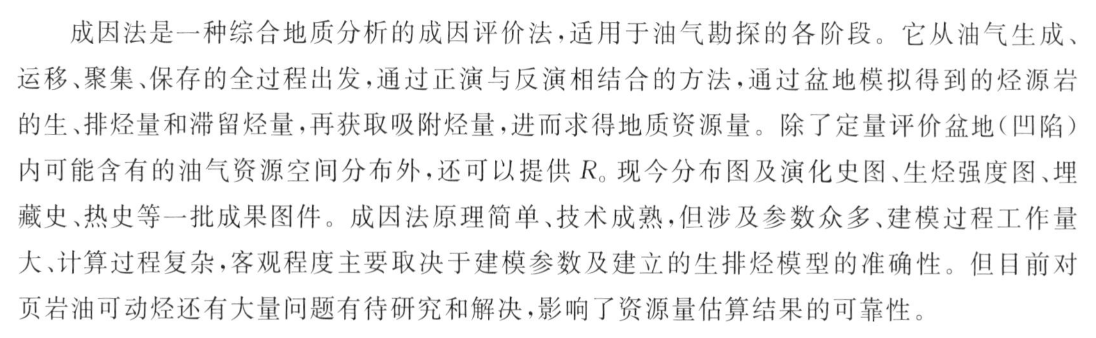

成因法是一种综合地质分析的成因评价法，适用于油气勘探的各阶段。它从油气生成、运移、聚集、保存的全过程出发，通过正演与反演相结合的方法，通过盆地模拟得到的烃源岩的生、排烃量和滞留烃量，再获取吸附烃量，进而求得地质资源量。除了定量评价盆地（凹陷）内可能含有的油气资源空间分布外，还可以提供 R_o 现今分布图及演化史图、生烃强度图、埋藏史、热史等一批成果图件。成因法原理简单、技术成熟，但涉及参数众多、建模过程工作量大、计算过程复杂，客观程度主要取决于建模参数及建立的生排烃模型的准确性。但目前对页岩油可动烃还有大量问题有待研究和解决，影响了资源量估算结果的可靠性。

质量含油率法是最接近常规油气勘探中的储量计算的方法。但是由于页岩孔隙度和含油饱和度资料非常少，如何对页岩中游离油与吸附油含量进行定量表征一直是难点，孔隙度和含油饱和度的测量精度受其他影响因素较大，这些因素极大地限制了该方法的使用。

EUR 类比法要对资源评价区进行地质评价和内部区块分级，根据评价区的地质特征，将评价区分为 A 类、B 类和 C 类，分别表示“甜点”区、有利区以及潜力区，再分类进行类比评价。该方法需要评价区与刻度区具有可比性，所以需要刻度区有足够的数据。该方法实际操作过程比较简单，输入的参数较少，但是类比标准和类比参数的选取都有一定的人为主观性，需要较多生产井数据，适用于中高勘探程度区。

体积法适用于中低勘探程度地区，具有输入参数少、评价过程简单、快速等优点，同时也具有一些缺点：①由于含气量、孔隙度等关键参数在纵向和横向上变化大，资源量计算偏差大；②对地质资料的依赖程度极大，地质资料越详细、准确，最终评价结果的可信程度就越高；③不能直接给出资源量空间分布的具体位置。

小面元容积法基本思路是将评价区划分为若干个网格单元，在每个网格中采用体积法算出地质资源量，最后汇总求出研究区总的地质资源量。该方法满足了页岩油资源既大面积分布又普遍具有非均质性的特点，并可实现评价结果可视化，达到预测“甜点”区目的，在页岩油资源评价中广泛应用，取得了良好效果。

不同的页岩油具不同特征，在其是否易于形成工业油流、易于开发、易于勘探等方面存在差异。本书结合页岩油类型特征及页岩油资源评价方法总结出不同类型页岩油适用资源评价方法（表 10-2）。纹层型页岩油为毫米—厘米级具有纹层结构的粉—细砂岩和泥页岩复合体，长英质含量高的纹层组合，可动油含量高，物性、可压裂性好，是最优“甜点”段，展现出广阔的资源前景，但在勘探上未取得较大突破，勘探程度整体不高，较适用于成因法、质量含油率法以及统计法。夹层型页岩油以块状细砂岩为主要产层，孔隙度和渗透率等物性条件相对较好；易于形成页岩油流，其勘探开发取得重大进展，勘探程度相对较高、数据较多，成因法、类比法、统计法均适用。

表 10-2　不同类型页岩油适用资源评价方法

页岩油类型	特征	适用方法
纹层型	页岩油的赋存层系岩性主要为页岩，具有纹层结构的多岩性细粒沉积薄互层	质量含油率法
		成因法
		统计法
夹层型	富有机质泥页岩夹多期块状细砂岩，孔隙度和渗透率等物性条件相对较好；易于形成页岩油流，有利于勘探	成因法
		类比法
		统计法

第十一章　陆相页岩油勘探实践——以沧东凹陷孔店组二段为例

沧东凹陷是渤海湾盆地黄骅坳陷的富油凹陷之一，在常规油气勘探过程中，已累计探明石油地质储量3.98亿t，常规石油的探明程度已达78%。沧东凹陷孔店组二段发育富有机质泥页岩，厚度从几十米到数百米不等，具备形成页岩油的良好物质基础。近年来，沧东凹陷多口井在孔店组二段富有机质泥页岩层系(暗色泥页岩及致密砂岩、泥质白云岩夹层)中获得了工业油流，展示出沧东凹陷页岩油勘探具有巨大潜力。

第一节　页岩油形成地质背景

一、构造背景

黄骅坳陷位于渤海湾盆地中部，发育在华北板块之上，是由地幔上涌和裂陷作用形成的多期叠合负向构造单元。黄骅坳陷整体呈北北东走向，东南部以埕宁隆起与济阳坳陷相隔，西部以沧县隆起与冀中坳陷相望，东部以沙垒田凸起与渤中坳陷相连，北端与燕山褶皱带相连，总面积约为1.17万km^2。新生代，黄骅坳陷经历了初始断陷期、扩张深陷期、断陷活动稳定期、断陷活动衰减期和坳陷期5个构造演化阶段。地层差异沉降形成了孔店凸起、港西凸起、黑龙村凸起、徐杨桥凸起、东光凸起和涧南凸起6个凸起，其中徐杨桥凸起和黑龙村凸起简称徐黑凸起。隆起与凸起间为凹陷区，以孔店—羊三木凸起为界，南部为沧东凹陷，包括孔西次凹、孔东次凹、南皮次凹、盐山次凹和吴桥次凹5个次级凹陷；北部为歧口凹陷，包括歧口主凹、北塘次凹、板桥次凹、歧北次凹、歧南次凹和埕海次凹6个次级凹陷(图11-1)。间接性构造沉降形成了孔店组、沙河街组三段、沙河街组二段—沙河街组一段和东营组4个具备独立油气成藏条件的三级层序单元。

沧东凹陷为碟状坳陷型湖盆，湖盆中心位于沧州—段六拨一带，呈北东向展布，表现为单一沉降中心。湖盆中心地层厚度大，向边部减薄，呈环状分布，总体构造背景具有“构造活动弱、频次多、幅度小”的特征。后期受基底断裂的控制等作用，形成现今复杂的构造格局(图11-2)。

孔店组二段沉积时期继承了孔店组三段盆地原型并逐步出现“坳断”特征，沉积中心位于南皮、沧东和常庄3个次凹，沧东断层和徐西断层对凹陷的形成有一定的影响，盆地内部同沉积断层活动性的差异逐渐增大，但是沧东断层和徐西断层没有控制孔店组二段沉积相展布，断层上升盘仍有沉积作用发生。孔店组一段沉积时期的盆地原型属于“断陷”结构，沧东次凹、常庄次凹分别是沧东断层和徐西断层下降盘的半地堑，内部充填楔状的孔店组一段层序；南皮次凹则表现为以沧东断层和徐西断层为边界断层的不对称地堑。孔店组一段沉积时期沧东断层和徐西断层上升盘的隆升使孔店组二段遭受剥蚀，破坏了盆地原型结构。

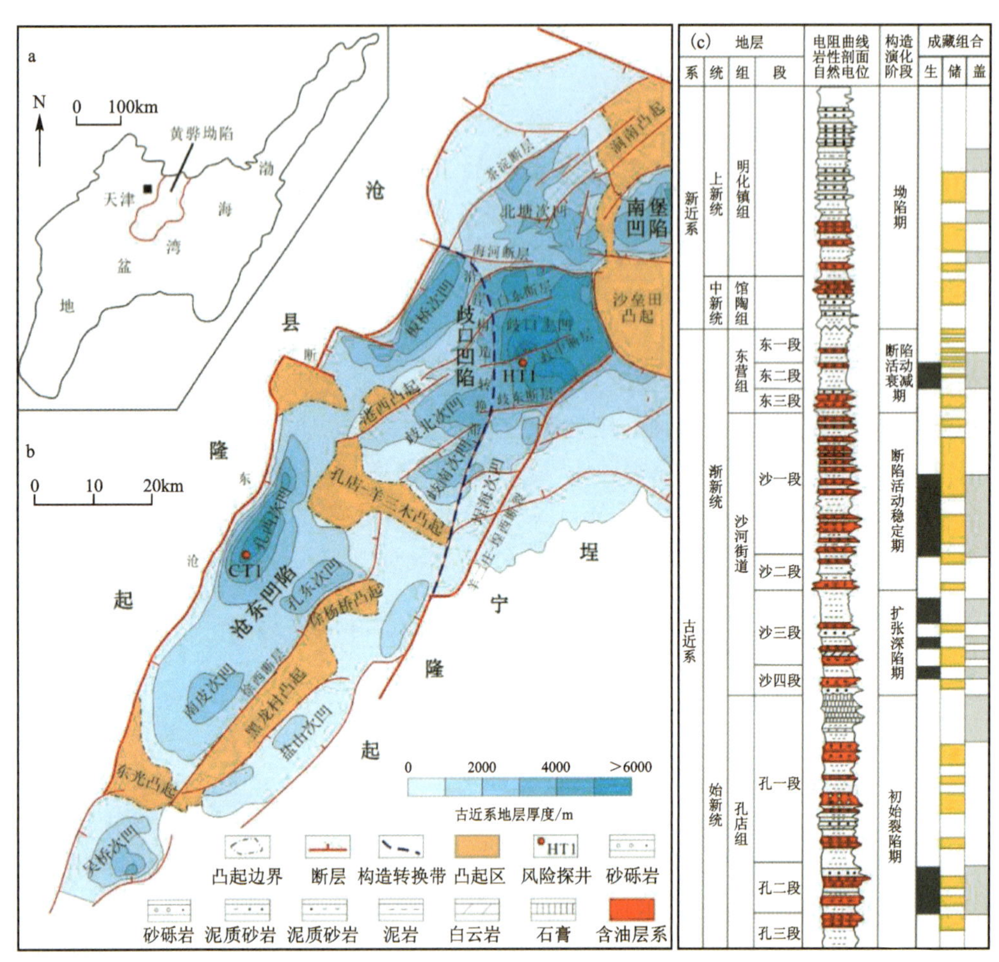

图 11-1　黄骅坳陷区域构造位置(a)古近系构造单元(b)与含油层系综合柱状图(c)

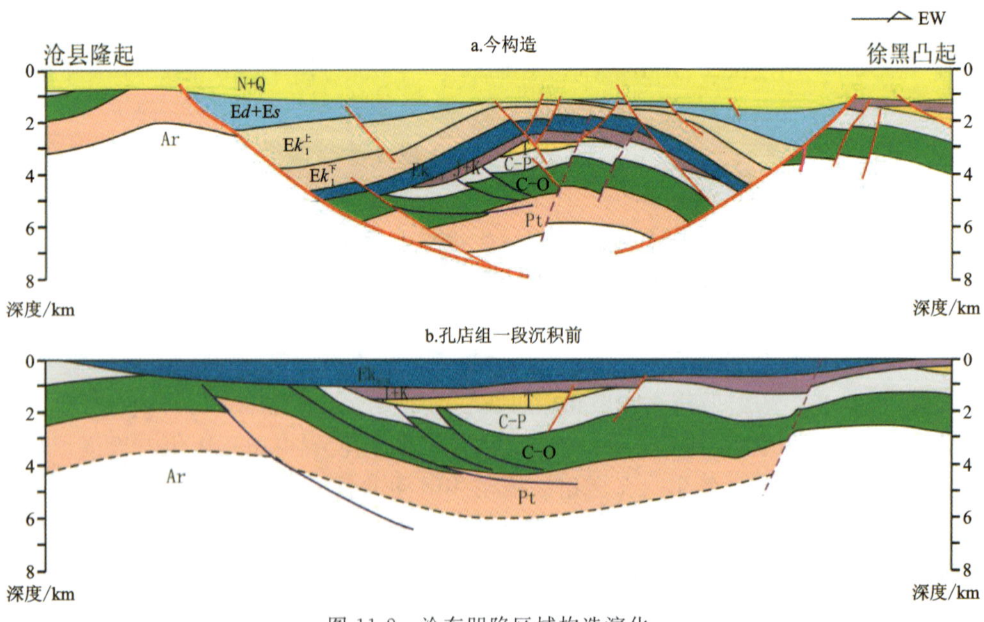

图 11-2　沧东凹陷区域构造演化

总体看来，沧东凹陷孔店组二段沉积时期构造活动以坳陷为主，虽然活动较频繁但相对稳定，这为湖盆发展以及湖盆中细粒沉积充填的发育提供了重要的构造背景条件。

二、沉积环境

孔店组二段沉积时期沧东凹陷为亚热带潮湿气候下的淡水-半咸水封闭湖盆，总体上古气候经历了由半干旱到温暖湿润再到干旱炎热的演化过程。在周缘多物源的影响作用下，环湖发育 3 个沉积环带，不同环带具有不同的沉积特征。

1. 古气候条件

地层中孢粉生物化石可以揭示古气候及湖平面的变化过程，孔店组一段、二段、三段各段所含孢粉化石及其组合，反映了孔店组各沉积时期的古气候环境由亚热带半干旱气候向亚热带潮湿气候、亚热带干旱气候转变的特征（表 11-1）。

表 11-1　沧东凹陷孔店组孢粉组合与古植被、古气候对照表

<table>
<tr><th colspan="4">地层</th><th colspan="2">孢粉组合</th><th>古植被</th><th>气温带</th><th>干湿带</th><th>古气候</th></tr>
<tr><td rowspan="4">古近系</td><td rowspan="4">始新统—古新统</td><td rowspan="4">孔店组</td><td>Ek_1^s</td><td>栎粉高含量组合</td><td>麻黄粉属-杉粉属-三孔脊榆粉-凤尾蕨孢属亚组合</td><td rowspan="4">落叶、阔叶、针叶混交林</td><td rowspan="4">亚热带</td><td rowspan="2">半干旱—干旱</td><td rowspan="2">亚热带半干旱—干旱气候</td></tr>
<tr><td>Ek_1^x</td><td rowspan="2">杉科高含量组合</td><td>杉粉属-麻黄粉属-桤木粉属亚组合</td></tr>
<tr><td>Ek_2</td><td>小刺鹰粉属-杉粉属-三角孢粉属亚组合</td><td>潮湿</td><td>亚热带潮湿气候</td></tr>
<tr><td>Ek_3</td><td colspan="2">雪松粉属-罗汉松粉属-麻黄粉属-榆粉属亚组合</td><td>半干旱</td><td>亚热带半干旱气候</td></tr>
</table>

孔店组三段沉积时期，见较干旱的热带分子孢粉，孢粉组合为雪松粉属（*Cedripites*）-罗汉松粉属（*Podocarpidites*）-麻黄粉属（*Ephedripites*）-榆粉属（*Ulmipollenites*）亚组合，以落叶、阔叶、针叶混交林的植被类型为主，反映该时期古气候以亚热带半干旱气候为主。孔店组二段沉积时期的孢粉组合为小刺鹰粉属（*Aquilapollenites spinulosus*）-杉粉属（*Taxodiaceaepollenites*）-三角孢粉属（*Deltoidospora*）亚组合，反映出该时期古气候以湿润气候为主、半干旱气候为辅的特征。孔店组一段分为上、下两个亚段，枣 0 -枣Ⅲ为上亚段（Ek_1^s），枣Ⅳ、枣Ⅴ为下亚段（Ek_1^x）。Ek_1^x 孢粉组合为杉粉属-麻黄粉属-桤木粉属（*Alnipollenties*）亚组合，古植被为常绿、落叶阔叶林植物群，反映出古气候为半干旱的亚热带气候；Ek_1^s 孢粉组合为麻黄粉属-杉粉属-三孔脊榆粉（*Ulmoideipites tricostatus*）-凤尾蕨孢属（*Pterisisporites*）亚组合，反映该时期以干旱—半干旱气候为主。

2. 湖盆水体性质

孔店组二段 4 个样品中 Sr 含量都小于 Ba 含量，Sr/Ba 的值均小于 1（图 11-3）。女 61 井样品 n61-3 反映古水体低盐度，乌 26 井样品 Wu26-2 反映古水体为淡水—半咸水，女 18 井样品 n18-2 和 n18-3 反映古水体为半咸水。由以上结果可以判断出沧东凹陷孔店组二段沉积时期为淡水—半咸水的内陆湖盆。

孔店组三段到孔店组二段沉积时期，$\delta^{18}O$ 值和 $\delta^{13}C$ 值的变化不一致(图 11-4)。但由于 $\delta^{18}O$ 值对气候的反应更为敏感，根据孔店组三段到孔店组二段其值减小判断出：孔店组二段沉积时期的气候要比孔店组三段沉积时的气候潮湿，湖盆内的水体盐度更低，水体较孔店组三段淡化。孔店组二段沉积时期，气候潮湿，降水丰富，沧东凹陷为淡水—半咸水坳陷型内陆封闭湖盆，徐黑凸起和沧县隆起向湖盆输入大量有机质，沉降速率相对较高，有利于优质烃源岩的发育。湖盆中部沉积厚层泥岩、页岩、碳酸盐岩及粉砂岩等细粒沉积物，为页岩油的形成与富集奠定了良好的物质基础。

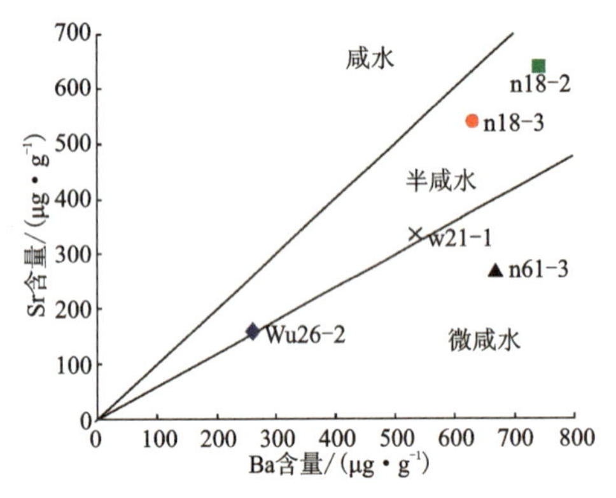

图 11-3　沧东凹陷孔店组二段 Sr-Ba 含量相关图

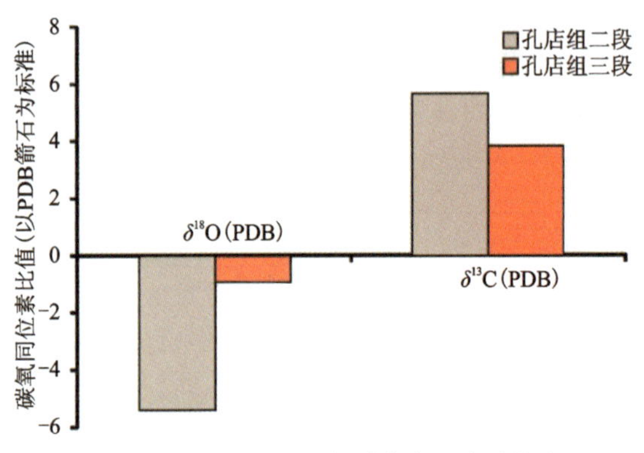

图 11-4　孔店组二段、三段氧同位素及碳同位素对比图

3. 古沉积环境

通过上述对研究区古气候特征、古湖盆水体性质的分析，结合沧东凹陷孔店组二段岩性组合特征、泥岩颜色、古化石等分析，进一步明确了该区主要发育 3 种沉积环境：冲积平原(陆上沉积部分)、滨浅湖和深湖—半深湖。其中，冲积平原岩性组合以稳定分布的杂色泥岩或红紫棕色泥岩夹砂岩为主，主要分布在沧东凹陷南部乌马营地区和北部的孔店地区，东西两侧分布局限，只在舍女寺和望海寺部分地区有零星分布，主要包括冲积平原沼泽、三角洲平原等沉积相类型；滨浅湖岩性组合主要为灰色泥岩以及灰色泥岩与砂岩互层，常见鱼类、螺类化石，主要沿湖盆周边呈环带状分布，主要包括三角洲前缘、滨浅湖等沉积相类型；深湖—半深湖岩性组合以稳定的暗色泥岩与厚层油页岩为主，夹薄层粉砂岩及碳酸盐岩(图 11-5)，主要分布在孔西斜坡和南皮斜坡的低部位(图 11-6)。总体上有利于湖盆中部富有机质泥页岩类的发育。

4. 古沉积背景的演化

孔店组二段可划分为一亚段(Ek_2^1)、二亚段(Ek_2^2)、三亚段(Ek_2^3)及四亚段(Ek_2^4)共 4 个亚段，进一步可划分为 10 个五级层序(图 11-5)。其中，SQE$k_2^4$①为一套三角洲前缘沉积，以中细砂岩为主，称为下砂岩；SQE$k_2^2$⑧为一套深水重力流沉积，以细粉砂岩为主，称为上砂岩。

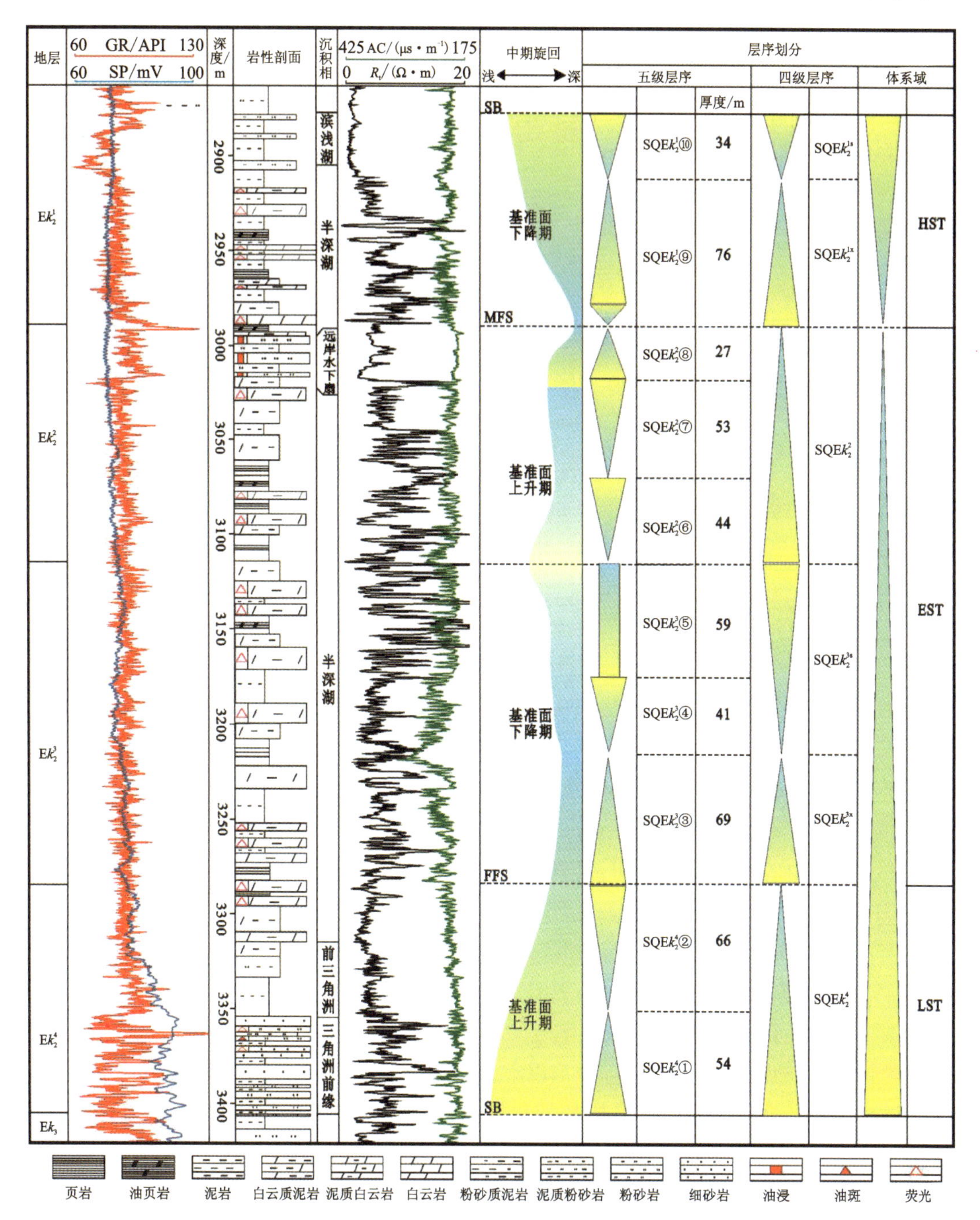

图 11-5 沧东凹陷孔店组二段综合柱状图

这两套砂岩均为致密油地层，在此不作详细分析。其余非砂岩细粒沉积物均为页岩油地层。

孔店组二段四亚段（Ek_2^4）沉积期，早期湖区气候相对干旱，湖水相对较浅，区域降雨量相对较少，水体含盐度较高；晚期湖区气候开始逐渐变得温暖、湿润，入湖径流量逐渐增加，陆源碎屑供给增多，水体含盐度降低，湖底水体处于还原状态，形成了一套黑色纹层状白云质泥岩（图 11-5）。

孔店组二段三亚段(Ek_2^3)沉积期,继承了 Ek_2^4沉积后期的气候特点,继续保持温暖、湿润,丰富的降雨使得入湖的地表径流量增加,湖泊水域面积得到空前扩张,半深湖—深湖相广泛发育,深水细粒沉积物在空间上连片展布,几乎遍布整个盆地。风化店和王官屯一带是深水细粒沉积岩发育的中心,沉积了大套富含有机质的深灰色层状白云质泥岩和黑色纹层状白云质泥岩。

孔店组二段二亚段(Ek_2^2)沉积期,早期气候逐渐由暖湿向相对干旱转换,蒸发作用日益增强,湖泊水域收缩,水体深度变浅,含盐度增高,在深灰色块状白云质泥岩中夹大套反映浅水沉积环境的绿灰色块状泥质白云岩。与 Ek_2^3沉积期相比,深水细粒沉积物沉积范围有所缩小,并未大范围覆盖湖盆。晚期气候再度变得潮湿,区域降雨丰沛,带来了大量的陆源碎屑物质,但由于先前的干旱蒸发,湖泊水体深度整体较小,陆源碎屑进积到离湖盆边缘很远的位置。

孔店组二段一亚段(Ek_2^1)沉积期,气候开始向干旱、炎热转变,湖泊水体处于不断变浅、咸化的过程中,区域降雨量减少,地表径流入湖量下降,强烈的蒸发作用使得湖泊水域面积收缩,半深湖—深湖相带也急剧收缩,深水细粒沉积岩主要发育在风化店和王官屯一带以及周边深洼带。

三、沉积体系空间分布

孔店组二段沉积时期,沧东凹陷为一封闭性湖盆,受盆外孔店凸起、沧县隆起、东光凸起、徐黑凸起四大物源区影响,该区发育了 10 个子物源口,与之对应在湖盆周缘发育乌马营三角洲、灯明寺三角洲等 10 个大小不等的三角洲朵体,三角洲前缘远端发育规模不等的远岸水下扇沉积,远岸水下扇致密砂岩多与湖盆中部的泥页岩、致密碳酸盐岩混杂沉积,是形成页岩油的主要岩类。总体上砂体环湖分布,具有“周缘富砂、中部富泥(碳酸盐岩)”的特点。从盆缘到湖盆中部发育 3 个环带(图 11-6)。

外环(A):以中—细砂岩为主的三角洲前缘常规砂岩发育带。平均砂地比 30%以上,砂岩以厚层为主,单层平均厚度大于 2m,泥岩多以紫红—灰色为主,主体发育三角洲平原、三角洲前缘亚相,生烃条件相对较差。

中环(B):以粉细砂岩-粉砂质泥岩、碳酸盐岩为主的常规-致密过渡带。平均砂地比为 5%~30%,砂岩以薄互层为主,单层平均厚度小于 2m,泥岩多为灰—深灰色,主体发育三角洲前缘远端、重力流及碳酸盐湾相,暗色泥岩厚度中等,$0.5\%<TOC\leqslant 2\%$,生烃条件较好。

内环(C):以粉砂质泥岩、碳酸盐岩、泥质碳酸盐岩、碳酸盐质泥岩、泥页岩为主的致密相区,主体发育前三角洲及半深湖相。平均砂地比小于 5%,砂岩层极少,砂屑出现以混染为主,暗色泥岩厚度大,$TOC>2\%$,生烃条件良好。

不同环带沉积、储层、生烃特征差异明显,其中内环是页岩油主要发育区,中环是致密油主要发育区。

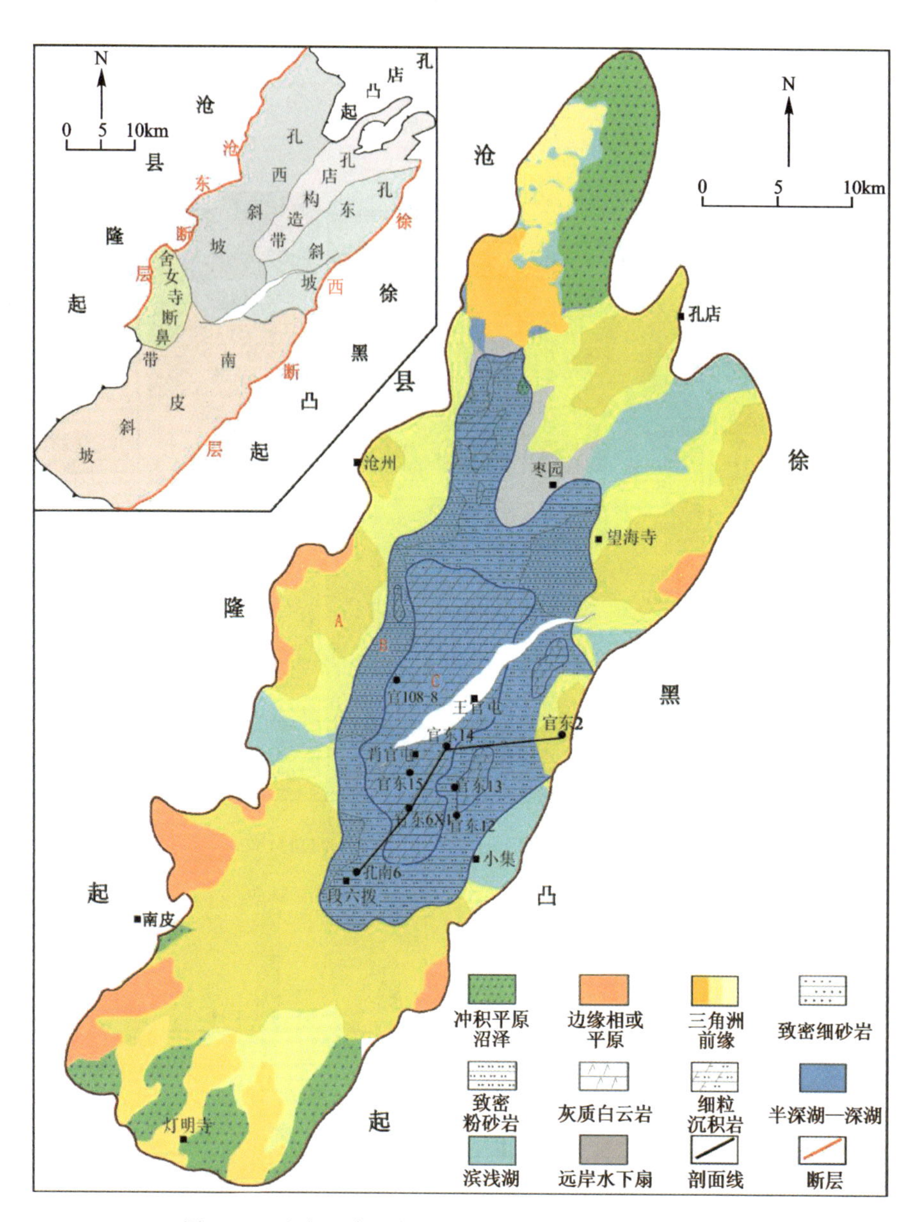

图 11-6　沧东凹陷孔店组二段沉积体系与“三环”分区图

四、页岩岩性及组合特征

孔店组二段内环带(半深湖—深湖区)以富有机质泥页岩、白云岩和致密砂岩为主，局部夹基性侵入岩，地层最厚可达 500～600m，向上过渡到孔店组一段冲积扇沉积地层。官 108-8 井位于沧东凹陷孔店构造带西南缘(图 11-7)，其目的是明确孔店组二段细粒相区地层、岩性及其组合特征，探索页岩油的形成条件，评价“甜点”分布。该井 494.29m 岩芯可细分为 2923 层，平均单层厚度 0.17m，岩性包括泥页岩(累计厚度 284.52m，占 57.56%)、碳酸盐岩(累计厚度 132.15m，占 26.74％）和砂岩（累计厚度 77.62m，占 15.70％）三大类（图 11-7）。其中，泥页岩细分岩性主要包括白云质泥岩、泥页岩、页岩、粉砂质泥岩和含白云石泥岩等，碳酸盐岩细分岩性包括白云岩、泥质白云岩、含泥白云岩、砂质白云岩、泥灰岩等，砂岩细分岩性主要包括细砂岩、粉砂岩、含泥粉砂岩、泥质粉砂岩等。

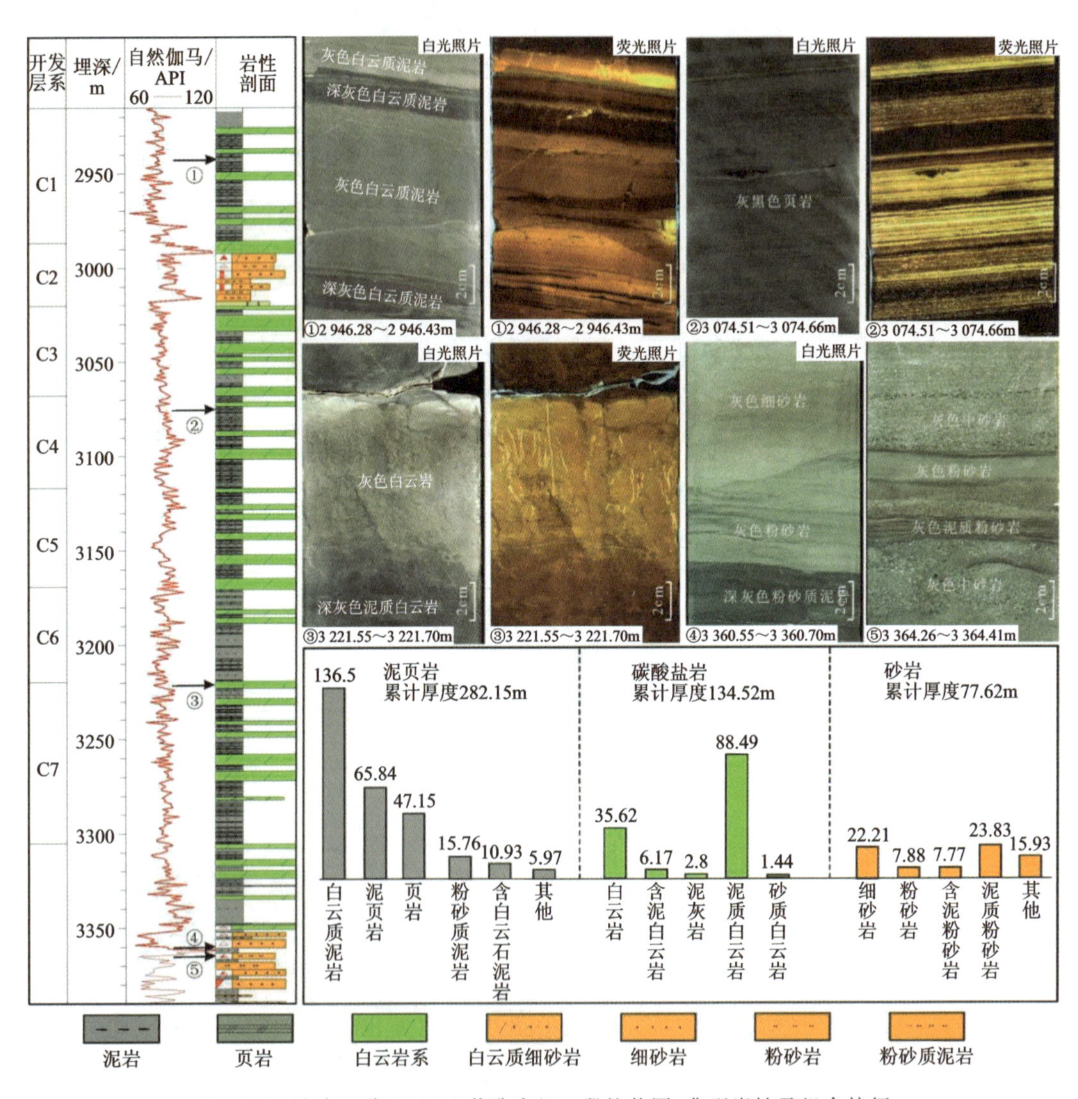

图 11-7　沧东凹陷 G108-8 井孔店组二段柱状图、典型岩性及组合特征

孔店组二段泥页岩黏土含量为 0～56％（平均 15.71％），长石、石英和碳酸盐矿物含量占 70％左右（周立宏等，2018）。官 108-8 井孔店组二段 647 块泥页岩样品全岩 X 射线衍射分析数据显示，长石和石英占 39％、黏土矿物占 18％、方沸石占 16％、碳酸盐矿物占 24％、黄铁矿占 2％。根据三端元四组分命名方法，岩性以长英质页岩、碳酸盐质页岩和混合质页岩为主。碳酸盐岩呈薄层状产出（厚度一般小于 2m），致密砂岩呈厚层状分布在 C3 层系。C1、C4、C6 层系长英质页岩占优势，碳酸盐质页岩累计厚度占 30％以下。C3、C5、C7 层系内碳酸盐质成分占比增加，碳酸盐岩累计厚度可达 30％～50％。

第二节　页岩油富集条件与有利区分布

一、页岩油富集条件

（一）页岩油富集的物质基础

1.有机质丰度高

沧东凹陷有机质丰度分析测试结果统计（表11-2）表明，Ek_2^1油组TOC质量分数平均值为2.06%，质量分数大于2%的样品占样品总数的51%；氯仿沥青"A"质量分数平均值为0.085 7%，质量分数大于0.1%的样品占样品总数的33%；H_C（总烃，即饱和烃和芳香烃）质量分数平均值为1 471.75×10^{-6}，质量分数大于500×10^{-6}的样品占样品总数的64%；S_1+S_2平均值为22.26mg/g，S_1+S_2值大于6mg/g的样品占样品总数的66%。Ek_2^2油组TOC质量分数平均值为3.11%，质量分数大于2%的样品占样品总数的85%；氯仿沥青"A"质量分数平均值为0.325 5%，质量分数大于0.1%的样品占样品总数的73%；H_C质量分数平均值为2 497.22×10^{-6}，质量分数大于500×10^{-6}的样品占样品总数的92%；S_1+S_2平均值为27.16mg/g，S_1+S_2值大于6mg/g的样品占样品总数的91%。Ek_2^3油组TOC质量分数平均值为3.50%，质量分数大于2%的样品占样品总数的80%；氯仿沥青"A"质量分数平均值为0.275 0%，质量分数大于0.1%的样品占样品总数的59%；H_C质量分数平均值为2 645.63×10^{-6}，质量分数大于500×10^{-6}的样品占样品总数的92%；S_1+S_2平均值为27.00mg/g，S_1+S_2值大于6mg/g的样品占样品总数的86%。根据陆相烃源岩有机质丰度评价标准，沧东凹陷Ek_2^1、Ek_2^2与Ek_2^3等3个油组富有机质泥页岩总体上均达到最好烃源岩级别，Ek_2^2和Ek_2^3油组均优于Ek_2^1油组。按优质烃源岩划分方案，Ek_2^2和Ek_2^3两个油组的平均有机质丰度均达到了优质烃源岩级别。

表11-2　沧东凹陷孔店组二段富有机质泥页岩有机质丰度综合评价

层位	w(TOC)/%	样品数/块	w(氯仿沥青"A")/%	样品数/块	w(H_C)/×10^{-6}	样品数/块	(S_1+S_2)/(mg·g^{-1})	样品数/块	综合评价
Ek_2^1	0.01～9.40 2.06	73	0.001 0～0.709 8 0.085 7	48	35.76～4 850.06 1 471.75	11	0.04～104.27 22.26	32	最好
Ek_2^2	0.08～8.92 3.11	205	0.000 6～3.092 0 0.325 5	120	14.23～13 049.61 2 497.22	79	0.10～94.24 27.16	97	最好，优质
Ek_2^3	0.11～9.90 3.50	122	0.002 5～3.099 3 0.275 0	82	74.36～17 489.35 2 645.63	49	0.06～119.25 27.00	79	最好，优质

2.有机质类型多样且以生油母质为主

氢指数(I_H)和烃降解率(D)是岩石热解参数中反映有机质来源和类型的两个主要参数。

沧东凹陷孔店组二段富有机质泥页岩样品的热解分析表明，样品的 I_H 值普遍较高，大部分样品的 I_H 值大于 350mg/g，只有少数样品的 I_H 值小于 350mg/g；D 值也普遍较高，大部分样品大于 30%。Ek_2 有机质类型总体上以Ⅰ型和$Ⅱ_1$型为主。纵向上，Ek_2^3 油组 I_H 值为 33～973mg/g，平均值为 578mg/g；D 值为 2.7%～81.9%，平均值为 50.7%，反映其有机质类型以Ⅰ型和$Ⅱ_1$型为主，含少量$Ⅱ_2$型和Ⅲ型。Ek_2^2 油组 I_H 值为 29～872mg/g，平均值为 616mg/g；D 值为 4.7%～72.8%，平均值为 53.1%，反映其有机质类型以Ⅰ型和$Ⅱ_1$型为主，含少量$Ⅱ_2$型和Ⅲ型。Ek_2^1 油组 I_H 值为 50～959mg/g，平均值为 553mg/g；D 值为 4.7%～81.5%，平均值为47.6%，反映其有机质类型以Ⅰ型和$Ⅱ_1$型为主，含少量$Ⅱ_2$型和Ⅲ型。

I_H-T_{max} 关系图（图 11-8）中，数据点主要集中于中上部，反映 Ek_2^1、Ek_2^2 与 Ek_2^3 油组的有机质类型均以Ⅰ型和$Ⅱ_1$型为主，含少量$Ⅱ_2$型和Ⅲ型。纵向上，Ek_2^2 和 Ek_2^3 油组的有机质类型均优于 Ek_2^1 油组。

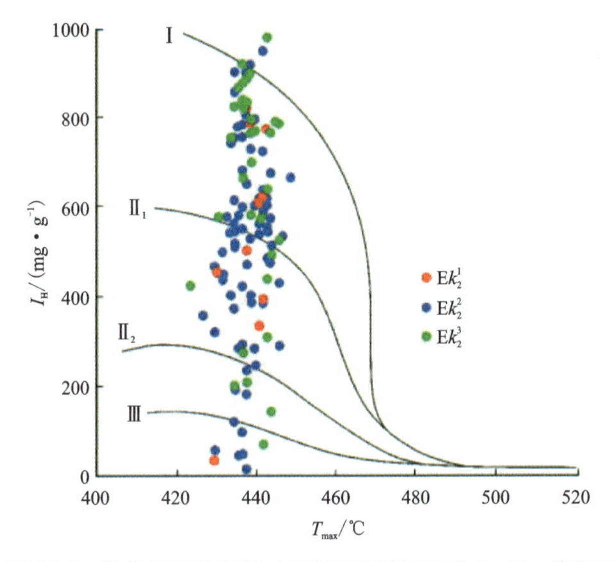

图 11-8　沧东凹陷孔店组二段富有机质泥页岩 I_H-T_{max} 关系图

3. 优质烃源岩分布范围广

纵向上，Ek_2^1 油组有机质富集段主要位于该油组的下部；Ek_2^2 油组有机质丰度整体较高，TOC 随深度增加有增大的趋势，最富集段主要位于该油组的下部；Ek_2^3 油组有机质丰度纵向分布较均匀，有机质富集段主要位于该油组的中上部。平面上，3 个油组的有机质丰度均呈环状分布。其中，Ek_2^1 油组有机质丰度在王官屯地区及其周边均较高，其次为风化店及小集地区，有机质丰度向西南及东北一带逐渐变差。Ek_2^2 油组 TOC 质量分数大于 3%的面积相对增大，有机质丰度高值区主要分布于王官屯地区，其次为风化店及肖官屯地区，G995 井 Ek_2^2 油组 TOC 质量分数平均值达 5.47%，Z68-12 井 Ek_2^2 油组 TOC 质量分数平均值达 5.03%。Ek_2^3 油组 TOC 质量分数大于 3%的面积相对 Ek_2^2 油组又有所增大，有机质丰度高值区主要分布于枣园和王官屯地区，其次为风化店及肖官屯地区，G995 井 Ek_2^3 油组 TOC 质量分数平均值达

5.61%，Z68-12 井 Ek_2^3油组 TOC 质量分数平均值达 5.58%。

平面上，优质烃源岩呈环形分布于湖盆中部的半深湖—深湖相区（图 11-9），主力烃源岩面积达 1187km²，最大厚度达 369m，其中厚度大于 50m 的面积为 1071km²，厚度大于 200m 的面积达 270km² 以上。烃源岩最大厚度区主要分布于湖盆中部枣 45-孔南 9-官 128 井区及官东 13-官东 14-官东 15 井区，平均厚度在 250m 以上，面积达 140km²，为页岩油的形成与富集提供了充足的物质基础。

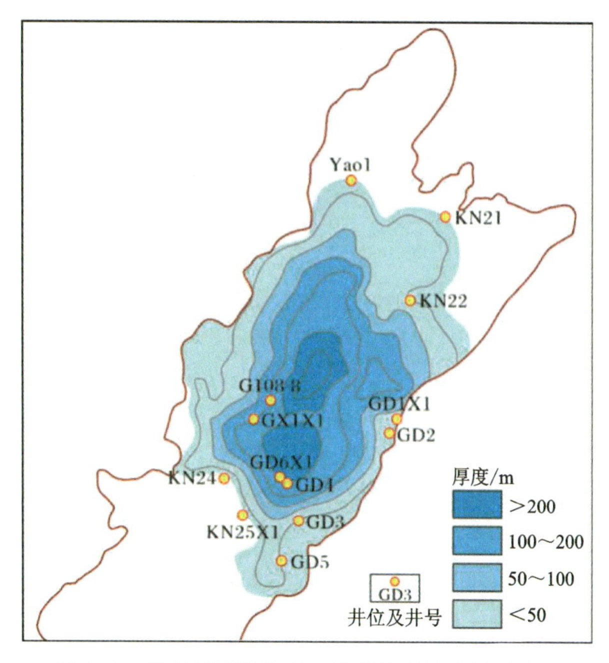

图 11-9 沧东凹陷孔店组二段页岩油厚度平面分布

(二)页岩油富集可动的重要条件

1. 热演化程度决定游离烃含量

根据不同类型干酪根热模拟实验显示（图 11-10a），Ⅰ型、$Ⅱ_1$型、$Ⅱ_2$型、Ⅲ型干酪根单位有机碳含油率均随着 R_o的增大呈现先上升后下降的趋势。其中Ⅰ型干酪根在 R_o约为 0.82%时，单位有机碳含油率达到最大值；其他类型干酪根在 R_o约为 1.05%时，达到最大单位有机碳含油率。通过官 77 井样品（岩性为长英质页岩，TOC 为 5.24%）常规热压模拟实验及干酪根溶胀实验（图 11-10b），定量刻画了不同热演化阶段吸附油、滞留油及排出油演化曲线。结果显示：烃源岩中滞留烃在 R_o为 0.82%时达到最大，占总生烃量的 60%；R_o为 0.77%～0.92%时，滞留烃量均能达到总生烃量的 50%以上，是页岩油最有利的演化范围。

孔店组二段烃源岩的热演化成熟度主要为 0.6%～1.2%（图 11-10），处于主要生油阶段，烃源岩滞留烃量占总生烃量的 15%～60%。通过对官 108-8 井与官东 14 井同一层段、不同岩类的热演化程度和地球化学热解资料分析发现，官 108-8 井 SQ$Ek_2^1$⑨层序处于较低成熟度演化阶段（R_o为 0.68%），有机质孔发育程度较低，三大岩类中含灰白云质页岩赋存的游离烃

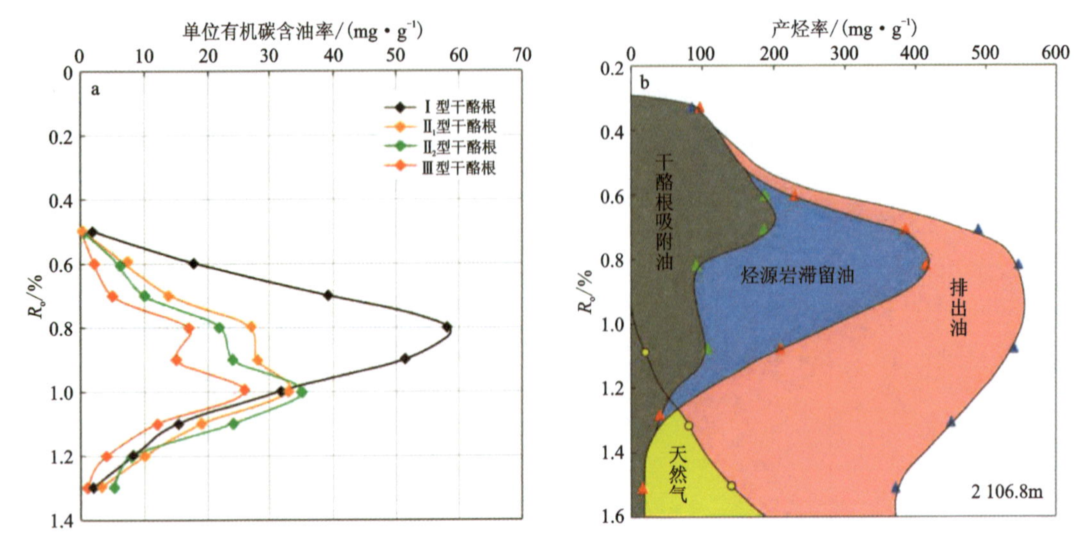

图 11-10 沧东凹陷孔店组二段不同类型干酪根生烃模拟(a)与页岩游离烃含量随热演化变化趋势图(b)(官 77 井)

S_1最多(含量为 1.1mg/g);官东 14 井 SQE$k_2^1$⑨层序处于较高热演化阶段(R_o为 0.96%),有机质孔更加发育,滞留烃量明显增加,长英质页岩和混合质页岩中的游离烃 S_1高于含灰白云质页岩(平均可达 3.5mg/g)。这进一步揭示了热演化程度对有机质孔的发育程度及游离烃的富集程度具有明显的控制作用。

2. 热演化程度影响页岩油产量

通过对 20 余口直井孔店组二段试油产量与埋藏深度的分析发现(图 11-11),埋深在 2700m 以深有页岩油产出,试油深度段主要集中于 2700～4300m,且随着深度的增大产量有增加的趋势。试油产量高于 10t/d 的井段,其深度基本都在 3300m 以深。直井试油产量最高的井为官 1608 井,试油段深度为 4100m,产油量为 47.1t/d;水平井试油产量最高的井为官东 1701H 井,试油段深度平均为 3 851.53m(垂深),最高产油量为 66.8t/d,气油比为 82.27,这是因为随着热演化程度提高,干酪根热降解生成的烃类的分子量不断减小,气油比不断增大,原油密度和黏度不断变小,更利于地层中烃类的流动。平面上,页岩层系 70 余口见到油气显示的过路井基本都分布于 R_o>0.5%的成熟区域(图 11-12)。因此可见热演化程度不仅影响页岩层系中滞留烃量,同时对滞留烃的相态具有控制作用,适中区间内较高的热演化程度可提高烃类气油比、降低干酪根吸附油量、增强烃类流动性,从而有利于提高单井页岩油产量。

(三)页岩油富集的关键要素

1. 页岩基质孔缝发育

孔店组二段泥页岩孔缝类型多样,孔隙类型主要包括残余粒间孔、溶蚀孔、铸模孔、晶间孔、晶内孔、有机质孔等,裂缝类型主要包括纹层间裂缝、异常压力缝和成岩收缩缝 3 种类型。

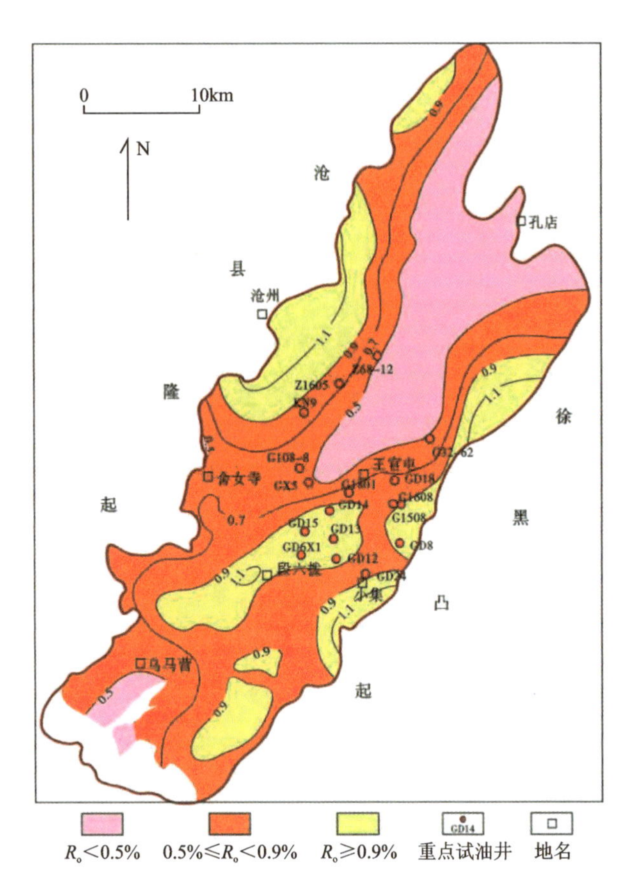

图 11-11 沧东凹陷孔店组二段热演化程度图

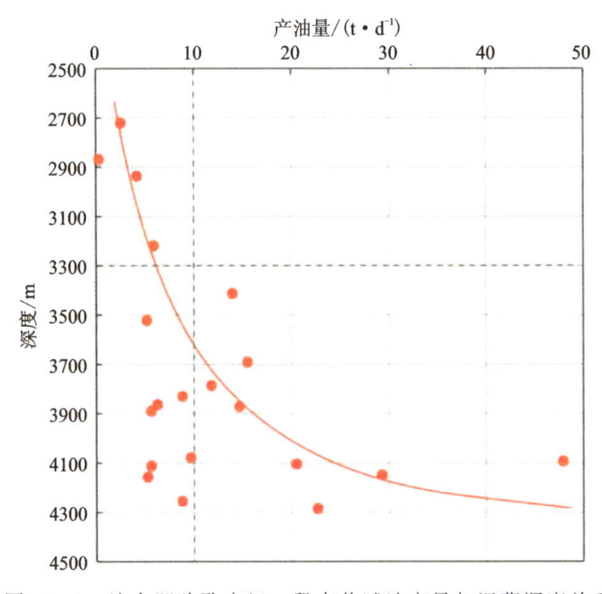

图 11-12 沧东凹陷孔店组二段直井试油产量与埋藏深度关系

粒间孔。孔店组二段泥页岩中长石和石英碎屑含量较高，残余粒间孔较发育，孔隙直径一般可达 10～30μm(图 11-13a～c)。

溶蚀孔、铸模孔。长石和白云石等矿物易被溶蚀，形成溶蚀孔(图 11-13d～h)、铸模孔(图 11-13i～j)：当溶蚀作用较弱时，矿物颗粒内部或边缘形成单个、数个或蜂窝状溶蚀孔，直径可达 2～6μm；当溶蚀作用较强时，颗粒被大面积溶蚀或被完全溶蚀形成铸模孔，孔隙直径与沉积物粒径相当，孔隙直径可达 30μm 以上。

晶间孔、晶内孔。泥页岩自生石英(图 11-13b)、长石(图 11-13k)、方解石和白云石等矿物晶体之间发育较大的晶间孔，最大可达 13μm，但整体上晶间孔比粒间孔要小一个数量级。伊利石、绿泥石和蒙脱石等黏土矿物易发生塑性变形(图 11-13l)，在压实作用下，黏土矿物晶间以纳米级微孔为主。晶内孔为矿物晶体内部微小孔隙，多发育于黏土矿物(图 11-13m～o)、云母(图 11-13p)、黄铁矿等片状或簇状分布的矿物中，晶内孔以纳米级孔隙为主，分散状绿泥石和蒙脱石晶间孔可达 2μm。晶间孔的孔径分布不均、孔径较小，晶间纳米级孔隙广泛存在于页岩中。

有机质孔。包括有机质内孔(图 11-13q～r)、有机质与其周围颗粒之间孔隙(图 11-13s)，呈圆形、椭圆形或不规则状。

纹层状页岩内长英质纹层、黏土质纹层和碳酸盐质纹层呈互层状产出，长英质纹层内长石和石英颗粒分布相对集中，黏土质和碳酸盐质胶结物含量低，粒间孔隙发育，且溶蚀孔和粒间孔形成叠置效应。长英质纹层具备较好的储集性能，在荧光下一般呈黄褐色，长英质纹层一般呈黄褐色荧光，指示较好的含油性特征(图 11-14a)。泥岩矿物分异程度低，呈块状结构，长英质碎屑颗粒分散在黏土质和碳酸盐质基质中，孔隙间连通性较差，储层相对致密，基质渗流条件差。

微裂缝。包括纹层间裂缝、异常压力缝和成岩收缩缝 3 种类型。纹层间裂缝是沿纹层面发育的裂缝，其形成原理与层理缝相似，一般为走滑压应力作用下沿薄弱纹层面发育的顺层缝，是湖相页岩中比较常见的一种裂缝，开度为几微米到几十微米(图 11-14c)。层间缝被斜交的构造裂缝相互连通，形成非常好的连通裂缝网，改善了页岩的渗流能力。异常压力缝(图 11-14d)与有机质生烃时形成的轻微超压而使页岩储层破裂有关，缝面呈不规则状，在荧光薄片下可见开度约为 20μm 的异常压力缝，裂缝被沥青充填(图 11-14d)。成岩收缩缝是指页岩成岩过程中由于岩石收缩体积减小而形成的微裂缝，主要与干缩作用、脱水作用、矿物相变或热力收缩作用相关(张磊磊等，2016)，其延伸长度在 10～20μm 之间，开度在 0.5～1μm 之间(图 11-14e～h)，在扫描电镜下见有相通的成岩收缩缝。

薄层碳酸盐岩呈块状结构，层理不发育。相对于泥页岩、砂岩、白云质页岩等岩性，白云岩、泥质白云岩更容易形成构造缝(图 11-14i～k)。白云岩岩芯高角度、低角度和顺层缝形成复杂缝网结构，开度较大的在 1～2mm 之间。其特点为分布广泛、延伸长，产状比较稳定。薄片下见有开度为微米级的较小裂缝，常被方解石或油质沥青充填(图 11-14d、l)。G108-8 井 965 块普通薄片、荧光薄片和铸体薄片照片显示，76.9%的样品见有裂缝发育，裂缝型白云岩是孔店组二段重要的储层类型之一。

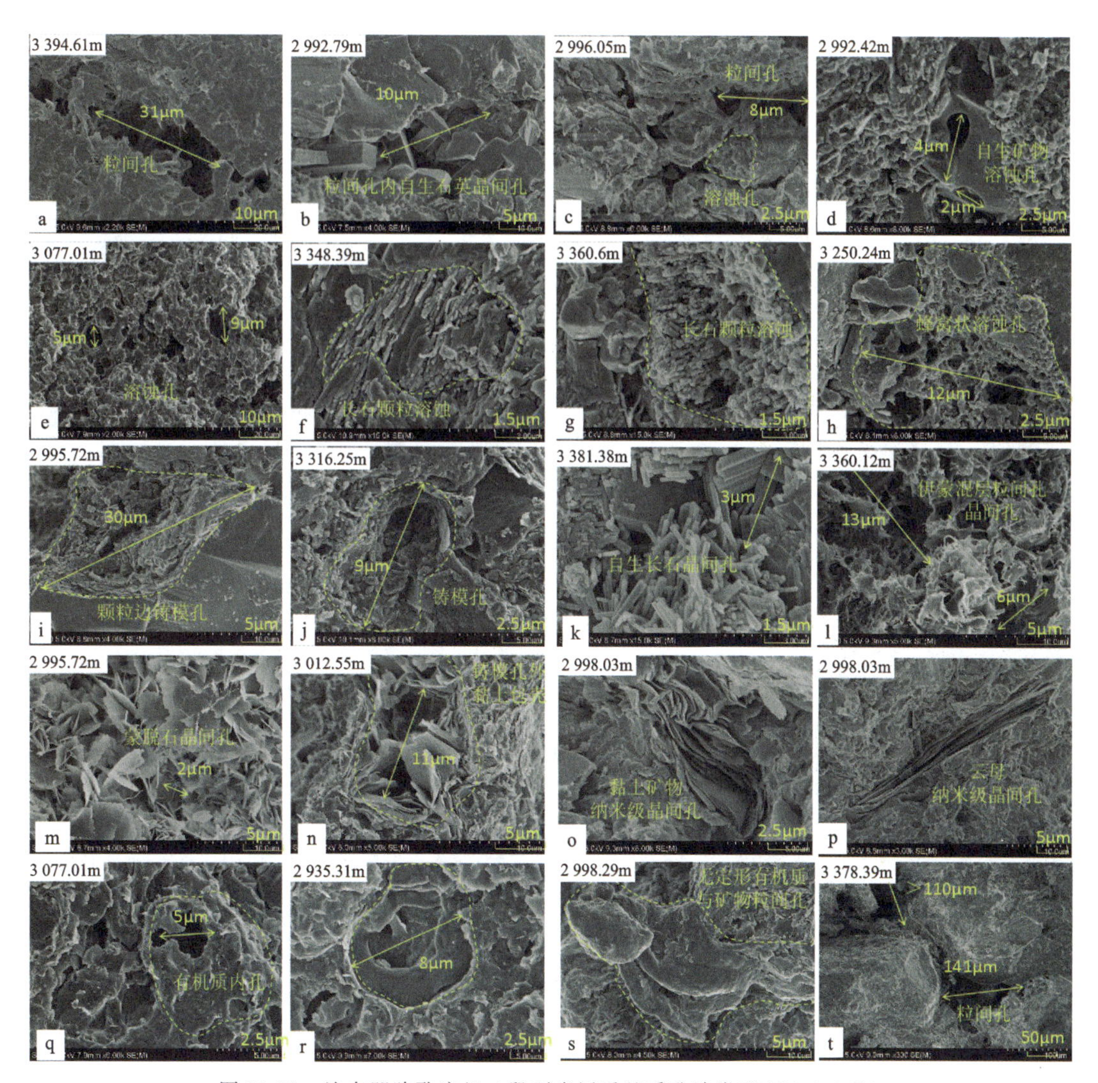

图 11-13　沧东凹陷孔店组二段页岩层系基质孔隙类型(G108-8 井)

2. 纹层型页岩基质孔隙之间连通性较好

纹层的发育程度对页岩油富集的影响主要体现在两个方面:①影响有机质的赋存方式。纹层比较发育的地层,有机质顺层富集,有机质孔顺层集中,同时生烃过程中形成的酸性流体对上、下紧邻长英质或碳酸盐纹层的溶蚀改造规模大,易于形成顺层密集的溶蚀孔,更有利于油气聚集和运移。②顺层有机质与岩层之间的结合力相对薄弱,生烃增压过程中易于形成大量层理缝,与顺层发育的大量有机质孔及无机质孔等构成优势缝-孔系统,有利于页岩油的储集、渗流及保存。这种优势缝-孔的耦合控制了页岩油的富集与流动。

测试页岩样品(埋深 3 252.31m)岩芯见纹理结构、韵律构造:石英 23%、长石 26%、白云石 20%、方解石 6%、黏土矿物 14%、方沸石 10%、黄铁矿 1%;有机碳含量 2.85%,热解 S_1 3.04mg/g。该样品饱和核磁共振 T_2 谱时间分布在 0.1~103.69ms 之间、孔隙度 2.50%,孔

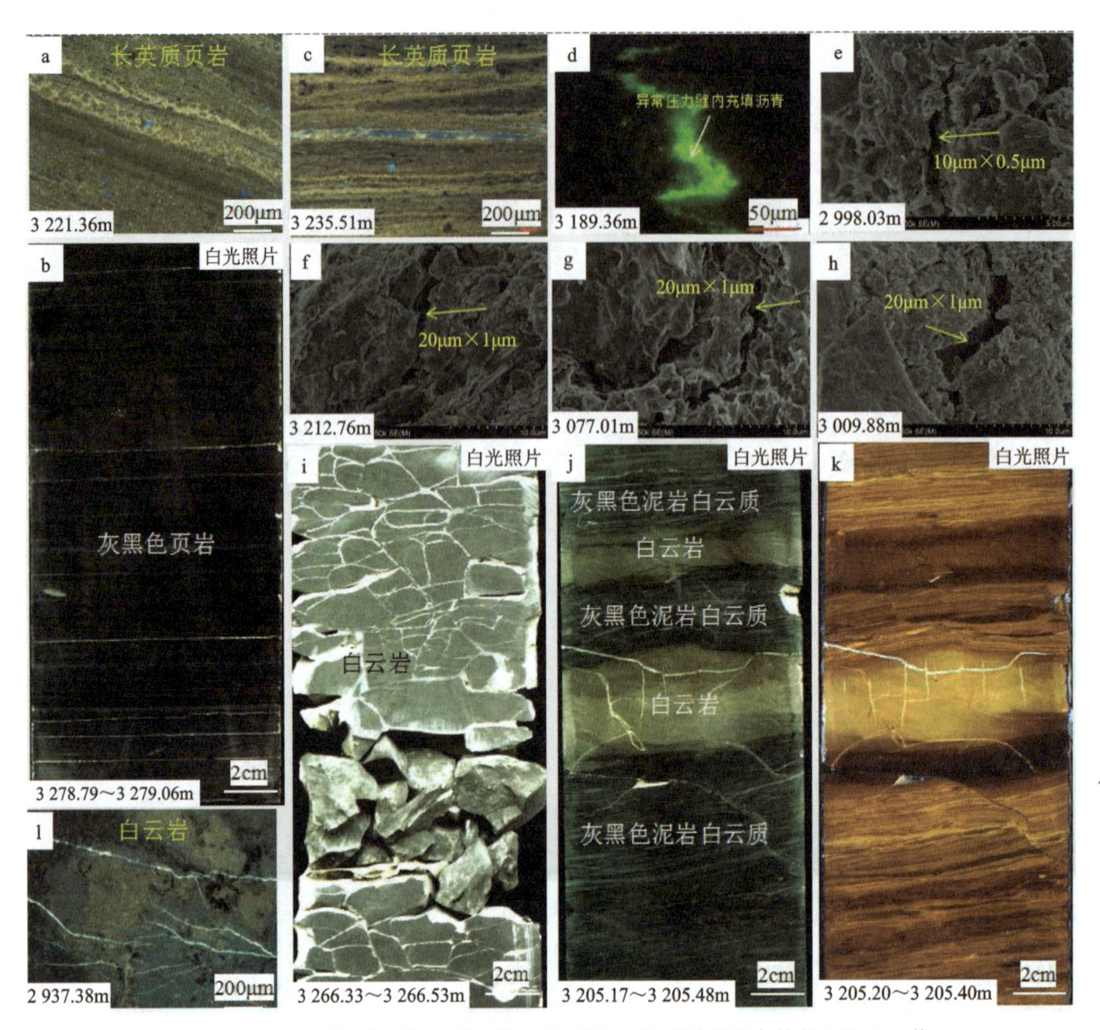

图 11-14　沧东凹陷孔店组二段页岩层系不同尺度下裂缝发育特征(G108-8 井)

隙度分量峰值对应 T_2 谱峰值 1.85ms；离心后 T_2 谱时间分布在 0.06～93ms 之间、孔隙度 1.06%，孔隙度分量峰值对应 T_2 谱峰值 1.85ms(图 11-15)。孔隙连通率为 56.7%。大孔对应 T_2 弛豫时间大于 10ms(高树生等，2016)。该样品饱和大孔占 0.62%，离心后大孔占 0.21%，推算大孔之间的连通率为 66.13%。饱和中孔、小孔和微孔孔隙度分量为 1.88%，离心后为0.85%，中孔、小孔和微孔之间连通率为 54.78%，说明孔隙之间连通性相对较好。测试样品含油饱和指数(OSI)为 106.7mg/(g·TOC)，说明该类储层同时也具有较好的生烃和含油特征，基质渗流条件较好，页岩油开发动用潜力大。

(四)页岩油富集的必要条件

1. 顶、底板封堵条件优

顶、底板可以是区域性盖层，也可以是与烃类富集层紧邻的局部致密岩层，其封堵能力对页岩油滞留和保存具有重要影响，特别是断陷型盆地页岩油富集对顶、底板的封闭能力要求

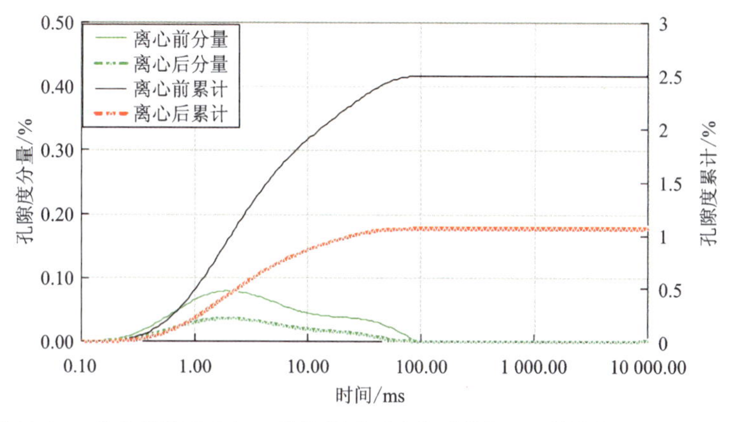

图 11-15 沧东凹陷孔店组二段纹层型页岩核磁共振 T_2 谱分布图(G108-8 井)

更高。沧东凹陷孔店组二段页岩油取得重要突破与其上部发育有厚 50～100m 的区域性块状泥岩顶板、下部发育厚 60～90m 的区域性块状泥岩底板紧密相关(图 11-16)。顶、底板主要以呈块状结构、低有机质丰度、低电阻率为典型特征,其储集性、含油性、脆性等均较差,为孔店组二段页岩油的滞留与富集提供了重要封堵条件。

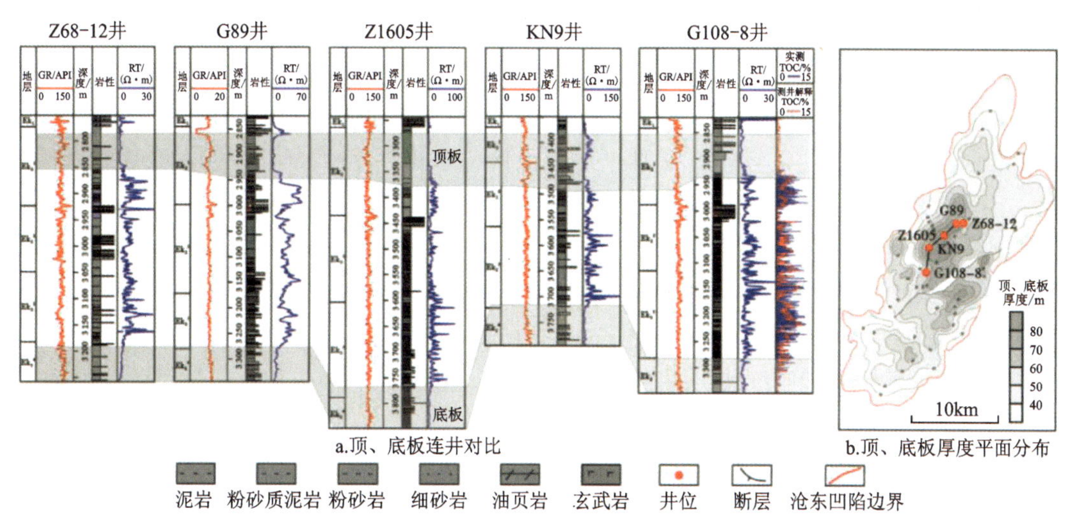

图 11-16 沧东凹陷孔店组二段顶底板展布特征

此外,邻近页岩油靶层的致密岩层的封闭性也十分重要。沧东凹陷页岩油水平井随钻测试中在入窗点可观察到两类 SV 含量变化曲线:①突变型 S_1 含量曲线,S_1 含量在进入靶层后突然增高,主要分布于构造相对稳定的区块,如 1 号平台官页 1-1-9Y 井(图 11-17a)、5 号平台官页 5-1-9 井与官页 5-3-1 井;②渐变型 S_1 含量曲线,随着与靶层距离越近 S_1 含量逐渐升高,在进入靶层后达到高值,主要分布于构造相对活跃的区块,如 1 号平台官页 1-1-3 井与官页 1-1-5井(图 11-17b)。两类 S_1 含量变化曲线反映了靶层邻近岩层封闭能力的差异,相较于渐变型 S_1 含量变化曲线,突变型 S_1 含量变化曲线对应的靶层邻近岩层的封闭性更好,实际生产资料也证实 S_1 含量变化曲线呈突变型的水平井的页岩油产量较高(图 11-17c)。

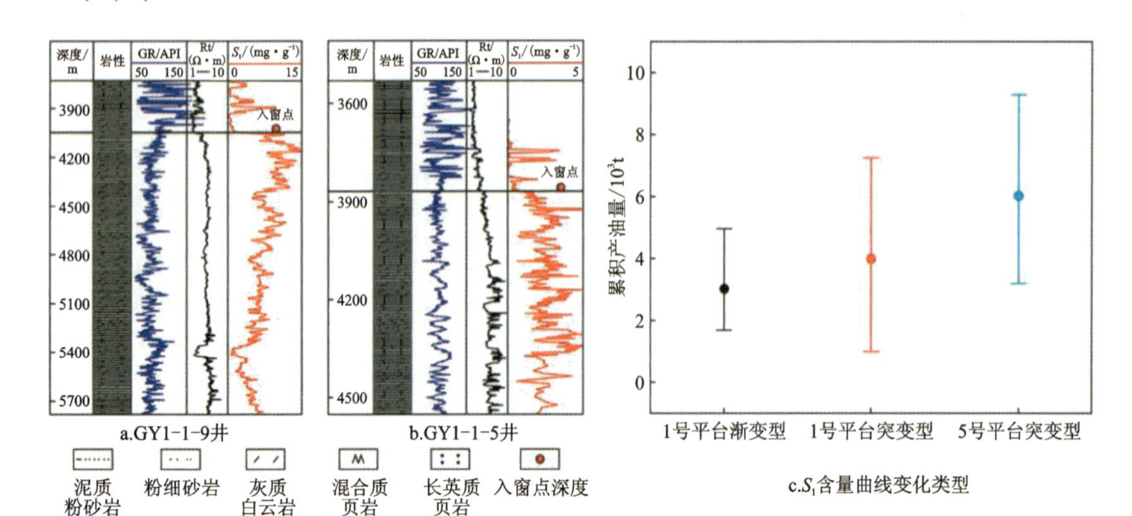

图 11-17　沧东凹陷孔店组二段 S_1 含量曲线类型及对应水平井产量

2. 断裂破坏程度弱

断陷盆地断层的活动强度、活动期及其与成藏期匹配关系对页岩油滞留具有重要影响。早于生/排烃期活动的断层可产生大量微裂缝，为页岩油提供良好的滞留空间；排烃期及以后发育的活动断层可作为沟通页岩与外圈砂岩的通道，使页岩油发生逸散。

沧东凹陷边界断层沧东断层、徐西断层和内部孔东断层、孔西断层控制了孔店组二段展布，在风化店、孔西、孔东、小集等地区发育多个断裂构造带。目前沧东凹陷页岩油主力探区位于南皮斜坡小集断裂构造带的 1 号与 5 号井场。其中，1 号井场位于小集断层的西南部，5 号井场位于段六拨断层附近，小集断层呈北东走向与孔东断层交会，在 1 号井场处发育大量四级断层，而段六拨断层构造较稳定，在 5 号井场附近四级断层不发育（图 11-18a）。统计各水平井钻探靶层距邻近四级断层的距离与首年折算千米累积产油量的相关性可以看出，位于 1 号井场距井场旁四级断层较近的页岩油水平井的首年折算千米累积产油量较低。随着距井场旁四级断层距离的增加，累积产油量呈逐渐上升的趋势，在距离为 450～550m 处产量达到峰值；距离大于 550m 后，由于天然裂缝发育较少，页岩油滞留空间减少，导致水平井首年折算千米累积产油量略有下降（图 11-18b）。

沧东凹陷为典型的复式油气聚集区带，下部孔店组二段页岩作为烃源岩，上部广泛沉积的孔店组一段砂岩作为储集层，断层构成烃类向孔店组一段储层运移、聚集形成常规油藏的通道。凹陷内部小集断层在沙河街组一段—东营组沉积期活动性最强，段六拨断层主要在沙河街组三段沉积期活动，沙河街组一段—东营组沉积期活动性较弱。流体包裹体成藏期次分析确定孔店组二段页岩大量生烃时间约为 32.4Ma（沙河街组三段沉积末期）与 11.2Ma（馆陶组沉积末期），晚于段六拨断层的主要活动期而早于小集断层的活动期。因此，5 号井场孔店组二段页岩油成藏时空耦合较 1 号井场更有利，井场水平井的平均首年折算千米累积产油量大于 1 号井场，而孔店组一段常规油藏资源量约为 1 号井场的 39.3%，整体呈现此消彼长的变化趋势（图 11-18c）。

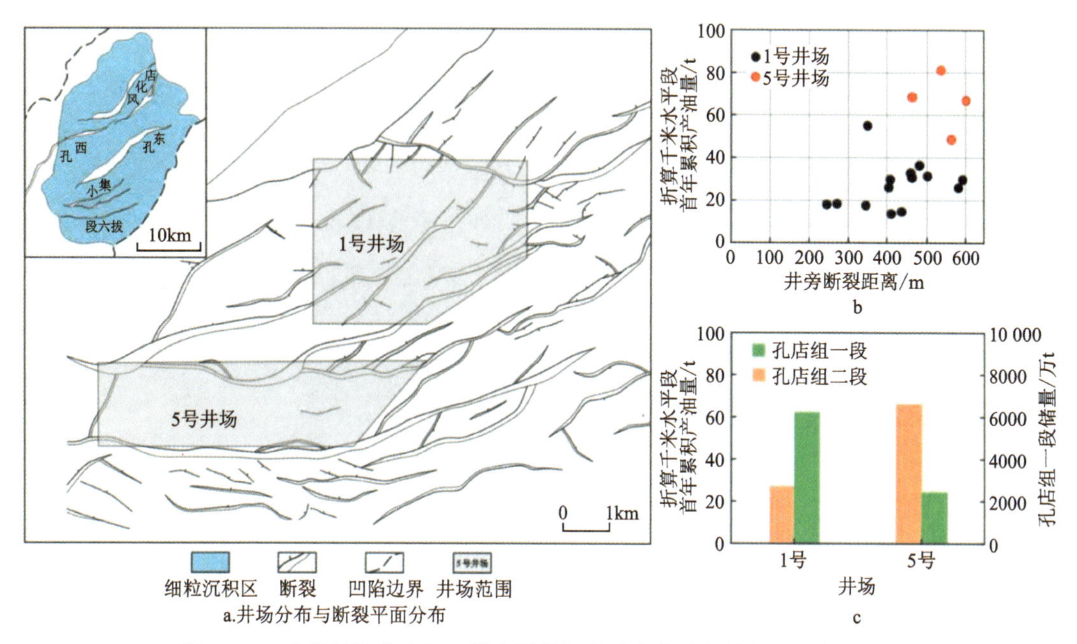

图 11-18　黄骅坳陷孔店组二段水平井折算千米水平段首年累积产油量与断裂距离相关性及不同平台孔店组一段储量与孔店组二段累积产油量

(五)较高脆性页岩体积压裂改造

1.脆性指数评价方法

细粒沉积岩具有岩石致密、低孔低渗和储集空间规模小等特征,其内部存储的油气有相当一部分以吸附态存在,采用常规开采技术难以获得工业产能,因此必须对其进行压裂改造(Jin et al.,2014)。借鉴 Rickman 总结的基于杨氏模量和泊松比归一化(无量纲化)的页岩气地层脆性指数计算方法(Rickman et al.,2008),在 25MPa 围压下,沧东凹陷孔店组二段细粒沉积岩脆性指数为 8.21～64.49,平均值为 35.25。针对孔店组二段细粒沉积岩脆性特征研究表明,石英和碳酸盐矿物脆度与工程力学参数脆度的相关性较好。

工程脆性指数与矿物成分脆性指数之间的相关性较差(图 11-19),显示出不同矿物对储层脆性的贡献程度不同,通过回归方法得到脆性指数的计算公式:

$$\begin{aligned}\text{脆性指数}=&\text{石英含量}+0.63\text{白云石含量}+0.52\text{长石含量}+0.25\text{方解石含量}\\&+0.2\text{黄铁矿含量}+0.18\text{方沸石含量}+0.02\text{黏土矿物}\end{aligned} \tag{11-1}$$

利用矿物成分通过回归方程得到的脆性指数称为回归脆性指数,回归结果表明石英对脆性贡献最大,白云石、长石次之,方解石、黄铁矿、方沸石影响较弱,黏土矿物对脆性贡献最小。矿物组分法获得的狭义和广义脆性指数与工程脆性之间的相关性较差,回归方程计算出的回归脆性指数与工程脆性指数之间的 R^2 为 0.799,显示出较好的相关性(图 11-19),基于回归方程脆性指数可以被用来代替工程脆性指数评价,以此弥补传统矿物组分法的不足。

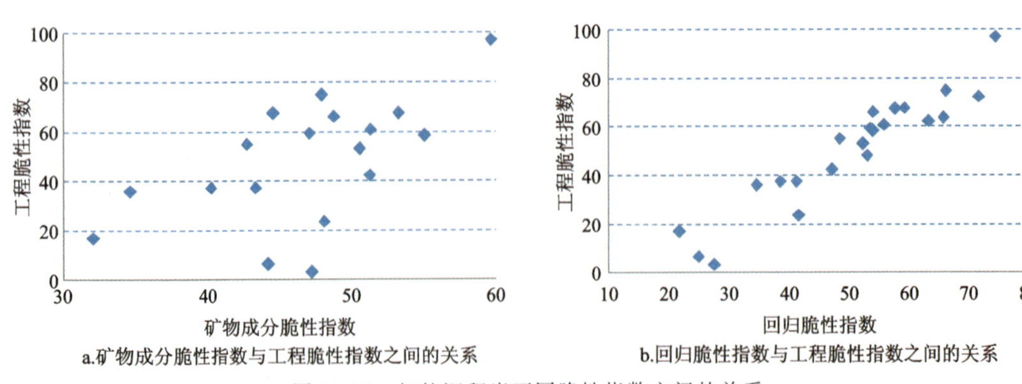

图 11-19　细粒沉积岩不同脆性指数之间的关系

2. 页岩脆性评价

研究表明，脆性指数小于 25 时，岩性以粉砂质泥岩、泥岩为主，压裂造缝效果较差，需要使用较高浓度和较大量的压裂支撑剂；脆性指数为 30 时，易形成多缝；脆性指数大于 40 时，易形成缝网和多缝过渡态（唐颖等，2012）。Barnett 页岩 T. P. Sims 井脆性指数为 46.4%（任战利等，2014），该井的压裂取得良好效果，参考此脆性指数值，把脆性指数大于 46.4%作为工程“甜点”。

通过回归脆性指数计算公式，利用沧东凹陷孔店组二段 967 个实测 X 射线衍射结果计算细粒沉积岩回归脆性指数。沧东凹陷孔店组二段细粒长英质沉积岩 75%的样品脆性指数分布在 46%～55.5%之间，平均为 51.5%（图 11-20）。碳酸盐岩 75%的样品脆性指数分布在 42.3%～51.7%之间，平均为 47%。细粒混合沉积岩 75%的样品脆性指数分布在 40%～48%之间，平均为44.8%。若按脆性指数 40%为工程“甜点”，则孔店组二段细粒沉积岩均具有较高的脆性，工程改造易形成复杂裂缝网络。如若按脆性指数 46.4%为工程“甜点”，沧东凹陷孔店组二段细粒长英质沉积岩、50%的碳酸盐岩和 25%的细粒混合沉积岩可视为工程“甜点”。在压裂过程中，可把细粒长英质沉积岩和碳酸盐岩作为优势岩相，用来优化压裂方案。

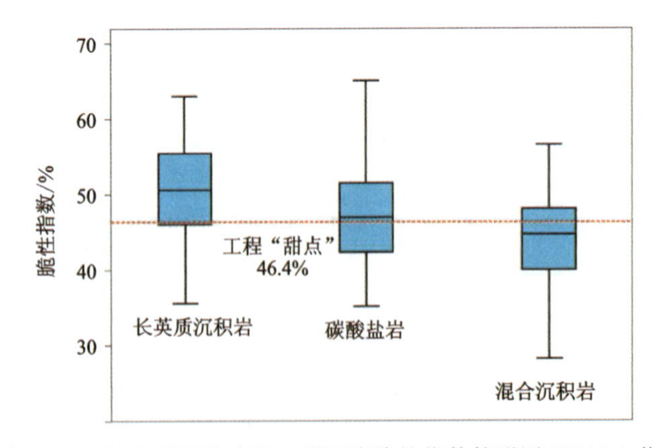

图 11-20　沧东凹陷孔店组二段页岩脆性指数箱形图（G108-8 井）

二、勘探开发有利区优选

1.富集层及有利区优选标准

以生烃、储集、渗流、含油、可压和保存作为富集条件的基础，优选 R_o、TOC 含量、可动烃 S_1 含量、含油饱和度指数（OSI）、孔隙度、纹层密度、脆性指数作为孔店组二段页岩油富集层评价的核心参数，涵盖了页岩层段的含油性、储集性、渗流性及可压性 4 方面要素。通过分析不同参数对页岩型页岩油形成与富集的影响程度，采用量化赋权重的方法，对 7 项核心参数分别赋予权重系数，同时对每项参数进行 3 级分类并对每一级类别赋予一定权重系数，据此建立了页岩型页岩油有利层及有利区的定量优选评价标准（表 11-3）。通过将不同评价参数归一化后累加求和，得到钻探箱体综合评价指数 I_{BE} 的计算公式：

$$I_{BE} = \sum_{i=1}^{7} Q_i P \tag{11-2}$$

表 11-3　黄骅坳陷页岩型页岩油有利层及有利区定量评价标准

有利层/区类别及得分（10 分制）		评价指标及权重（百分制）						
		含油性				可压性	渗流性	储集性
		TOC/%（权重 15%）	S_1/(mg·g^{-1})（权重 20%）	OSI/(mg·g^{-1})（权重 15%）	R_o/%（权重 10%）	脆性指数/%（权重 20%）	纹层密度/（层·dm^{-1}）（权重 10%）	孔隙度/%（权重 10%）
Ⅰ	10 分	2.0～6.0	≥4	≥200	0.9～1.1	≥55	≥80	≥6
Ⅱ	6 分	≥6.0	2～4	100～200	0.7～0.9、1.1～1.3	40～55	40～80	4～6
Ⅲ	3 分	0.5～2.0	1～2	50～100	0.5～0.7、≥1.3	25～40	10～40	2～4

2.水平井钻探箱体评价优选

应用页岩型页岩油有利层及有利区定量评价标准及方法，在沧东凹陷孔店组二段页岩纵向上优选 C1③、C3⑧、C5⑫共计 3 套Ⅰ类页岩油富集层作为优先钻探箱体（图 11-21），单个箱体的厚度为 8～10m，岩性以纹层状长英质页岩为主，TOC 含量主要分布在 2.3%～5.1%之间（平均为 3.2%），S_1 含量主要分布在 6.1～11.0mg/g 之间（平均为 9.2mg/g），OSI 值主要分布在 6.1～11.0mg/(g·TOC)之间[平均为 9.2mg/(g·TOC)]，核磁共振孔隙度为 5.6%～9.8%（平均为 6.8%），脆性指数分布在 47.8～57.3 之间（平均为 50.5）。

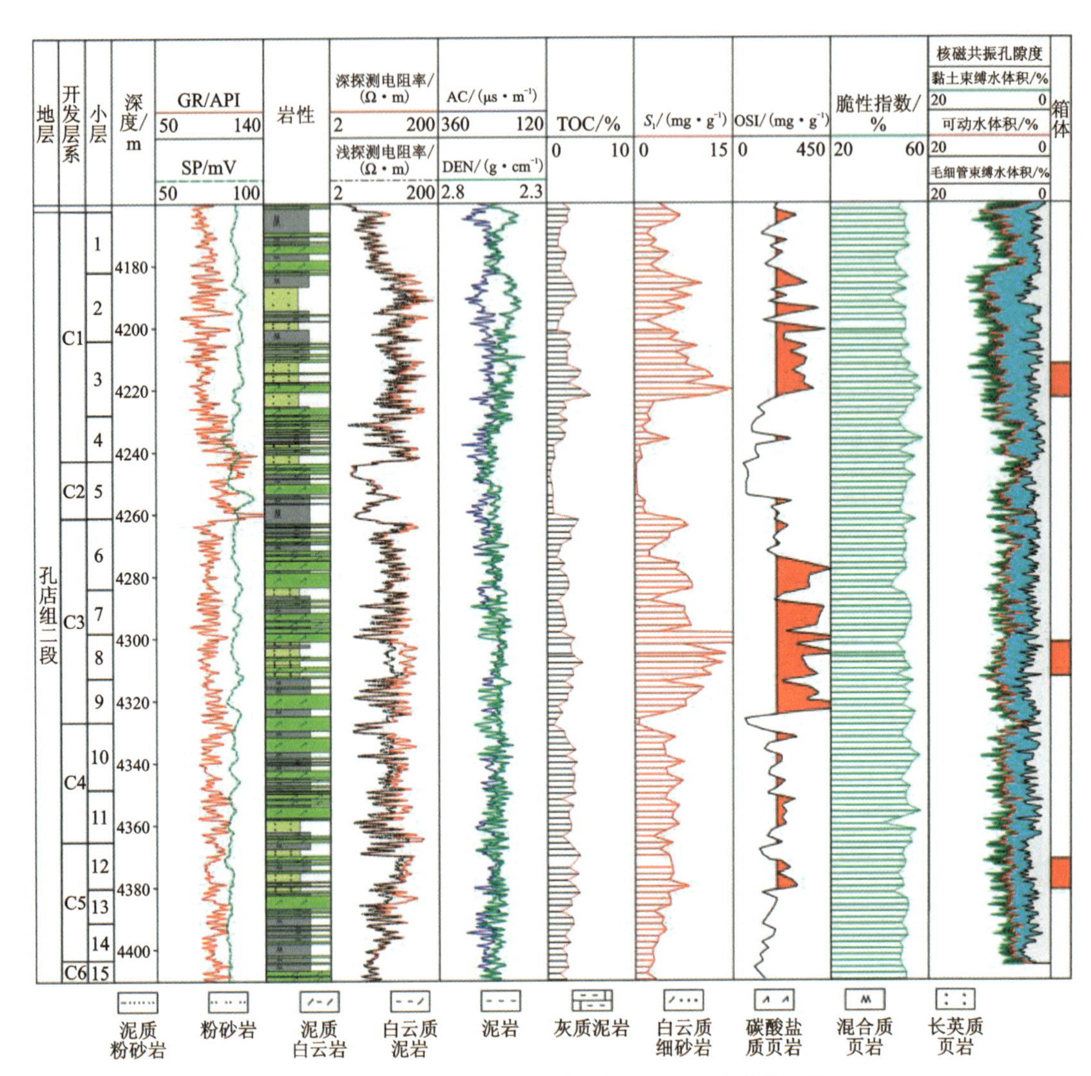

图 11-21　沧东凹陷官东 15 水平井孔店组二段箱体评价

3. 平面有利区分布

在岩芯观察描述及纹层密度统计的基础上，综合岩芯、岩屑 X 射线衍射全岩矿物分析、R_o、S_1 含量、TOC 含量、核磁共振孔隙度、脆性指数等测试资料，建立核心评价参数与敏感测井曲线之间的拟合关系，构建了测井解释模型，并应用于缺少实验数据的单井，形成多参数叠合的地质多井评价图。同时利用敏感测井曲线融合属性开展平面岩相预测，明确纹层状长英质页岩、灰质/白云质页岩等优势组构相的空间分布。通过地质多井评价和地震属性综合预测相结合，落实了黄骅坳陷古近系 3 套页岩重点钻探箱体的空间分布特征。其中，沧东凹陷孔店组二段 C1③箱体Ⅰ类页岩型页岩油勘探开发有利区面积为 125.1km²，落实页岩油资源量 1.64 亿 t(图 11-22)。

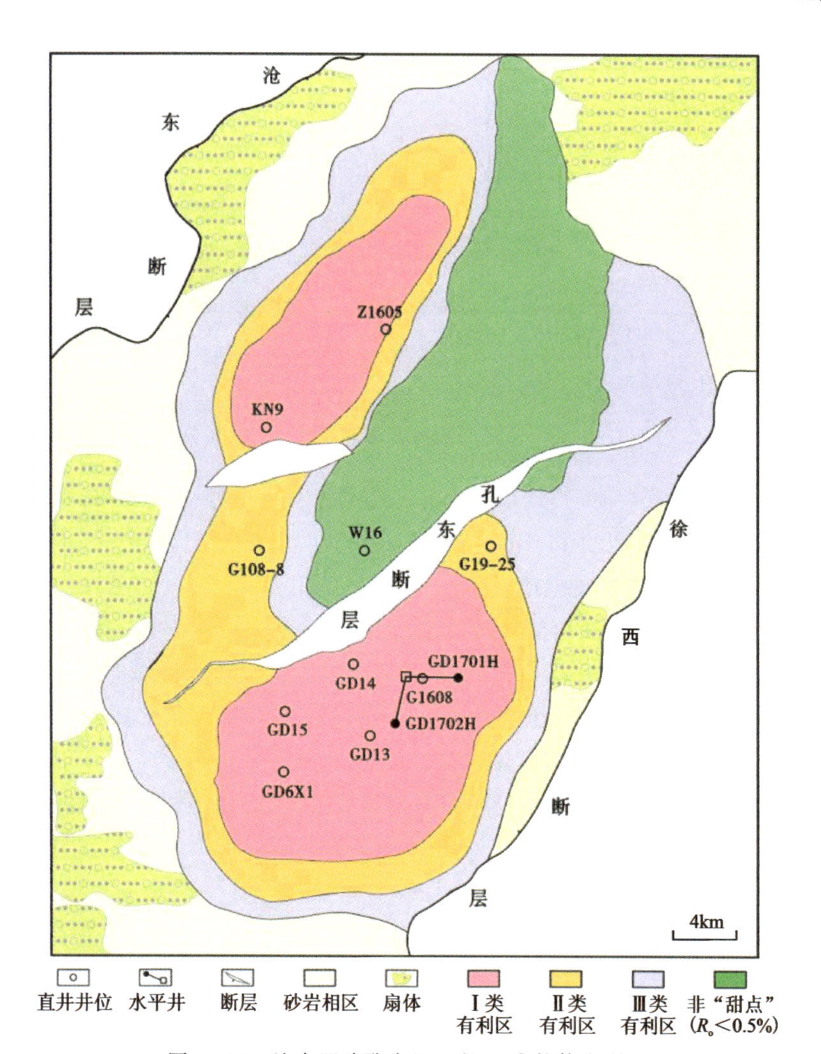

图 11-22 沧东凹陷孔店组二段 C1③箱体有利区

第三节 页岩油效益开发实践

大港油田借鉴致密油勘探开发经验，对黄骅坳陷孔店组二段页岩油进行了持续探索实践，先后经历了直井发现阶段、水平井突破阶段、产能评价阶段和效益开发阶段(图 11-23)，现已经具备规模效益开发的资源和技术基础。

一、直井发现阶段

早在 20 世纪 90 年代，孔店组二段泥页岩含油评价引起注意，Jia6 井泥页岩段见油气显示，2 561.4～2 663.9m，36.5m/4 层，试油日产水 0.17t，试油显示泥页岩储层致密，不具备产液能力，孔店组二段泥页岩勘探也进入停滞阶段。2011 年，枣 68-12 井孔店组二段 3135～3156m 气测全烃 0.83%～98.47%(平均为 18.87%)、电阻率 11.75～44.43Ω・m(平均为

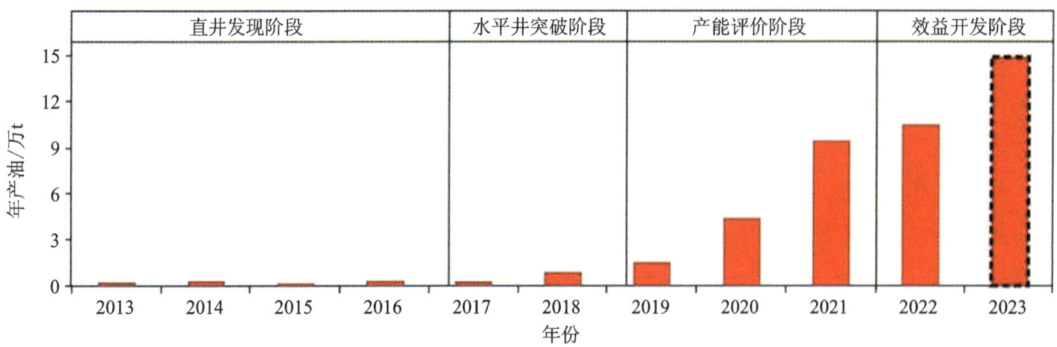

注:2023年产量为预估产量。

图 11-23　沧东凹陷页岩油勘探开发阶段划分

25.99Ω·m),试油获自然产能,其日产油8.63t、累计产油14.06t;2012年,孔南9井,3402～3424m,日产油5.42t、累计产油11.87t。

2013年,为探索页岩油富集规律,利用官108-8井孔店组二段494.29m岩芯1.2万余块各类分析数据,综合研究认为孔店组二段泥页岩具有良好的生烃条件、一定的储集空间、明显的含油气特征,脆性矿物含量较高,空间上连续稳定分布,整体含油气,"甜点"段富集高产。孔店组二段共识别出7个"甜点"层(C1～C7),单层厚度10～37m,累计厚度100～200m。2013—2016年,沧东凹陷孔店组二段先后15口直井试油获工业油流,日产油5～46t、累计产油68～1541t,直井压裂后初期产量差异大,且均具有递减快、稳不住和累产低的特点。

二、水平井突破阶段

为进一步提高单井产量,2017年优选官东地区孔店组二段C1"甜点"作为勘探突破点,部署实施官东1701H和官东1702H两口页岩油先导试验水平井:官东1701H井水平段942m,最高日产油76m^3,稳定生产652d,累计产油8964m^3、累计产气64.1万m^3、EUR为1.83万t;官东1702H井水平段1286m,最高日产油61m^3,稳定生产667d,累计产油12 080m^3、累计产气62.1万m^3、EUR为2.32万t。两口页岩油先导试验井获高产稳产工业油流,实现了陆相断陷湖盆页岩油勘探突破。

三、产能评价阶段

2019—2021年,在勘探获得突破基础上,优选沧东凹陷有利区实施产能评价井,在11个平台实施水平井42口,探索不同"甜点"层、不同水平段长度、不同水平井方位、不同井间距、不同储层改造方式的页岩油产能,总结形成了适合黄骅坳陷的页岩油开发模式,页岩油日产油量3年上了3个台阶,2021年建成10万t/年生产能力,率先在渤海湾盆地实现湖相页岩油工业化开发。由于湖相断陷湖盆页岩油地质特征的复杂性,产能评价阶段页岩油效益开发主要面临以下3方面难题。

(1)页岩油主力产层尚未明确,陆相复杂断块"甜点"平面追踪难度大,最优钻探箱体和最佳钻探模式尚未建立。官108-8井孔店组二段494.29m取芯段中泥页岩厚度约370m,按照可动烃S_1含量大于2mg/g作为Ⅰ类"甜点"层划分标准,该井识别出Ⅰ类"甜点"层厚度

156m，单层厚度30～40m。针对此标准优选的Ⅰ类“甜点”共投产9口水平井，百米日产油0.21～2.45t，平均百米日产油仅为1.61t，单井首年累计产油小于5000t。首年累计产油大于5000t的水平井共8口井，可动烃S_1含量均值大于6mg/g，均具有较好的含油性，且单井产量与水平段Ⅰ类“甜点”长度呈正相关关系，Ⅰ类“甜点”长度每增加100m，日产量增加1.7～2.2t。根据单井产量和可动烃S_1含量之间的关系，若将Ⅰ类“甜点”层划分标准提高至可动烃S_1含量大于6mg/g，纵向“甜点”厚度缩小至8～10m范围内，现有资料基础和技术手段无法实现薄层“甜点”箱体的平面对比与空间预测，水平井入窗及水平段导向跟踪难度大，“甜点”钻遇率较低，且存在脱靶风险。

(2)孔店组二段断裂系统复杂，水平井压裂过程易发生套变及井间窜扰，纹层型页岩储层在深埋藏、复杂应力场条件下改造不充分，对产量影响较大。黄骅坳陷孔店组二段构造活动强烈，三级和四级断裂较发育，断块宽度500～1100m，兼顾主应力方向，孔店组二段水平段大于1500m，布井难度大，且大规模压裂易发生现套变和井间压采干扰。2018—2019年，孔店组二段共实施水平井压裂16井次，套变4井次，套变发生率为25%，累计损失18段/95簇，损失油层1233m。水平井压裂发生压裂窜扰8井次，同断块内压裂窜扰发生概率为50%，井间压裂干扰对产量具有不可逆的影响。以沧东凹陷1号平台为例，官东1702H井受邻井官页1-1-7H井压裂干扰后(图11-24)，产量由12t降至0.5t，1.5年后产量恢复到1.12t，产量恢复率仅为9.3%。据统计，孔店组二段同断块、同层位之间易发生压裂窜扰，影响距离在73～480m之间，且有6井次窜扰距小于160m，扩大井间距能够有效避免井间干扰的发生和降低干扰程度，但最优井间距及最佳压裂方式仍处于探索研究与现场试验阶段。

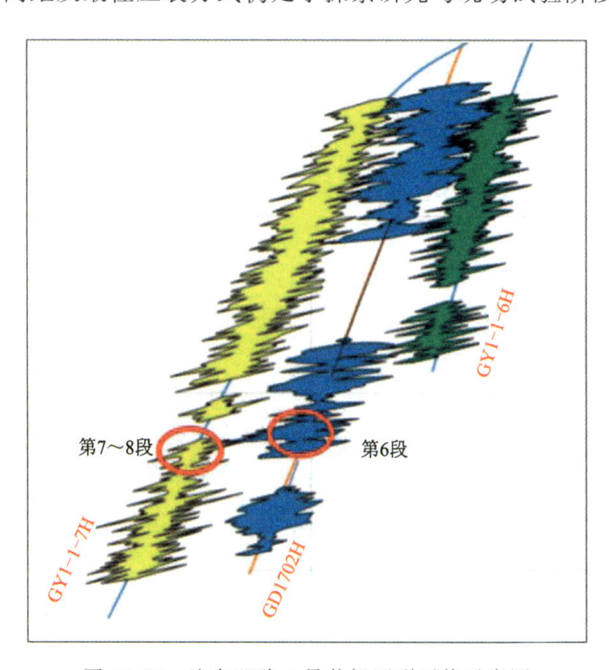

图11-24　沧东凹陷1号井场压裂干扰示意图

(3)孔店组二段高凝高含蜡页岩油具有原油物性较差、渗吸及排采规律复杂、一次压裂后能量难以有效维持保持稳产等特点，适应性排采工艺、集输工艺和提高采收率技术需要进一步提升。孔店组二段地面原油密度 0.85～0.94g/cm^3，凝固点 28～47℃，平均含蜡量 20%，50℃黏度 30.24～1167mPa·s，地层黏度 10.4～72.1mPa·s。

孔店组二段典型页岩油样品析蜡呈“双峰型”特征(图 11-25)，转晶和结晶在很宽温度范围内进行。孔店组二段不同样品油析蜡高峰与析蜡点变化规律基本保持一致，平均一次析蜡点为 59.4～62.1℃、二次析蜡点为 42.6～46.5℃、凝固点为 36.3～41℃，进入析蜡高峰前的累计析蜡量占比是常规原油的 2.5 倍。蜡晶形成胶凝趋势，增加原油黏度，降低了输送流动性，页岩油返排液举升过程中易出砂、结蜡，易造成井筒堵、杆断等复杂情况，影响生产效率，给页岩油高效开发造成极大挑战。

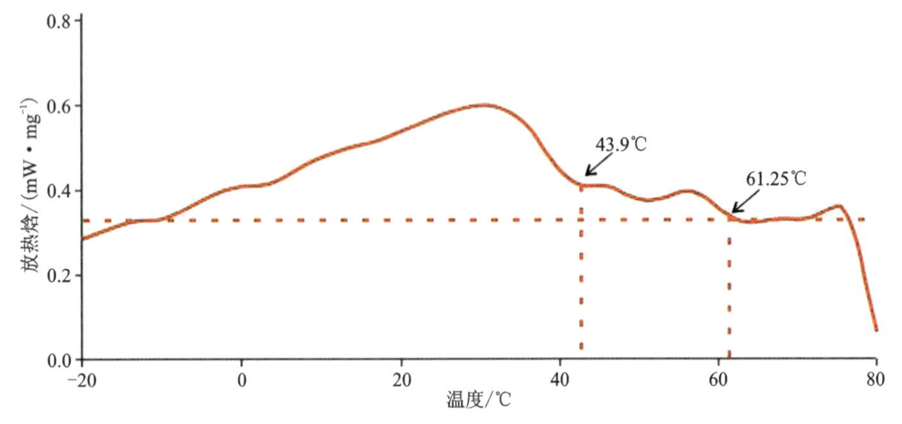

图 11-25　沧东凹陷孔店组二段页岩油“双峰型”析蜡曲线(GY1-1-2H 井)

四、效益开发阶段

1. 精细页岩油主产区(层)评价

在相似沉积环境、储集物性、储层脆性和封闭条件下，可动烃含量 S_1>6mg/g 是孔店组二段钻探箱体优选的关键指标。理论与实践相结合，逐步证实高 S_1 含量纹层型页岩是孔店组二段页岩油主力产层。GD1702H 井产液剖面测试结果显示，该井水平段纹层状长英质页岩占 40%，其对该井产量贡献率达 75%，纹层型页岩段折合百米日产油量大于 3t，纹层状长英质页岩是页岩油的主要产层(图 11-26)。2020 年之后，勘探理念从“找到油”转变为“高产有效益”，钻探目标从“选大段”转变为“选靶箱”，勘探开发重点转向 5 号平台 C1③和 C3⑧两个 10m 级“甜点”层，GY5-1-9H 和 GY5-3-1H 两口井获得首年万吨稳产突破。截至 2023 年 6 月 22 日，GY5-1-9H 压裂段长 988m，水平段 I 类“甜点”钻遇率 90%，S_1 平均 7.1mg/g，已试采 909d，累计产油 2.06 万 t，预测 EUR 达 3.8 万4t，突破了单井产量 3 万 t 效益边界。

2. 精细井间距-井网开发设计

总结前期开发经验，同一断块内后压裂水平井对已投产井存在同层位横向沟通和不同层位的纵向沟通，对压裂缝长、缝高的精准控制提出了更大的挑战，为避免新老井相互干扰，同一平台内纵向多“甜点”层立体开发动用，加强开发方案整体部署设计，工厂化钻井、压裂施工，整压整投是复杂断块页岩油规模效益开发的必要手段。

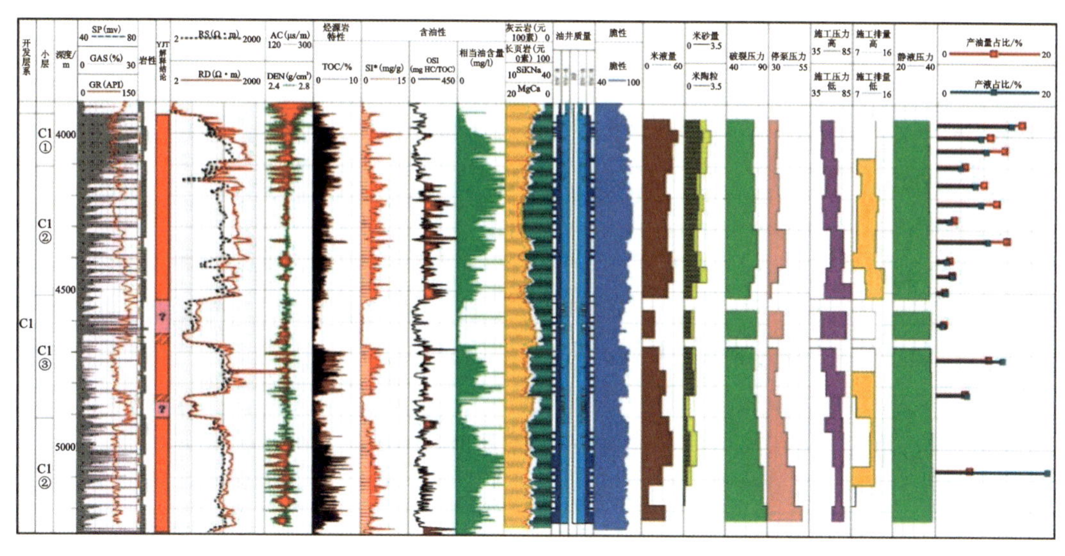

图 11-26 沧东凹陷孔店组二段 GD1702H 井产液剖面

复杂断块纵向"甜点"层立体开发动用方案部署关键参数主要包括水平段长度、水平段方位与最大主应力方向夹角和井间距。受复杂断块条件和应力场条件限制，水平段长度和最优水平段方位需要进行一定程度地取舍，原则如下：①水平段长度与单井产量具有显著正相关关系，设计水平段长度应大于 1500m；②水平段方位与最大主应力方向夹角 90°时，累积产油量最高，在水平井方位与最大主应力夹角 60°～90°范围内，尽可能增加水平段与最大主应力方向之间的夹角；③已压裂水平井平均半缝长 150m 左右，后期部署实施水平井优选井间距 300m，纵向不同"甜点"层之间采用"W"形交错布井方式(图 11-27)；④同一断块内钻井和压裂采用工厂化作业，整压整投，避免井间干扰。

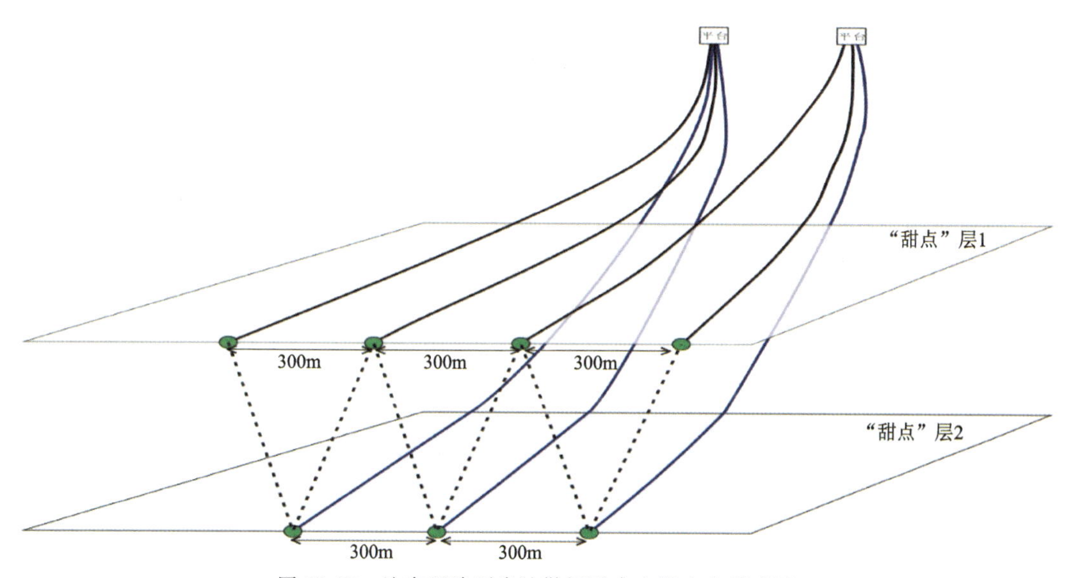

图 11-27 沧东凹陷页岩油勘探平台空间布井模式图

3. 精细长水平段精准导向

针对沧东凹陷速度横向变化快，孔店组二段水平井靶点埋深预测难度大的难题，通过地震速度定量预测靶点深度，对已完钻直井层速度或水平井平均速度参考点（时深对）分析，寻找速度变化规律，采用类比法及公式法求取各靶点深度，建立深度模型：

$$dep = dep_0 + \Delta t \times V + \Delta t_1 \times \alpha_1 + \Delta t_2 \times \alpha_2 \cdots + \Delta t_n \times \alpha_n \tag{11-3}$$

式中：dep_0 为参考点（时深对）的垂深，m；Δt 为靶点与参考点时间差，ms；V 为靶点与参考点纵向地层平均层速度系数；Δt_n 为靶点与参考点在某一层速度变化界面的时间差，ms；α_n 为某一层速度变化界面平均层速度系数变化率，是深度预测的关键变量。

水平井随钻跟踪过程中，综合地球物理、随钻测井和岩屑录井资料，运用“地层真垂厚”对比法，细化邻区直井与水平井“甜点”评价，建立不同地层倾角及井斜角情况下视垂直厚度差的计算模型，精算入窗深度及井斜角，卡准区域标志层和入窗标志，确保准确入窗。入窗后随钻精细小层对比，动态修正深度模型，指导轨迹优化，地震逐点引导钻井，随时进行多参数实时分析，将 10m 靶层钻遇率由 75%提升至 90%以上。沧东凹陷孔店组二段 5 号平台 5 口井水平段长 1853～2091m（平均为 1973m），平均热解 S_1 为 9.24～12mg/g，水平段长度和含油性整体优于同区块首年万吨高产水平井，实现了复杂断块 10m 级箱体 2000m 水平段精准钻探（图 11-28）。

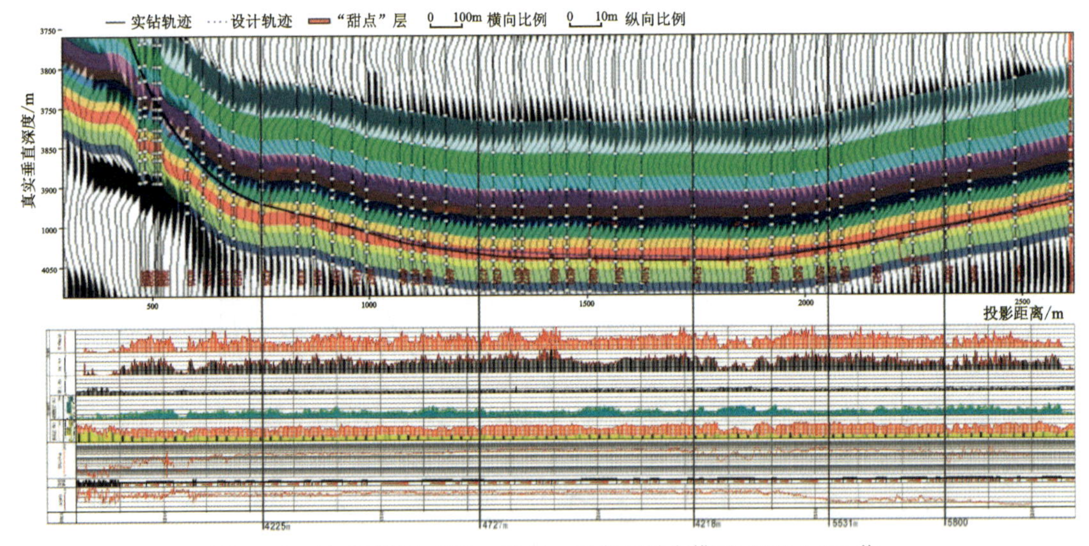

图 11-28 沧东凹陷孔店组二段 10m 级靶层导向模型（GY5-3-6H 井）

4. 精细水平井压裂参数优化

沧东凹陷孔店组二段页岩油藏属于正常温压系统（局部异常高压），但由于油藏埋深较大，储层温度和压力绝对值高，地层压力系数 0.93～1.58、油藏压力 62MPa，地温梯度 2.63～3.09℃/100m、油藏温度 150℃，加之纹层型页岩储层空间非均质性特征，对体积压裂提出较大挑战。压裂技术先后经历了 4 个发展阶段：①2013—2017 年直井二次加砂缝网压裂技术；

②2018年先导试验阶段，长段少簇、多液少砂、小段塞加砂技术；③2019—2020年体积压裂1.0技术，短段多簇密切割、多液多砂、全程滑溜水连续加砂；④2021年至今体积压裂2.0技术，长段多簇密切割、适液多砂、全程滑溜水高起步连续加砂。

孔店组二段页岩油储层高效压裂主要取得以下4个方面技术进步：①建立了支撑剂速度沉降数学模型，形成流速-砂比-浓度耦合图版，升级全程滑溜水连续加砂工艺，砂液比由4%提高至10%，提高裂缝支撑效果；②形成了趾端蓄能+前置二氧化碳增能体积压裂技术，通过首段注入滑溜水3000～5000m^3、提升地层能量、延长压后稳产期，前置注入二氧化碳提升孔隙压力、降低原油黏度、增加地层弹性能量；③形成"高黏+低黏+高黏"逆混合压裂技术，提高压裂液造缝能力，增加裂缝宽度，解决了压裂缝窄、砂比敏感难题；④明确了压裂效果影响因素，固化效益改造最优参数(压裂段长50m、簇间距8～10m、米液量30～35m^3、米砂量2.5～3.0m^3、滑溜水比例80%、石英砂比例80%、排量12～16m^3/min)。

5.精细效益排采与集输

1)高效排采"三举措"

大港油田围绕"提产提效"主线，形成"优化焖井时间，充分渗吸置换""优化放喷制度，保压高效控排""优化举升工艺，延长稳产周期"的高效生产"三举措"：①优化焖井时间，焖井26～35d，连续3d压降小于0.1MPa/d，原油充分渗吸置换，返排率3%以内即可见油，且焖井+放喷见油累计时间最短，见油时效最高；②自喷制度优化，分阶段2～6mm油嘴精细控压生产保持地层能量，优化日产液量大于35m^3，使井筒温度高于原油凝固点38℃，可有效预防井筒结蜡凝固堵塞井筒；③机械采油期，小泵深抽液量范围拓宽16%，举升能耗降低38%，满足无极调参需要。

2)精益管护延长检泵周期

2020年沧东凹陷孔店组二段8口页岩油井下泵井免修期为35～342d(平均135d)，在1200m左右，杆柱易发生硫化氢腐蚀，造成杆断，杆断位置与硫酸盐还原菌繁殖旺盛段(温度36～45℃)相关。在沧东凹陷16口井生产过程中均检测出有硫化氢，最高浓度923.61mg/m^3。对此，根据硫酸盐还原菌生长活跃区间，优化应用环氧树脂外包覆抽油杆和耐高温(130℃)内衬油管防偏磨防腐蚀技术，有效隔绝硫化氢，避免抽油杆本体腐蚀，杆管平均寿命延长至330d以上，有效延长了检泵周期。针对孔店组二段高含蜡特点，利用合金金属元素之间存在着电极电位差异，构成微电池，抑制蜡、垢生成，缓解微生物腐蚀与垢下腐蚀，现场应用实施后最大载荷降低16%，交变载荷降低40%，清蜡热洗周期延长2倍以上。

3)返排液集输处理

页岩油水平井产出液成分包括油、水、气/油/水混合物等，其多组分、多因素耦合作用造成乳化能力强，形成稳定油包水乳化液是造成管输摩阻高，返排液在低温无外力条件下难以自然流动。对此研发了集降凝、降黏、反相乳化于一体的五元共聚高分子页岩油降凝降黏剂，形成了页岩油平台式集管输开发地面管理模式，确立单独集输、集中处理的技术路线，形成按照生产阶段分步建设、差异化配套的技术方案，并在沧东页岩油5号平台效益开发地面工程中全面应用，保障了页岩油高效开发生产。

6.效益开发实践

在明确孔店组二段高产主控因素基础之上，2021 年中国石油油气和新能源分公司审查通过了 5 号平台效益开发先导试验方案，验证效益开发主体技术适应性。

地质参数：水平段长 1851～2091m(平均 1973m)，是 2021 年实施平均水平段长的 2 倍，Ⅰ类“甜点”钻遇率 95%，主要含油指标 S_1 介于 9.24～12mg/g 之间，含油性为水平井中最高水平。

工程参数：平均钻井周期 45d，压裂段长 1800m，段长 50m 左右，簇间距 8～10m、米液量 30～35m^3、米砂量 2.5～3.0m^3，平均单井压裂液 5.6 万 m^3、加砂 4430m^3、加二氧化碳 2 793.7t。稳定电场裂缝监测结果显示，压裂缝网均匀，簇开启率由以往 64%提高至 80%，单段压裂液波及体积由以往 3.1 万 m^3 提升至 5.8 万 m^3，实现渗透率提高、溶胀增能、混相降黏，改善渗流能力。

生产效果：5 口井放喷 1～2d 见油，4mm 油嘴测试单井日产油 39.6～122.3t，呈现见油早、返排率低、压力稳等特点。2～3mm 油嘴连续自喷生产 174～201d，累计产油 3.34 万 t，预计首年累计产油 6.5 万 t，平均单井 EUR 达 4.11 万 t。

相较于该平台前期获得首年万吨高产的官页 5-1-9H 井和官页 5-3-1H 井，5 口新投产井日产量和累计产油量基本保持一致，同期油压高 10～15MPa(图 11-29)。沧东 5 号平台目前 9 口井投产，平均单井 EUR 达 3.51 万 t，预计 15a 累计产油 31.61 万 t，在 50 美元/桶阶梯油价下计算，税后财务内部收益率 12.77%，投资回收期 4.33a，这也标志着大港油田建成我国首个十万吨级湖相页岩油效益开发示范平台。

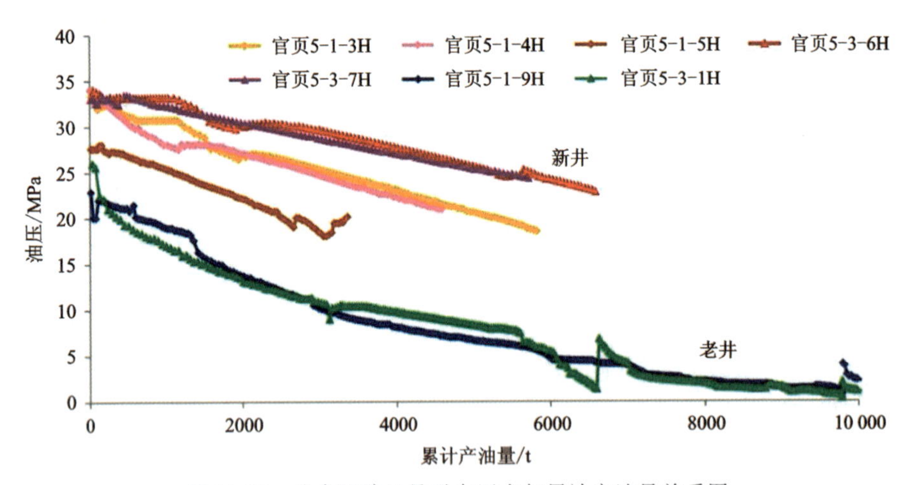

图 11-29　沧东凹陷 5 号平台压力与累计产油量关系图

大港油田页岩油走过 10 年艰辛探索历程，沧东凹陷孔店组二段形成一套可复制的效益开发技术序列。截至 2023 年 6 月 22 日，大港页岩油日产能力 430t，累计产油 35.27 万 t，预计 2023 年页岩油产量将达到 15 万 t。结合大港页岩油小断块复杂、纵向“甜点”多的特点，制定了“以效益开发为中心，边评价边实施”开发原则，按照“成熟区拓展效益建产规模、接替区加强效益建产试验、潜力区加大勘探评价力度”整体思路(图 11-30)，力争实现 2025 年 25 万 t、2030 年 50 万 t 和 2035 年 100 万 t 上产目标。

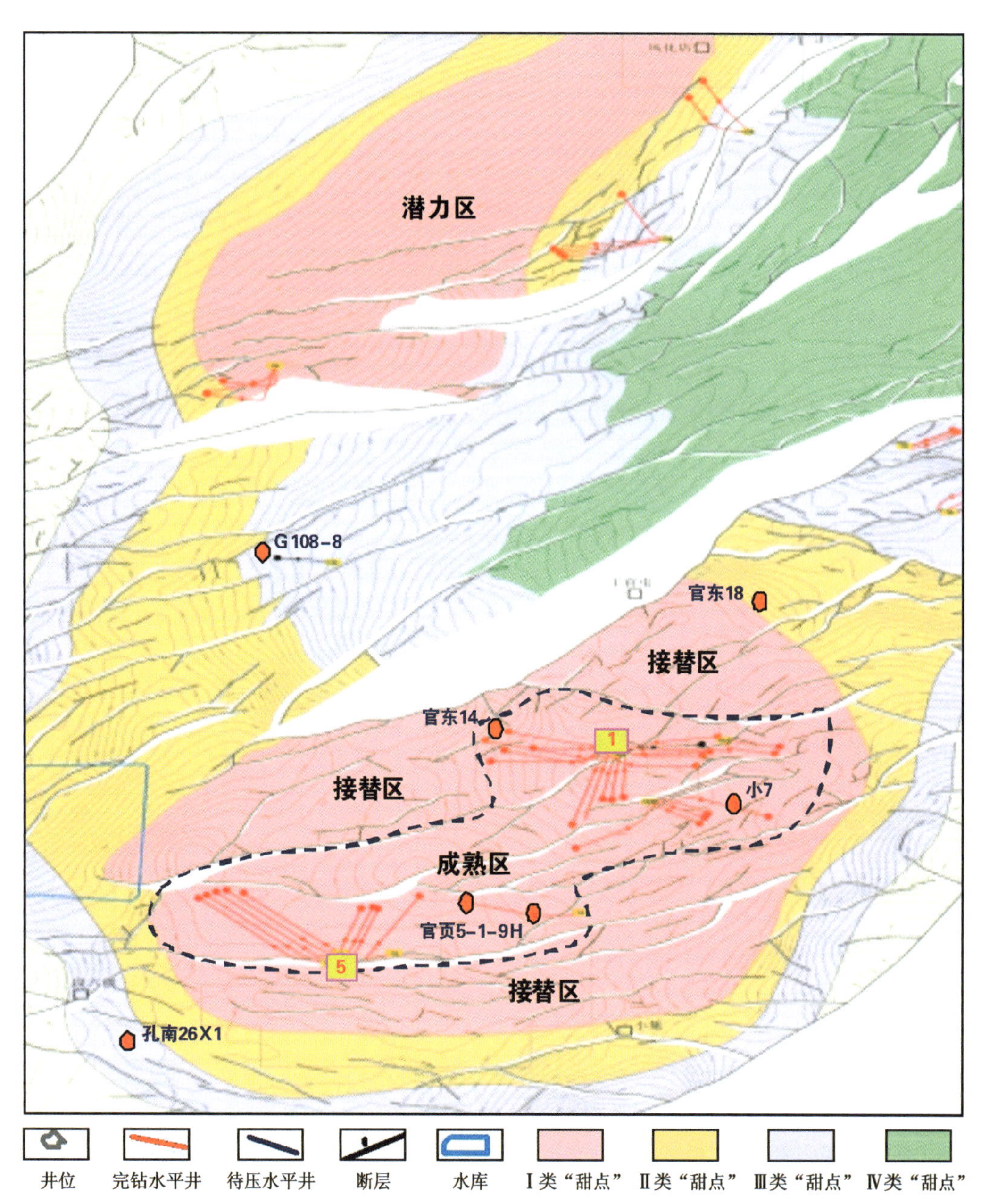

图 11-30 沧东凹陷孔店组二段页岩油“甜点”综合评价图

主要参考文献

安成，柳广弟，孙明亮，等，2023. 鄂尔多斯盆地三叠系延长组长 7_3 亚段页岩纹层发育特征及类型划分[J]. 石油科学通报，8(2)：125-140.

白松涛，程道解，万金彬，等，2016. 砂岩岩石核磁共振 T_2 谱定量表征[J]. 石油学报，37(3)：382-391，414.

包书景，葛明娜，徐兴友，等，2023. 我国陆相页岩油勘探开发进展与发展建议[J]. 中国地质，50(5)：1343-1354.

陈国辉，2013. 泌阳凹陷核三上亚段页岩油资源潜力分级评价[D]. 大庆：东北石油大学.

陈建平，2014. 地质条件下湖相烃源岩生排烃效率与模式[J]. 地质学报，88(11)：2005-2032

陈祥，王敏，严永新，等，2015. 陆相页岩油勘探[M]. 北京：石油工业出版社.

陈小慧，2017. 页岩油赋存状态与资源量评价方法研究进展[J]. 科学技术与工程 17(3)：136-144.

陈永辉，2023. 吉木萨尔凹陷芦草沟组页岩油可动性评价及主控因素[D]. 北京：中国石油大学(北京).

崔德艺，辛红刚，张亚东，等，2023. 鄂尔多斯盆地宁县地区长 7_3 亚段泥页岩地球化学特征及页岩油意义[J]. 天然气地球科学，34(2)：210-225.

代宇，谭静强，谢文泉，2022. 松辽盆地中央凹陷青山口组一段页岩生烃潜力及沉积环境研究[J]. 非常规油气，9(5)：9-24.

党伟，张金川，聂海宽，等，2022. 页岩油微观赋存特征及其主控因素：以鄂尔多斯盆地延安地区延长组 7 段 3 亚段陆相页岩为例[J]. 石油学报，43(4)：507-523.

刁海燕，2013. 泥页岩储层岩石力学特性及脆性评价[J]. 岩石学报，29(9)：3300-3306.

董济凯，董春梅，林承焰，等，2023. 湖相富有机质泥岩纹层组合类型及其储集意义：以济阳坳陷沙河街组泥岩为例[J/OL]. 沉积学报(1)：1-22[2024-01-23]. https://doi.org/10.14027/j.issn.1000-0550.2023.131.

窦煜，韩文中，王文东，等，2024. 基于质量含油率的湖相页岩油可动资源评价：以渤海湾盆地沧东凹陷孔二段为例[J]. 深圳大学学报(理工版)，41(1)：33-41.

杜金虎，胡素云，庞正炼，等，2019. 中国陆相页岩油类型、潜力及前景[J]. 中国石油勘探，24(5)：560-568.

杜学斌，刘晓峰，陆永潮，等，2020. 陆相细粒混合沉积分类，特征及发育模式：以东营凹陷为例[J]. 石油学报，41(11)：1324-1333.

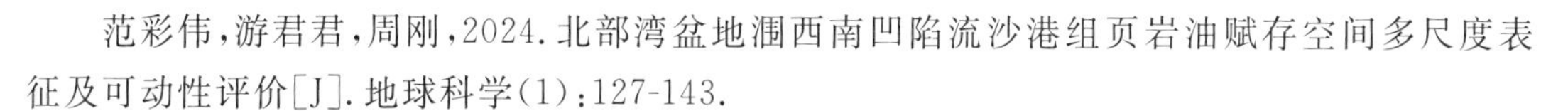

范彩伟,游君君,周刚,2024.北部湾盆地涠西南凹陷流沙港组页岩油赋存空间多尺度表征及可动性评价[J].地球科学(1):127-143.

方圆,张万益,马芬,等,2019.全球页岩油资源分布与开发现状[J].矿产保护与利用,39(5):126-134.

方正,蒲秀刚,陈世悦,等,2023.陆相湖盆深水区页岩高频层序对储层发育的影响:以渤海湾盆地沧东凹陷孔店组二段页岩为例[J].石油学,44(10):1663-1682.

方正伟,张守鹏,刘惠民,等,2019.济阳坳陷沙四段上亚段—沙三段下亚段泥页岩层理结构特征及储集性控制因素[J].油气地质与采收率,26(1):101-108.

付金华,郭雯,李士祥,等,2021.鄂尔多斯盆地长7段多类型页岩油特征及勘探潜力[J].天然气地球科学,32(12):1749-1761.

付秀丽,庞雄奇,张顺,2006.烃源岩排烃方法研究新进展[J].断块油气田(6):7-9,12,89.

高阳,郭海平,程乐利,等,2021.元素录井在页岩油水平井开发中的应用以吉木萨尔凹陷二叠系芦草沟组为例[J].成都理工大学学报(自然科学版),48(1):101-110.

关德范,徐旭辉,李志明,等,2011.烃源岩有限空间生排烃基础研究新进展[J].石油实验地质,33(5):441-446.

关瑞,2021.延安探区山西组细粒沉积物生烃及页岩气富集特征[D].西安:西安石油大学.

郭秋麟,白雪峰,何文军,等,2022.页岩油资源评价方法、参数标准及典型评价实例[J].中国石油勘探,27(5):27-41.

郭秋麟,陈宁生,吴晓智,等,2013.致密油资源评价方法研究[J].中国石油勘探,18(2):67-76.

郭秋麟,米敬奎,王建,等,2019.改进的烃源岩生烃潜力模型及关键参数模板[J].中国石油勘探,24(5):661-670.

郭秋麟,米石云,张倩,等,2023.中国页岩油资源评价方法与资源潜力探讨[J].石油实验地质,45(3):402-412.

郭秋麟,王建,陈晓明,等,2021.页岩油原地量和可动油量评价方法与应用[J].石油与天然气地质,42(6):1451-1463.

郭秋麟,周长迁,陈宁生,等,2011.非常规油气资源评价方法研究[J].岩性油气藏,23(4):12-19.

郭泽清,龙国徽,周飞,等,2023.咸化湖盆页岩油地质特征及资源潜力评价方法:以柴西坳陷下干柴沟组上段为例[J].地质学报,97(7):2425-2444.

何川,郑伦举,王强,等,2021.烃源岩生排烃模拟实验技术现状、应用与发展方向[J].石油实验地质,43(5):862-870.

何文渊,柳波,张金友,等,2023.松辽盆地古龙页岩油地质特征及关键科学问题探索[J].地球科学,48(1):49-62.

贺小标,罗群,李鑫,等,2024.陆相混积页岩不同岩相孔隙差异特征及影响机制:以吉木萨尔凹陷二叠系芦草沟组为例[J].中国矿业大学学报,53(1):141-157,210.

黄爱华,薛海涛,王民,等,2017.东濮凹陷沙三下亚段页岩油资源潜力评价[J].长江大学学报(自然科学版),14(3):1-6,91.

黄第藩,1984.陆相有机质演化和成烃机理[M].北京:石油工业出版社.

姜福杰,胡美玲,胡涛,等,2023.准噶尔盆地玛湖凹陷风城组页岩油富集主控因素与模式[J].石油勘探与开发,50(4):706-718.

姜在兴,张建国,孔祥鑫,等,2023.中国陆相页岩油气沉积储层研究进展及发展方向[J].石油学报,44(1):45-71.

蒋启贵,黎茂稳,钱门辉,等,2016.不同赋存状态页岩油定量表征技术与应用研究[J].石油实验地质,38(6):842-849.

焦香婷,孙凤兰,杨建华,等,2019.三维定量荧光录井影响因素分析及控制措施[J].录井工程,30(3):21-26.

金凤鸣,韩文中,时战楠,等,2023.黄骅坳陷纹层型页岩油富集与提产提效关键技术[J].中国石油勘探,28(3):100-120.

金之钧,白振瑞,高波,等,2019.中国迎来页岩油气革命了吗?[J].石油与天然气地质,40(3):451-458.

金之钧,等,2022.中国页岩油资源发展战略研究[M].北京:石油工业出版社.

金之钧,张谦,朱如凯,等,2023.中国陆相页岩油分类及其意义[J].石油与天然气地质,44(4):801-819.

柯思,2017.泌阳凹陷页岩油赋存状态及可动性探讨[J].石油地质与工程,31(1):80-83.

黎茂稳,马晓潇,蒋启贵,等,2019.北美海相页岩油形成条件、富集特征与启示[J].油气地质与采收率,2019,26(1):13-28.

李潮流,闫伟林,武宏亮,等,2022.富黏土页岩储集层含油饱和度计算方法:以松辽盆地古龙凹陷白垩系青山口组一段为例[J].石油勘探与开发,49(6):1168-1178.

李家程,王永宏,冯胜斌,等,2024.鄂尔多斯盆地西南部长7段夹层型页岩油储层物性特征与原油赋存状态分析[J].天然气地球科学,35(2):217-229.

李建忠,吴晓智,郑民,等,2016.常规与非常规油气资源评价的总体思路、方法体系与关键技术[J].天然气地球科学,27(9):1557-1565.

李梦柔,2021.沧东凹陷孔二段页岩油资源量评价及关键参数分析[D].北京:中国石油大学(北京).

李庆辉,陈勉,金衍,2012.含气页岩破坏模式及力学特性的试验研究[J].岩石力学与工程学报,31(S2):3763-3771.

李水福,胡守志,阮小燕,等,2019a.油气地球化学[M].武汉:中国地质大学出版社.

李水福,胡守志,张冬梅,等,2019b.自由烃差值法评价页岩含油性的思想、方法及应用[J].地球科学,44(3):929-938.

李水福,胡守志,孙玉梅,等,2016.中国东部富烃凹陷烃源岩特征类比与综合评价[M].武汉:中国地质大学出版社.

李玉喜,张金川,2011.我国非常规油气资源类型和潜力[J].国际石油经济,19(3):61-67,106.

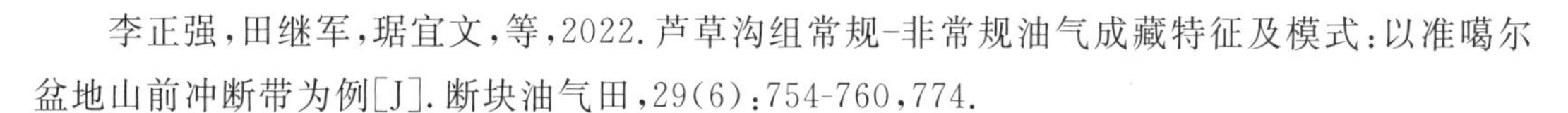

李正强，田继军，琚宜文，等，2022. 芦草沟组常规-非常规油气成藏特征及模式：以准噶尔盆地山前冲断带为例[J]. 断块油气田，29(6)：754-760，774.

李志明，刘雅慧，何晋译，等，2023. 陆相页岩油“甜点”段评价关键参数界限探讨[J]. 石油与天然气地质，44(6)：1453-1467.

林会喜，宋明水，王圣柱，等，2020. 叠合盆地复杂构造带页岩油资源评价：以准噶尔盆地东南缘博格达地区中二叠统芦草沟组为例[J]. 油气地质与采收率，27(2)：7-17.

刘国平，金之钧，曾联波，等，2024. 玛湖凹陷二叠系风城组深层陆相页岩储层天然裂缝及其有效性[J]. 地球科学，49(7)：2346-2358.

刘辉，吴少华，姜秀民，等，2005. 快速热解褐煤焦的低温氮吸附等温线形态分析[J]. 煤炭学报(4)：507-510.

刘圣乾，何幼斌，姜在兴，等，2023. 湖相碳酸盐岩礁滩体系沉积特征、主控因素及成因模式：以东营凹陷西部沙四上亚段为例[J]. 古地理学报，25(4)：872-888.

刘忠，唐书恒，张鹏豹，等，2023. 煤系页岩有机质特征及有机碳含量预测：以宁武南区块为例[J]. 科学技术与工程，23(27)：11593-11604.

柳波，何佳，吕延防，等，2014. 页岩油资源评价指标与方法：以松辽盆地北部青山口组页岩油为例[J]. 中南大学学报(自然科学版)，45(11)：3846-3852.

卢双舫，黄文彪，陈方文，等，2012. 页岩油气资源分级评价标准探讨[J]. 石油勘探与开发，39(02)：249-256.

卢双舫，李俊乾，张鹏飞，等，2018. 页岩油储集层微观孔喉分类与分级评价[J]. 石油勘探与开发，45(3)：436-444.

卢双舫，薛海涛，王民，等，2016. 页岩油评价中的若干关键问题及研究趋势[J]. 石油学报，37(4)：1309-1322.

卢双舫，薛海涛，印兴耀，等，2021. 页岩油形成条件、赋存机理与富集分布[M]. 北京，石油工业出版社.

吕奇奇，辛红刚，王林，等，2023. 鄂尔多斯盆地宁县地区三叠系延长组 7 段湖盆细粒重力流沉积类型、特征及模式[J]. 古地理学报，25(4)：823-840.

马中振，庞雄奇，孙俊科，等，2009. 生烃潜力法在排烃研究中应注意的几个问题[J]. 西南石油大学学报(自然科学版)，31(01)：14-18，182-183.

孟庆涛，胡菲，刘招君，等，2024. 陆相坳陷湖盆细粒沉积岩岩相类型及成因：以松辽盆地晚白垩世青山口组为例[J]. 吉林大学学报(地球科学版)，54(1)：20-37.

倪春华，江兴歌，2009. 显微组分生烃研究进展[J]. 石油天然气学报，31(5)：216-218，437.

宁方兴，2014. 济阳坳陷不同类型页岩油差异性分析[J]. 油气地质与采收率，21(6)：6-9，14，111.

宁方兴，王学军，郝雪峰，等，2017. 济阳坳陷不同岩相页岩油赋存机理[J]. 石油学报，38(2)：185-195.

庞雄奇，1995. 排烃门限控油气理论与应用[M]. 北京：石油工业出版社.

庞雄奇，陈章明，1997. 排油气门限的基本概念、研究意义与应用[J]. 现代地质(4)：103-110，112-114.

庞雄奇，李素梅，金之钧，等，2004. 排烃门限存在的地质地球化学证据及其应用[J]. 地球科学(4)：384-390.

庞正炼，陶士振，张琴，等，2023. 鄂尔多斯盆地延长组 7 段夹层型页岩层系石油富集规律与主控因素[J]. 地学前缘，30(4)：152-163.

蒲秀刚，金凤鸣，韩文中，等，2019. 陆相页岩油甜点地质特征与勘探关键技术：以沧东凹陷孔店组二段为例[J]. 石油学报，40(8)：997-1012.

钱家麟，李术元，王剑秋，1998. 应用化学动力学计算生油岩生烃量[J]. 勘探家(2)：31-35，6.

钱门辉，蒋启贵，黎茂稳，等，2017. 湖相页岩不同赋存状态的可溶有机质定量表征[J]. 石油实验地质，39(2)：278-286.

邱振，邹才能，李建忠，等，2013. 非常规油气资源评价进展与未来展望[J]. 天然气地球科学，24(2)：238-246.

曲长胜，邱隆伟，操应长，等，2017. 吉木萨尔凹陷二叠系芦草沟组烃源岩有机岩石学特征及其赋存状态[J]. 中国石油大学学报(自然科学版)，41(2)：30-38.

任战利，李文厚，梁宇，等，2014. 鄂尔多斯盆地东南部延长组致密油成藏条件及主控因素[J]. 石油与天然气地质，35(2)：190-198.

宋国奇，张林晔，卢双舫，等，2013. 页岩油资源评价技术方法及其应用[J]. 地学前缘，20(4)：221-228.

宋明水，刘惠民，王勇，等，2020. 济阳坳陷古近系页岩油富集规律认识与勘探实践[J]. 石油勘探与开发，47(2)：225-235.

苏田磊，2021. 鄂尔多斯盆地长 7 段页岩油资源潜力评价[D]. 北京：中国石油大学(北京).

孙建博，石彬，郭超，等，2023. 鄂尔多斯盆地富县地区三叠系延长组长 73 亚段页岩油储层特征与勘探前景[J]. 中国石油勘探，28(4)：79-91.

孙龙德，刘合，何文渊，等，2021. 大庆古龙页岩油重大科学问题与研究路径探析[J]. 石油勘探与开发，48(3)：453-463.

孙雅雄，梁兵，邱旭明，等，2024. 苏北盆地高邮凹陷阜二段页岩天然裂缝发育特征及其对页岩油富集和保存的影响[J]. 地学前缘，31(5)：61-74.

孙玥，2014. 有关油气资源量含义及评价思路的思考[J]. 内蒙古石油化工，40(1)：63-64.

汪少勇，李建忠，李登华，等，2014. EUR 分布类比法在川中地区侏罗系致密油资源评价中的应用[J]. 天然气地球科学，25(11)：1757-1766.

王飞宇，何萍，秦匡宗，等，1994. 中国湖相生油岩和油页岩无定形有机质中的超细纹层[J]. 科学通报，39(17)：1587-1589.

王冠，刁丽颖，赵玥，等，2021. 湖相泥页岩脆性指数计算方法探讨与应用：以黄骅坳陷沧东凹陷孔二段为例[J]. 录井工程，32(2)：39-44.

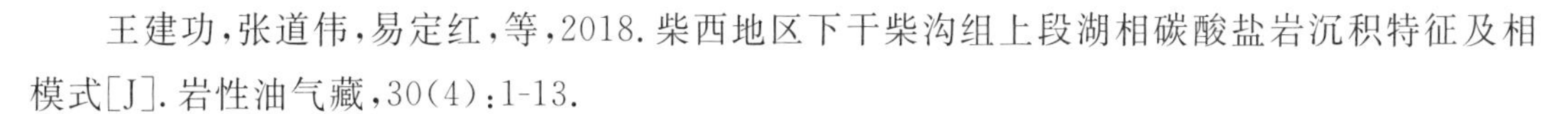

王建功，张道伟，易定红，等，2018. 柴西地区下干柴沟组上段湖相碳酸盐岩沉积特征及相模式[J]. 岩性油气藏，30(4)：1-13.

王倩茹，陶士振，关平，2020. 中国陆相盆地页岩油研究及勘探开发进展[J]. 天然气地球科学，31(3)：417-427.

王群一，2023. 雷家地区沙四段页岩油成藏机理研究[J]. 承德石油高等专科学校学报，25(4)：14-20，55.

王如宇，2023. 鄂尔多斯盆地宁 228 井长 7 段夹层型页岩油烃源岩特征及评价[D]. 武汉：长江大学.

王社教，李峰，郭秋麟，等，2016. 致密油资源评价方法及关键参数研究[J]. 天然气地球科学，27(9)：1576-1582.

王社教，蔚远江，郭秋麟，等，2014. 致密油资源评价新进展[J]. 石油学报，35(6)：1095-1105.

王威，石文斌，付小平，等，2022. 四川盆地涪陵地区中侏罗统凉高山组陆相页岩油气富集规律探讨[J]. 天然气地球科学，33(5)：764-774.

王鑫锐，孙雨，刘如昊，等，2023. 陆相湖盆细粒沉积岩特征及形成机理研究进展[J]. 沉积学报，41(2)：349-377.

王雪飞，李琳琳，薛海涛，等，2013. 渤南洼陷沙三下亚段页岩油资源潜力分级评价[J]. 大庆石油地质与开发，32(05)：159-164.

王勇，刘惠民，宋国奇，等，2017. 济阳坳陷页岩油富集要素与富集模式研究[J]. 高校地质学报，23(2)：268-276.

吴俊，1993. 煤微孔隙特征及其与油气运移储集关系的研究[J]. 中国科学(B 辑：地球科学)(1)：77-84.

武晓玲，2018. 渤海湾盆地南部古近系页岩油成藏条件及资源潜力[D]. 北京：中国地质大学(北京).

辛红刚，田杨，冯胜斌，等，2023. 鄂尔多斯盆地典型夹层型页岩油地质特征及潜力评价：以宁 228 井长 7 段为例[J]. 地质科技通报，42(3)：114-124.

徐长贵，邓勇，范彩伟，等，2022. 北部湾盆地涠西南凹陷页岩油地质特征与资源潜力[J]. 中国海上油气，34(5)：1-12.

徐川，2018. 茂名盆地古近系油柑窝组油页岩地球化学特征及有机质聚集条件[D]. 长春：吉林大学.

许锦，张彩明，谢小敏，等，2018. 富有机质烃源岩中显微组分分离及地球化学特征研究[J]. 石油实验地质，40(6)：828-835.

杨有星，高永进，张君峰，等，2019. 歧口和泌阳凹陷两种类型湖相碳酸盐岩沉积特点[J]. 现代地质，33(4)：831-840，862.

杨智，邹才能，2019. “进源找油”：源岩油气内涵与前景[J]. 石油勘探与开发，46(1)：173-184.

姚艳斌，刘大锰，蔡益栋，等，2010. 基于 NMR 和 X-CT 的煤的孔裂隙精细定量表征[J]. 中国科学(D 辑：地球科学)，40(11)：1598-1607.

印森林，谢建勇，程乐利，等，2022. 陆相页岩油研究进展及开发地质面临的问题[J]. 沉积学报，40(4)：979-995.

于炳松，2012. 页岩气储层的特殊性及其评价思路和内容[J]. 地学前缘，19(3)：252-258.

余涛，卢双舫，李俊乾，等，2018. 东营凹陷页岩油游离资源有利区预测[J]. 断块油气田，25(1)：16-21.

余志远，章新文，谭静娟，等，2019. 泌阳凹陷页岩油赋存特征及可动性研究[J]. 石油地质与工程，33(1)：42-46.

袁士义，雷征东，李军诗，等，2023. 陆相页岩油开发技术进展及规模效益开发对策思考[J]. 中国石油大学学报(自然科学版)，47(5)：13-24.

《油田开发方案设计方法》编委会，2017. 油田开发方案设计方法：地质油藏工程开发方案[M]. 北京：石油工业出版社.

张道伟，薛建勤，伍坤宇，等，2020. 柴达木盆地英西地区页岩油储层特征及有利区优选[J]. 岩性油气藏，32(4)：1-11.

张厚民，2021. 鄂尔多斯盆地南部长 7 段细粒岩储层特征研究[D]. 北京：中国石油大学(北京).

张金川，林腊梅，李玉喜，等，2012. 页岩油分类与评价[J]. 地学前缘，19(5)：322-331.

张丽艳，秦文凯，2019. 松辽盆地古龙凹陷页岩油录井解释评价方法研究[J]. 录井工程，30(4)：55-61.

张林晔，李钜源，李政，等，2017. 陆相盆地页岩油气地质研究与实践[M]. 北京：石油工业出版社.

张林晔，刘庆，张春荣，2005. 东营凹陷成烃与成藏关系研究[M]. 北京：地质出版社.

张鹏飞，卢双舫，印兴耀，等，2020. 页岩油储集、赋存与可流动性核磁共振一体化表征[M]. 北京：石油工业出版社.

张亚奇，马世忠，高阳，等，2017. 吉木萨尔凹陷芦草沟组致密油储层沉积相分析[J]. 沉积学报，35(2)：358-370.

张跃，陈世悦，孟庆爱，等，2015. 黄骅坳陷沧东凹陷孔二段细粒沉积岩中方沸石的发现及其地质意义[J]. 中国石油勘探，20(4)：37-43.

赵迪斐，郭英海，解德录，等，2014. 基于低温氮吸附实验的页岩储层孔隙分形特征[J]. 东北石油大学学报，38(6)：100-108，11-12.

赵桂芳，姚春雷，全辉，2008. 页岩油的加工利用及发展前景[J]. 当代化工(5)：496-499.

赵群，赵萌，赵素平，等，2023. 美国页岩油气发展现状、成本效益危机及解决方案[J]. 非常规油气，10(5)：1-7.

赵文智，卞从胜，李永新，等，2023. 陆相页岩油可动烃富集因素与古龙页岩油勘探潜力评价[J]. 石油勘探与开发，50(3)：455-467.

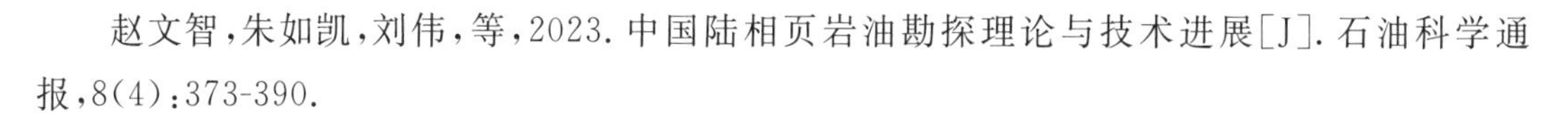

赵文智,朱如凯,刘伟,等,2023.中国陆相页岩油勘探理论与技术进展[J].石油科学通报,8(4):373-390.

赵文智,朱如凯,张婧雅,等,2023.中国陆相页岩油类型、勘探开发现状与发展趋势[J].中国石油勘探,28(4):1-13.

赵贤正,蒲秀刚,金凤鸣,等,2023.黄骅坳陷页岩型页岩油富集规律及勘探有利区[J].石油学报,44(1):158-175.

赵贤正,周立宏,蒲秀刚,等,2018.陆相湖盆页岩层系基本地质特征与页岩油勘探突破:以渤海湾盆地沧东凹陷古近系孔店组二段一亚段为例[J].石油勘探与开发,45(3):361-372.

赵贤正,周立宏,蒲秀刚,等,2019.断陷湖盆湖相页岩油形成有利条件及富集特征:以渤海湾盆地沧东凹陷孔店组二段为例[J].石油学报,40(9):1013-1029.

赵贤正,周立宏,蒲秀刚,等,2022.湖相页岩型页岩油勘探开发理论技术与实践:以渤海湾盆地沧东凹陷古近系孔店组为例[J].石油勘探与开发,49(3):616-626.

赵迎冬,赵银军,2019.油气资源评价方法的分类、内涵与外延[J].西南石油大学学报(自然科学版),41(2):64-74.

支东明,唐勇,杨智峰,等,2019.准噶尔盆地吉木萨尔凹陷陆相页岩油地质特征与聚集机理[J].石油与天然气地质,40(3):524-534.

周立宏,陈长伟,韩国猛,等,2019.渤海湾盆地歧口凹陷沙一下亚段地质特征与页岩油勘探潜力[J].地球科学,44(8):2736-2750.

周立宏,陈长伟,韩国猛,等,2021.渤海湾盆地歧口凹陷陆相湖盆页岩气富集条件及勘探潜力[J].天然气工业,41(5):1-10.

周立宏,陈长伟,韩国猛,等,2021.陆相致密油与页岩油藏特征差异性及勘探实践意义:以渤海湾盆地黄骅坳陷为例[J].地球科学,46(2):555-571.

周立宏,韩国猛,杨飞,等,2021.渤海湾盆地歧口凹陷沙河街组三段一亚段地质特征与页岩油勘探实践[J].石油与天然气地质,42(2):443-455.

周立宏,蒲秀刚,陈长伟,等,2018.陆相湖盆细粒岩油气的概念、特征及勘探意义:以渤海湾盆地沧东凹陷孔二段为例[J].地球科学,43(10):3625-3639.

周立宏,蒲秀刚,邓远,等,2016.细粒沉积岩研究中几个值得关注的问题[J].岩性油气藏,28(1):6-15.

周立宏,蒲秀刚,肖敦清,等,2018.渤海湾盆地沧东凹陷孔二段页岩油形成条件及富集主控因素[J].天然气地球科学,29(9):1323-1332.

周立宏,于超,滑双君,等,2017.沧东凹陷孔二段页岩油资源评价方法与应用[J].特种油气藏,24(6):1-6.

周立宏,赵贤正,柴公权,等,2020.陆相页岩油效益勘探开发关键技术与工程实践:以渤海湾盆地沧东凹陷古近系孔二段为例[J].石油勘探与开发,47(5):1059-1066.

周庆凡,杨国丰,2012.致密油与页岩油的概念与应用[J].石油与天然气地质,33(4):541-544,570.

周总瑛,白森舒,何宏,2005.成因法与统计法油气资源评价对比分析[J].石油实验地质(1):67-73.

朱德顺,王勇,朱德燕,等,2015.渤南洼陷沙一段夹层型页岩油界定标准及富集主控因素[J].油气地质与采收率,22(5):15-20.

朱日房,张林晔,李政,等,2019.陆相断陷盆地页岩油资源潜力评价:以东营凹陷沙三段下亚段为例[J].油气地质与采收率,26(1):129-136.

朱志荣,2001.不同产地页岩油的组成分析[J].石油学报(石油加工)(5):66-71.

祝海华,陈琳,曹正林,等,2022.川中地区侏罗系自流井组大安寨段黑色页岩孔隙微观特征及主控因素[J].石油与天然气地质,43(5):1115-1126.

邹才能,2011.非常规油气地质[M].北京:地质出版社.

邹才能,等,2019.中国陆相致密油页岩油[M].北京:地质出版社.

邹才能,杨智,陶士振,等,2012a.纳米油气与源储共生型油气聚集[J].石油勘探与开发,39(1):13-26.

邹才能,赵群,丛连铸,等,2021.中国页岩气开发进展、潜力及前景[J].天然气工业,41(1):1-14.

邹才能,朱如凯,白斌,等,2011.中国油气储层中纳米孔首次发现及其科学价值[J].岩石学报,27(6):1857-1864.

邹才能,朱如凯,吴松涛,等,2012b.常规与非常规油气聚集类型、特征、机理及展望:以中国致密油和致密气为例[J].石油学报,33(2):173-187.

TISSOTB P,陆曦初,1985.油气勘探应用石油地球化学的新进展[J].地质地球化学(6):1-13,69.

AMBROSE R J, HARTMAN R C, DIAZ-CAMPOS M, et al., 2010. New pore-scale considerations for shale pas in piace caltions[C]//Proceedings, SPE Unconventional Gas Conference, Pitsburgh, Pennsylvania, 23-25 February, SPE 131772:1-17.

AYERS J R W B, 2002. Coalbedgas system, resourcesand production and a review of contasting cases from the San Juan and Powder River basins[J]. AAPG Bulletin, 86(11): 1853-1890.

BAGRI A, GRANTAB R, MEDHEKAR N V, et al., 2010. Stability and formation mechanisms of carbonyl-and hydroxyl-decorated holes in graphene oxide[J]. The Journal of Physical Chemistry C, 114:12053-12061.

BEHAR F, BEAUMONT V, DE B PENTEADO H L, 2001. Rock-Eval 6 technology: performances and developments[J]. Oil Gas Sci and Technology, 56:111-134.

BISHD L, 1993. Rietveld Refinement of the Kaolinite Structure at 1.5 K[J]. Clays and Clay Minerals, 41(6):738-744.

CHEN S B, HAN Y F, FU C Q, et al., 2016. Micro and nanosize pores of clay minerals in shale reservoirs: implication for the accumulation of shale gas[J]. Sedimentary geology, 342:180-190.

CHEN Z, JIANG C, 2016. A revised method for organic porosity estimation in shale

reservoirs using Rock-Eval data: example from Duvernay Formation in the Western Canada Sedimentary Basin[J]. AAPG,100(3):405-422.

CURTIS J B,2002. Fractured shale-gas systems[J]. AAPG Bulletin,86(11):1921-1938.

FU J, GUO S, LIAO G, et al., 2019. Pore characterization and controlling factors analysis of organic-rich shale from Upper Paleozoic marine-continental transitional facies in western Ordos Basin of China[J]. Energy Procedia,158:6009-6015.

GUO Q L, CHEN X M, LIUZHUANG X X, et al., 2020. Evaluation method for resource potential of shale oil in the Triassic Yanchang Formation of the Ordos Basin,China [J]. Energy Exploration & Exploitation,38(4):841-866.

JARVIE D M,HILL R J,POLLASTRO R M,2005. Assessment of the gas potential and yields from shales: the barnett shale model[C]//Unconventional energy resources in the southern midcontinent,2004 symposium. Oklahoma Geological Survey Circular,110:37-50.

LAFARGUE E,ESPITALIÉ J,MARQUIS F,et al.,1998. Rock-Eval 6 applications in hydrocarbon exploration,pro-duction,and soil contamination studies[J]. Revue de I'Institut Franjais duPetrole,53:421-437.

LAW B E,2002. Basin-centered gas systems[J]. AAPG Bulletin,86(11):1891-1919.

LI J B, JIANG C Q, WANG M, et al., 2020. Adsorbed and free hydrocarbons in unconventional shale reservoir: a new insight from NMR T_1-T_2 maps[J]. Marine and Petroleum Geology,116:104311.

LI J, YIN J, ZHANG Y, et al., 2015. A comparison of experimental methods for describing shale porefeatures-A case study in the Bohai Bay Basin of eastern China[J]. International Journal of Coal Geology,152:39-49.

LI M W, CHEN Z H, MA X X, et al,2018. A numerical method for calculating total oil yield using a single routine Rock-Eval program: a case study of the Eocene Shahejie Formation in Dongying Depression, Bohai Bay Basin, China[J]. International Journal of Coal Geology, 191: 49-65.

LOUCKS R G,REED R M,RUPPEL S C,et al.,2012. Spectrum of pore types and networks in mudrocks and adescriptive classification for matrix-related mudrock pores[J]. AAPG Bulletin,96:1071-1098.

MASTERS J A,1979. Deep basin gas trap,western Canada[J]. AAPG Bulletin,63(2): 152-181.

OLEA R A,COOK T A,COLEMAN J L,2010. A methodology for the assessment of unconventional(continuous) resources with an application to the greater natural buttes gas field,Utah[J]. Natural Resources Research,19(4):237-251.

PAN C H,1941. Non-Marine origin of petroleum in North Shensi and the cretacecus of Szechuan China[J]. Bull,AAPG,25(11):2058-2068.

ROMERO-SARMIENTO M F,ROUZAUD J N,BERNARD S,et al.,2014. Evolution of Barnett Shale organic carbon structureand nanostructure with increasing maturation[J]. Organic Geochemistry,71:7-16.

RYLANDER E,SINGER R M,JIANG T M,et al.,2013. NMR T_2 Distributions in the eagle ford shale:reflections on pore size[C]//Unconventional Resources Conference-USA . Woodlands,Texas,USA,2013SPE,164554.

SU S,JIANG Z,XUANLONG S,et al.,2018. The effects of shale pore structure and mineral components on shale oil accumulation in the Zhanhua Sag,Jiyang Depression,Bohai Bay Basin,China[J]. Journal of Petroleum Science and Engineering,165:365-374.

TAN M J, MAO K Y, SONG X D, et al., 2015. NMR petrophysical interpretation method of gas shalbased on core NMR experiment[J]. Journal of Petroleum Science and Engineering,136:100-111.

TAYLOR G H, LIU S Y, 1989. Micrinite: its nature, origin and significance[J]. International Journal of Coal Geology,14(1/2):29-46.

TAYLOR G H,LIU S Y,DIESSEL C F K,1989. The cold-climate origin of inertinite-rich Gondwana coals[J]. International Journal of Coal Geology,11(1):1-22.

TEICHMÜLLER M,1989. The genesis of coal from the viewpoint of coal petrology[J]. International Journal of Coal Geology,12(1/4):1-87

TISSOT B P,WELTE D H,1978. Petroleum formationand occurrence:a new approach to oil and gasexploration[M]. Berlin,DEU:Springer-Verlag.

TISSOT B P, WELTE D H., 1984. Petroleum formation and occurrence[M]. 2nd, Springer-Verlag,Berin,Heidelberg,New York,Tokyo.

TISSOTB P,1969. Premieres donnees sur les mecanismes et la cinitique de la formation du petrole dans les sediments:simulation d'unschema reactionnel sur ordinateur[J]. Revue de I'Institut Franjais duPetrole,24:470-501.

VINCI TECHNOLOGIES,2003. Rock-Eval 6 operator manual[Z]. Vinci Technologies, Paris.

WANG M,MA R,LI J B,et al.,2019. Occurrence mechanism of lacustrine shale oil in the Paleogene Shahejie formation of Jiyang depression,Bohai Bay Basin,China[J]. Petroleum Exploration and Development,46:833-846.

XU Y,L Z M,PAN Z J,et al.,2022. Occurrence space and state of shale oil:a review [J]. Journal of Petroleum Science and Engineering,211:110183.

YANG Y F,LIU J,SUN H,et al.,2020. Adsorption behaviors of shale oil in kerogen slit by molecular simulation[J]. Chemical Engineering Journal,387:124054.

ZHAO X Z,ZHOU L H,PU X G,et al.,2018. Geological characteristics of shale rock system and shale oil exploration breakthrough in a lacustrine basin:a case study from the Paleogene 1st sub-member of Kong 2 Member in Cangdong sag,Bohai Bay Basin,China[J]. Petroleum Exploration and Development,45(3):377-388.

ZOU C N, YANG Z, CUI J W, et al., 2013. Formation mechanism, geological characteristics and development strategy of nonmarine shale oil in China[J]. Petroleum Exploration and Development, 40: 15-27.

ZOU Y R, SUN J N, LI Z, et al., 2018. Evaluating shale oil in the Dongying Depression, Bohai Bay Basin, China, using the oversaturation zone method[J]. Journal of Petroleum Science & Engineering, 161: 291-301.